OLIVER DIRR

Walfahrt

Über den Wal, die Welt und das Staunen

Mit Illustrationen von Aki Röll

ullstein extra

Ullstein extra ist ein Verlag der Ullstein Buchverlage GmbH
www.ullstein-extra.de

Wir verpflichten uns zu Nachhaltigkeit

- Klimaneutrales Produkt
- Papiere aus nachhaltiger
  Waldwirtschaft und anderen
  kontrollierten Quellen
- ullstein.de/nachhaltigkeit

Bildnachweis:
Alle Fotografien im Bildteil stammen aus dem Privatbesitz des Autors.
Illustrationen © Aki Röll

MIX
Papier
FSC FSC® C083411

ISBN 978-3-86493-185-7

Gesetzt aus der Tisa Pro
Satz und Repro: LVD GmbH, Berlin
Druck und Bindung: CPI books GmbH, Leck
Printed in Germany

Für Theresa, die als Kind
eigentlich Walforscherin werden wollte;
und für Jonah, der alles werden
kann, was er sich wünscht.

Inhalt

Prolog

WIE ICH THERESA ZULIEBE
MAL AUF EINE WALTOUR
GEGANGEN BIN

THERESA WOLLTE ORCAS SEHEN, damit ging es los. Kanadische Westküste, Sommer, zehn Jahre her. Schon als Kind war es ihr Traum gewesen, Walforscherin zu werden, sie hatte sogar Visitenkarten. Ich glaube, *Free Willy* war schuld. Irgendwann kam ihr das richtige Leben dazwischen – Arbeit, Termine, Verpflichtungen, Hobbys – und die Wale blieben ein Traum. Die kanadische Westküste war nun die unverhoffte Gelegenheit, ihn zumindest noch ein bisschen zu erfüllen. Nirgendwo auf der Welt kann man so gut Orcas beobachten wie dort, das haben sie da zumindest alle ständig gesagt. Haben wir also eine Orcatour gebucht.

Als wir an Bord gingen, erzählte uns eine gut aufgelegte Australierin, dass dies schon ihre vierte oder fünfte Whale-Watching-Tour sei. Sie habe bereits in Australien, Kalifornien und Island Wale beobachtet, und jedes Mal sei es wirklich wahnsinnig aufregend gewesen, immerhin seien Wale ja die faszinierendsten Tiere überhaupt, und heute sei sie also noch mal GANZ BESONDERS aufgeregt, denn Orcas habe sie leider noch nie gesehen, aber hier, da würde es nun ganz bestimmt klappen, schließlich könne man nirgendwo auf der Welt so gut Orcas beobachten wie hier, das sei ja allgemein bekannt.

Wir haben dann noch weiter geplaudert, sie schien ja insgesamt recht nett, auch wenn sie natürlich verrückt war, das stand fest, wer macht schon vier oder fünf Whale-Watching-Touren. Zwar steht auf jeder vernünftigen *bucket list*, dass man einmal im Leben einen Wal gesehen haben sollte, von vier- oder fünfmal steht da aber sicher nichts, Wal ist Wal, das habe ich ihr aber lieber nicht gesagt, es ging dann ja auch los.

Die Tour war schön. Wir haben ein paar Orcas gesehen, es war sehr aufregend, Theresa war selig, und ich war vor allem froh, dass sie keinerlei Anstalten gemacht hatten, unser winziges Bötchen zum Kentern zu bringen und uns aufzufressen. Ich hatte mich vorab etwas eingelesen und erfahren, dass Orcas die mit Abstand schlauesten und gefährlichsten Raubtiere der Meere sind, ich war daher auf alles vorbereitet – die Situation war dann aber jederzeit unter Kontrolle.

Mit dem guten Gefühl, dieses Abenteuer überlebt und die Sache mit den Walen nun also abgehakt zu haben, ging es zurück an Land.

Ein paar Jahre später musste ich dann feststellen, dass das womöglich voreilig gewesen war. Die Sache mit den Walen schien doch nicht ganz abgehakt, sie hatte sich, im Gegenteil, eher ausgeweitet und verselbstständigt, und möglicherweise war sie mittlerweile auch komplett außer Kontrolle geraten – es war insgesamt nämlich so, dass Theresa und ich seit der Orcatour in Kanada keine einzige Reise mehr unternommen hatten, bei der es NICHT um Wale ging, und unterwegs hatten sich irgendwie auch unsere Rollen vertauscht, denn immer öfter kam nun Theresa mit, weil ICH irgendwo Wale beobachten wollte.

Diese Entwicklung war schleichend, ich habe sie nicht gleich kommen sehen. Das hat sich einfach so ergeben.

Vor den Walen war ich immer gern zu Hause gewesen, es ist schön dort, ich lese viel, mir hat nichts gefehlt. Die vielen Ausflüge in die Natur kamen auch für mich überraschend, ich musste mich erst wieder mühevoll einarbeiten, eigentlich bin ich für draußen auch gar nicht gemacht. Dachte ich zumindest. Es ist nicht so, dass ich erst jetzt die Natur für mich entdeckt hätte, die war schon auch vorher da, klar, allerdings ist das lange her, und vielleicht hatte ich sie zwischendrin auch vergessen.

Ich komme vom Land, ein Meer war als Kind nicht greifbar – dafür gab es Tümpel, Teiche, Wiesen und Wälder, und von klein auf habe ich mich mit allem beschäftigt, das irgendwie paddelt, schwimmt und taucht. Ich habe Frösche, Kröten, Molche und Salamander gefangen, sie im selbst gebauten Terrarium im Garten untergebracht und dort stundenlang beobachtet. Nach ein paar Tagen habe ich sie freigelassen und durch neue Exemplare ersetzt, die Fütterung in Gefangenschaft war für beide Seiten nie sehr zufriedenstellend verlaufen. Ich besaß alle möglichen Bücher und kannte alle heimischen Arten, wusste sogar die lateinischen Namen. Ich war neun, vielleicht zehn.

Wie bei allen Kindern war die Faszination für die Natur auch bei mir bereits fest angelegt. Im Fernsehen liefen Grzimek und Sielmann, und als Arendt und Schweiger sich in Neuseeland ihren schönen Unimog von einer Horde neugieriger Keas zerlegen ließen, war für mich eindeutig bewiesen, dass »Tierforscher« der beste Beruf der Welt sein müsste. Irgendwie habe ich das aber aus den Augen verloren, wahrscheinlich kam auch bei mir bloß das richtige Leben dazwischen. Wie bei Theresa.

Es ist möglich, dass die Wale auch für mich eine unverhoffte Gelegenheit waren, etwas nachzuholen, auch wenn ich gar nicht wusste, dass es da vielleicht etwas gab. Es ist vermutlich auch reiner Zufall, dass es in diesem Buch nun um Wale geht. Auch Braunbären, Papageientaucher und Schildkröten wären denkbar gewesen, das ist mir unterwegs immer wieder mal aufgefallen. Statt der Orcas hätte sich Theresa damals nur eine andere Tour wünschen müssen – die weitere Geschichte wäre wahrscheinlich ähnlich verlaufen.

Ich glaube, bei mir geht es vor allem ums Staunen. Ich bin ganz gut im Staunen, es macht großen Spaß. Und bei Walen ist es leicht. Man weiß fast nichts über sie, und das, was man weiß, ist kaum zu glauben. »We just don't know«, war einer der häufigsten Sätze, die ich von einem berühmten Walforscher gehört habe, den ich später eine Woche lang im Boot begleiten durfte. Kein einziges Mal klang er dabei resigniert, immer nur total fasziniert, dabei macht er das seit vierzig Jahren.

Ich habe unterwegs für mich festgestellt, dass es kein Tier gibt, das mich so sehr mit Ehrfurcht und Demut erfüllt wie der Wal. Keines ist so groß, so stark, so eindrucksvoll und gleichzeitig so fragil, verletzlich und abhängig von unserem Handeln. Die Begegnung mit dem Wal ist der natürliche Anlass, die eigene Einstellung zur Welt und zum Leben zu überdenken. Und dabei vielleicht auch wieder zu lernen, sich ein bisschen weniger wichtig zu nehmen. Sich einzureihen. Und die Natur übernehmen zu lassen. Wie wahnsinnig gut sie das kann, habe ich in diesem Buch aufgeschrieben.

»Winterliche Dunkelheit schließt den Blick in
die Ferne aus. Die Kälte drängt dich tief in deine
Kleidung hinein, treibt dich wieder ins Haus.
Selbst der Geist zieht sich in sich selbst zurück.«
  – BARRY LOPEZ, *Arktische Träume*

#1

69° Nord

FLUKEN IM NORDLICHT –
WINTER IM ARKTISCHEN NORDEN
NORWEGENS

»Phhhuuuuuuhhh!!«

Wow, Dag hatte recht, man kann sie tatsächlich vom Ufer aus hören. Irre! Vorhin, bei unserer Ankunft, hatte er gleich ganz euphorisch berichtet, dass der Fjord wirklich voller Wale sei. »Es ist phantastisch«, hatte er gesagt, »es sind so viele, und sie sind so nah, dass ihr sie sogar ATMEN HÖREN könnt«, und seit Theresa das wusste, konnte sie es kaum noch abwarten, endlich hier rauszukommen und sich das selbst anzusehen.

Beziehungsweise: anzuhören.

Denn zu sehen gibt es gerade nichts.

Es ist ein Nachmittag kurz vor Weihnachten. Die dunkelste Zeit des Jahres, ganz besonders hier. Wir stehen am Rand des eisigen Bergsfjords, hoch oben im arktischen Norden Norwegens, weit oberhalb des Polarkreises – und wir können kaum die eigenen Hände vor Augen sehen, geschweige denn die vielen Wale im Fjord. Tiefschwarze Nacht, mitten am Tag. Norwegen im Winter.

»Sschhhuuuuuhhhhh!«

Draußen im Fjord ertönt der mächtige Blas der Wale. Wir hören sie von links, von rechts, von weiter draußen, sie sind überall. Sonst ist nichts zu hören, kein Wind, kein Verkehr, keine Menschenseele. Totale Stille. Nur das friedliche Plätschern des Fjords und der gleichmäßige Atem der Wale.

Theresa und ich hatten die Idee gehabt, den Winter etwas weiter nördlich zu verbringen. Ich hatte irgendwo gelesen, dass man rund um Tromsø im Winter nicht nur Nordlichter beobachten kann, sondern auch Wale, und das ist natürlich eine ganz phantastische Kombination. Im Internet hatte ich ein hübsches ehemaliges Posthäuschen entdeckt, nicht weit von Tromsø entfernt und mitten am malerischen Bergsfjord mit seinen vielen Inseln und dem karibisch blauen Wasser gelegen. Trude Mørkved und Dag Strømholt hatten es vor einer Weile gekauft und liebevoll wieder hergerichtet. Jetzt beherbergen sie dort das ganze Jahr über Gäste, direkt am Rand des Fjords.

»FFFUUUMMMPHHH!!«

Noch ein Blas, sehr laut, Theresa erschrickt direkt ein bisschen. »Oh! Der war nah«, sage ich, »gleich hier am Ufer.«

»Das sind Buckelwale, die sind noch mal etwas lauter als die Orcas«, antwortet Trude, und das ist genau das, was Theresa hören will: Orcas! Denn natürlich sind es die Orcas, wegen denen wir hier sind. Nach der Orcatour in Kanada war Theresa der Meinung gewesen, dass man dieses Erlebnis durchaus wiederholen sollte. Und warum nicht mal im Winter.

Dag erzählt, dass er im vorigen Jahr morgens beim Kaffee am Frühstückstisch mit bestem Blick auf den Fjord saß – als draußen plötzlich eine schwarze Finne auftauchte. »Wie ein riesiges Schwert zog sie da ganz ruhig und gleichmäßig durchs Wasser.« Kurz darauf eine zweite, gleich neben der ersten. Dann eine dritte, eine vierte, noch eine und noch eine. »Orcas! Hier im Bergsfjord! Mir wäre fast die Tasse aus der Hand gefallen.«

Viele Jahre lang waren die Wale im Winter ein paar Hundert Kilometer weiter südlich aufgetaucht, hier hatten Trude und Dag sie noch nie gesehen. Doch in den folgenden Tagen kamen sie wieder, immer in kleinen Gruppen. »Sie schwammen tief in den Fjord hinein, nur kurz, nach ein paar Stunden waren sie schon wieder weg.« Kleine Spähtrupps, die erkundeten, ob es sich lohnen würde, den Winter über in diesem Fjord zu jagen.

Es lohnte sich, offensichtlich, denn ein paar Tage später kamen die Orcas zurück – dieses Mal in voller Stärke. Und sie blieben. Mit ihnen kamen auch die Buckelwale, ebenfalls in großer Zahl. Und jetzt ist der Bergsfjord im Winter also voller Wale.

»Sschhhuuuuuhhhhh!«

»Phhhuuuuuhhh!!«

»Fffuuummmpphhh!«

Drei Atemzüge, direkt hintereinander. »Ihr habt euch wirklich die allerbeste Zeit ausgesucht, um herzukommen«, sagt Trude, »aber jetzt kommt erst mal richtig an, die Wale werden die ganze Woche hier sein – und ab morgen fahren wir zu ihnen raus.« Theresa und ich bleiben noch eine Weile am Ufer stehen. Eine tiefe, friedliche Ruhe liegt über diesem Ort. Theresa ist selig. Ja, hier bleiben wir! Da es mit minus fünfzehn Grad recht frisch ist, setzen wir uns jetzt aber lieber erst mal an den Kamin.

Die Fjorde von Tromsø liegen gut dreihundertfünfzig Kilometer nördlich des Polarkreises, das ist 69° Nord. Nirgendwo auf der Welt kommt man im Winter so weit nach Norden wie hier, zumindest nicht so komfortabel. 69° Nord, das ist nördlich von Island, nördlich der meisten bewohnten Teile Grönlands, nördlich des arktischen Kanada, nördlich von Alaska und ja, auch nördlich von Sibirien. Niemand käme auf die Idee, im Winter nach Sibirien zu fahren.

Auf 69° Nord gibt es rund um die Welt endlose Weite, kahle Tundra, ewiges Eis und nur wenige Menschen. In Tromsø dagegen gibt es Hotels, Cafés, Restaurants, Geschäfte, sogar einen Flughafen. Und jede Menge Reisende aus aller Welt. Im Gegensatz zu Sibirien ist Tromsø im Winter ziemlich gut besucht, und das ist vor allem dem Golfstrom zu verdanken, der gewaltige Wassermassen aus der Karibik bis in den hohen Norden Europas schiebt – eine gigantische Heizung, über die sich der halbe Kontinent freut. Ohne würde es zapfig werden, so jedoch lässt es sich bei minus zehn bis minus zwanzig Grad ganz gut aushalten.

Aufgrund dieser klimatischen Vorteile und der optimalen Anbindung ist im winterlichen Tromsø also einiges los. Allerdings ist es so, dass die meisten Menschen, die im Winter nach Tromsø reisen, vor allem planen, die Stadt möglichst schnell wieder zu verlassen. Das liegt weniger an Tromsø selbst, sondern an der vielen Natur drumherum. Man kann hier Nordlichter anschauen, Wale beobachten, Hundeschlitten fahren und Rentiere streicheln, außerdem kann man Eisfischen, Schneewandern, Skifahren oder einfach mal wieder einen Schneemann bauen. Die ganze Stadt ist ein einziges Tourangebot, wahrscheinlich wird sie auch deshalb das »Tor zur Arktis« genannt.

In Tromsø selbst gibt es einen kleinen Hafen, eine gläserne Bibliothek, die eisig-weiße Eismeerkathedrale, eine Roald-Amundsen-Statue, das Polarmuseum und die berühmte Tromsø-Brücke, die mit ihren knapp vierzig Metern Höhe gerade hoch genug ist, damit die vielen Hurtigruten-Schiffe auf ihrem Weg zum Nordkap noch darunter hindurch passen. Außerdem gibt es die *Bastard Bar* und einen Plattenladen, der sämtliche Platten des Elektropop-Duos

Røyksopp hat, weil *Røyksopp* eben aus Tromsø kommen. Das ist es im Prinzip.

Einer der berühmtesten Söhne der Stadt war der etwas verrückte Trapper Henry Rudi, der von 1889 bis 1970 wirkte und in dieser Zeit rekordverdächtige siebenundzwanzig Winter in der Arktis verbrachte. Ich habe Trapperhütten auf Spitzbergen gesehen, das sind einsame Bretterverschläge mitten im Nirgendwo, mühsam und wacklig in die Tundra gezimmert, nicht viel größer als ein Schuhkarton und von der Zivilisation ähnlich weit entfernt wie der Mond. Man muss die Arktis schon sehr lieben und ein enormes Vertrauen in den natürlichen Lauf der Dinge haben, um in solch einem Verhau auch nur einen Winter zu verbringen. Geschweige denn siebenundzwanzig.

Als Trapper war es Henry Rudis Beruf, Pelztiere zu jagen. Er war ganz gut darin. Im Lauf der Jahre fing und schoss er nach eigener Rechnung siebenhundertdreizehn Eisbären, und als er irgendwann auch noch auf die Idee kam, junge, durch ihn verwaiste Eisbären als Haustiere zu halten, hatte er in den norwegischen Medien den Spitznamen »Isbjørnkongen« weg, »der Eisbärkönig«.

Das Polarmuseum in Tromsø hat Henry Rudi einen eigenen Raum gewidmet – ebenso wie Roald Amundsen, der immerhin die Nordwestpassage entdeckt, als Erster den Südpol erreicht und den Nordpol mit dem Luftschiff überflogen hat. Gleich neben einer schweren Büste des großen Entdeckers mit der noch größeren Nase hängen unzählige Artikel über den Eisbärkönig Henry Rudi.

Auf einem der Fotos ist er dabei zu sehen, wie er freudig und wild mit den Armen fuchtelnd auf einem Bären reitet, der entweder beeindruckend gut dressiert oder bereits tot und gefroren ist. Nach seinem Schaffen als Trapper ging Henry Rudi den ausgestellten Artikeln zufolge noch für einige Jahre im norwegischen Jetset des frühen 20. Jahrhunderts ein und aus, für seine Leistungen erhielt er sogar die Königliche Verdienstmedaille in Silber. Jede Zeit hat ihre Helden.

Das Polarmuseum in Tromsø ist unbedingt einen Besuch wert, besonders zu Beginn einer Reise, wenn sich die innere Uhr noch orientieren muss. Denn wer im Winter so weit nach Norden reist, muss den eigenen Tagesablauf radikal umstellen – man muss sich mit allem beeilen, zumindest, wenn man sich draußen aufhalten und dabei noch etwas sehen will.

Nordnorwegen im Dezember, das bedeutet knappe vier Stunden Helligkeit pro Tag, und selbst diese Helligkeit hat wenig zu tun mit der Helligkeit eines normalen Wintertages in, sagen wir, München. Es gibt einfach keine Sonne hier, wer sie sehen möchte, müsste ein paar Hundert Kilometer nach Süden fahren. Stattdessen wabert das, was sie hier »Tag« nennen, von der Morgendämmerung ohne große Umschweife direkt in die Abenddämmerung hinein, mit einem kurzen Helligkeitshoch zwischen elf und drei. Zu allen anderen Zeiten ist es entweder schwarz oder sehr schwarz.

Direkt im Anschluss an den Sommer werden die Tage hier sehr schnell kürzer, um die Jahreswende herum dann sehr langsam wieder länger. Der dunkelste Tag ist der 22. Dezember, auf den arbeiten alle hin, danach geht es aufwärts, jeden Tag mit ein paar Minuten mehr Helligkeit, Mitte Januar sind es schon wieder fünf bis sechs Stunden Licht. Ein einziger, monatelanger Sonnenaufgang, bis im Sommer dann die Sonne wieder rund um die Uhr am Himmel steht. Wenn sie auf Spitzbergen Anfang März zum ersten Mal wieder über den Bergen erscheint, versammeln sich die Menschen, um sie mit Jubel und Gesang zu begrüßen.

Wenn man also, wie zum Beispiel wir, den Norden Norwegens zur absolut dunkelsten Zeit bereist, ist es unbedingt eine gute Idee, von Tromsø aus direkt weiter in Richtung Küste zu fahren, wo das wenige Licht aus dem Süden nicht auch noch unnötig von den überall im Weg herumstehenden Bergketten abgefangen wird.

Von Tromsø bis zum Ufer des Bergsfjords sind es ein bis zwei Stunden, man fährt erst ein bisschen Boot, dann ein wenig Auto, bis man schließlich auf der Westseite der Insel Senja steht und von dort fast bis hinüber nach Grönland blicken kann.

Nach der Ankunft am Bergsfjord machen wir es uns am wohlig knisternden Kamin des kleinen Posthäuschens gemütlich. Man fühlt sich sofort zu Hause hier, und das liegt vor allem an Trude und Dag. Sie heißen uns willkommen wie alte Freunde, dabei kennen wir uns gerade erst seit ein paar Minuten. Angenehm!

»Ich habe für heute Abend etwas Walkunde für euch vorbereitet«, sagt Trude, »damit ihr auch wisst, worauf ihr die nächsten Tage im Boot achten müsst.« Ein Orca-Abend am Kamin, Theresa ist begeistert, und das ist die Untertreibung des Jahres. Wenn man für Theresa eine ideale Reise zusammenstellen wollte, sie würde ganz sicher, unbedingt und immer mit einem Orca-Abend beginnen. Gern auch am Kamin.

Bei mir ist es so, dass ich vor unserer ersten Waltour in Kanada insgesamt der Meinung war, dass ein Wal im Großen und Ganzen eben ein Wal ist – groß, schwer, schlau, beeindruckend, interessant, geheimnisvoll – und dass es bei einer Waltour in erster Linie also darum gehen würde, IRGENDEINEN Wal zu sehen. Um welche Art es sich dabei dann genau handeln würde, das schien mir doch eher vernachlässigbar. Ein Detail.

Da Theresa sich damals von Herzen gewünscht hatte, Or-

cas zu sehen, habe ich mir das ihr zuliebe einfach mitge-
wünscht. Und als es dann im Boot plötzlich über Funk hieß, es
wäre gerade irgendwo ein Zwergwal gesichtet worden, wor-
aufhin unser Kapitän völlig euphorisch bekannt gab, da fahre
man jetzt mal hin, das schaue man sich an, da war ich Theresa
zuliebe natürlich von Herzen enttäuscht. Es war dann reines
Glück, dass uns auf dem Weg zum Zwergwal unverhofft ein
paar Orcas über den Weg geschwommen sind, die wir dann so
lange beobachtet haben, bis der Zwergwal über alle Berge war,
wie wir nebenbei über Funk mitgeteilt bekamen, sodass wir
schließlich noch mehr Zeit für die Orcas hatten und nirgendwo mehr hinmussten, um diesen Zwergwal zu suchen.
Man braucht schon auch Glück auf so einer Waltour.

Nachdem Trude und Dag uns bereits versichert hatten,
dass der Bergsfjord nicht nur voller Buckelwale, sondern auch
voller Orcas war, ging es aus meiner Sicht für die kommenden
Tage also nur noch darum, auf möglichst wenig Wind zu hoffen, denn wie ich von Dag bereits gelernt hatte, ist Wind der
natürliche Feind einer jeden Bootstour. Bis dahin hatte ich vor
allem auf Regen geachtet, denn wer will schon nass werden
im Boot, Dag allerdings sagte, dass Regen, Schnee oder Kälte
komplett egal seien, »es geht hier nur um den Wind, das ist
das einzige Thema, das euch in den nächsten Tagen interessieren sollte. Wenn es zu windig ist, können wir nicht rausfahren.«

Glücklicherweise hatte Trude bereits erwähnt, dass für
die nächsten Tage mit »phantastischem Wetter!« zu rechnen
sei, gelegentlich gar mit »kompletter Windstille!«, und das
sei ganz besonders zu hoffen, weil so ein »spiegelglatter
Fjord!« im »arktischen Licht!« ein wirklich »einmaliger Anblick!« sei.

Vorher allerdings: Walkunde.

Vorbereitung ist schließlich alles.

»Also, erst mal ganz grundsätzlich: Buckelwale gehören zur Familie der Bartenwale, Orcas zur Familie der Zahnwale«, erklärt Trude, »das ist ein wichtiger Unterschied.«

Während Zahnwale über, nun ja, Zähne verfügen, mit denen sie ihre Beute bearbeiten, haben Bartenwale stattdessen lange bis sehr lange Fransen in ihrem Maul, mit denen sie ihre Nahrung aus dem Wasser filtern. Diese Fransen nennen sich Barten, und bei manchen Walen können sie gute vier Meter lang werden, so groß ist ihr Maul. Sie baumeln in mehreren dichten Schichten vom Oberkiefer herunter, und man liegt sicher nicht ganz falsch, wenn man sich das wie einen etwas überdimensionierten und aus dem Ruder gelaufenen Schnurrbart vorstellt, der nicht außen auf der Oberlippe, sondern auf der Innenseite gewachsen ist.

»Bartenwale sind die, die ihr sicher auch als ›sanfte Riesen‹ kennt«, sagt Trude, »sie gehören zu den größten und schwersten Tieren, die die Natur je hervorgebracht hat.«

Obwohl sie selbst Giganten sind, ernähren sich Bartenwale von kleinen Fischen und winzigen Krebsen – davon jedoch können sie auf einen Schlag gleich mehrere Tonnen zu sich nehmen. So groß ist ihr Maul. Innerhalb kurzer Zeit können sie sich eine enorme Speckschicht zulegen, die es ihnen erlaubt, extreme saisonale Wanderungen zu unternehmen, auf denen sie monatelang überhaupt nichts fressen. Bartenwale sind permanent auf Reisen und am liebsten allein unterwegs, sie sind eher eigenbrötlerisch – mithilfe ihrer bizarren Gesänge und Grunzlaute können sie sich bei Bedarf jedoch über den halben Globus hinweg miteinander unterhalten.

»Zahnwale dagegen sind elegante und trickreiche Jäger«, sagt Trude, »sie machen auf beinahe alles Jagd, was die Ozeane zu bieten haben.«

Anders als Bartenwale legen Zahnwale großen Wert auf Gesellschaft. Sie sind überaus soziale und kommunikative

Tiere, sie leben in festen Gruppen mit komplexen Strukturen, innerhalb derer es einen bunten Strauß an Bräuchen, Gepflogenheiten und Dialekten gibt, die von Generation zu Generation weitergegeben werden. Die Jagd ist für Zahnwale mühevolle Kleinstarbeit, jedes Beutetier muss einzeln erlegt werden. Da Zahnwale jedoch über ein hoch entwickeltes Sonar verfügen und unfassbar ausgefeilte Jagdmethoden entwickelt haben, kommen sie insgesamt ganz gut zurecht.

»Was ich ja vor allem spannend finde«, sagt Dag, »seit über vierzig Jahren werden Wale überall auf der Welt erforscht – und trotzdem sind die meisten Dinge in ihrem Leben immer noch ziemlich unklar. Das ist doch verrückt, oder?«

Es sind sehr grundlegende Dinge, bei denen die Forschung noch immer mit Vermutungen und Meinungen herumhantieren muss: Wie finden Wale Nahrung? Wie orientieren und organisieren sie sich? Was bedeutet ihre Kommunikation? Wie geben sie ihr Wissen weiter? Man hat da durchaus Ideen, die meisten davon sind allerdings kaum zu beweisen, es geht um Feldforschung unter schwersten Bedingungen, im Labor kann man sich so einen Wal ja schließlich nicht halten. Es ist kompliziert.

Während wir uns mit Trude und Dag einen ganzen phantastischen Abend lang über Wale und ihre Erforschung unterhalten, fällt mir auf, wie interessant und spannend so ein bisschen Theorie doch ist, wenn man weiß, dass schon am nächsten Tag echte, erlebbare Praxis daraus wird. Sollte man mal im Auge behalten.

»Diese Fjorde«, sagt Trude, »sind gerade übrigens der einzige Ort auf der Welt, wo ihr Orcas und Buckelwale gleichzeitig beobachten könnt, eigentlich gehen die sich nämlich aus dem Weg.«

»Und was ist hier anders?«, fragt Theresa. »Warum kommen so viele von ihnen hierher?«

»Wegen dem Hering«, antwortet Dag. »Die Fjorde hier quellen beinahe über vor lauter Hering – und für die Wale ist das ein Fest!«

Der norwegische Hering ist viel unterwegs, im Frühjahr findet er sich an der Küste zum Laichen ein, im Sommer zieht es ihn weit hinaus aufs offene Meer, im Herbst wandert er zurück, den Winter verbringt er in den langen, tiefen Fjorden des Nordens, wo er von seinen üppigen Fettreserven lebt und neuen Rogen bildet, bis im Frühjahr alles wieder von vorne losgeht. Gerade im Winter ist der Hering also eine überaus attraktive und fette Beute – ohne ihn wären weder die Wale noch wir jetzt hier.

Alle fünf bis zehn Jahre sucht sich der Hering neue Fjorde zum Überwintern, man weiß aber nicht genau, warum. Da er immer weiter nördlich auftaucht, könnte der Klimawandel eine Erklärung sein: Die Fjorde im Süden werden immer wärmer, dem Hering gefällt das nicht, also weicht er nach Norden aus. Es ist aber ebenso gut möglich, dass er einfach darauf setzt, für seine Angreifer nicht allzu berechenbar zu sein. Der Hering ist ein gewitzter und schwer ausrechenbarer kleiner Fisch, und weder die Wale noch die Fischer können verlässlich mit ihm planen.

Hering bildet Schwärme, wirklich gewaltige Schwärme, die zu den größten im gesamten Tierreich zählen. Aus der Luft betrachtet wirken sie wie ein einziger Organismus, der sich über viele Quadratkilometer hinweg ausdehnen kann.

Allein schon durch seine schiere Masse versucht der Hering, seine Jäger zu beeindrucken und zu überfordern, damit diese nicht wissen, auf welchen Fisch sie sich konzentrieren sollen. Manchmal bildet er auch ein dichtes silbernes Knäuel, der Schwarm ballt sich dann eng zusammen und wirkt auf seine Angreifer wie eine einzige schillernde Wand, die kaum noch Angriffsfläche bietet. Im Bedarfsfall wird der Hering sogar selbst aktiv, dann gibt er die Schwarmbildung auf und geht zum Gegenangriff über – Millionen kleiner Fische, die wie auf Kommando ihre Angreifer umkreisen, das ist ein irres Geflirre und Gewusel, in dem man schnell den Überblick verliert, wenn man nicht gerade selbst ein Hering ist.

Als wir bei unserer Ankunft am dunklen Bergsfjord standen, der trotz Windstille und Trockenheit in einem fort wie ein leichter Sommerregen vor sich hin plätscherte, habe ich Dag gefragt, was das für ein Geräusch ist. »Das ist der Hering«, antwortete er, »der Fjord ist so voll mit Hering, dass du ihn schwimmen hörst.«

Am nächsten Morgen geht es los. Wir fahren raus! Heute werden wir die Wale nicht nur hören, sondern auch sehen! Ich setze mich an den großen Frühstückstisch, von dem aus Dag damals die erste Orcafinne im Fjord beobachtet hat, und ja, tatsächlich, man kann sie wirklich VON HIER AUS sehen. Mit Kaffee in der Hand und knisterndem Kamin im Rücken. Was für ein Ort!

Auf dem Weg zum Boot fällt mir zum ersten Mal das Licht auf. Ein kristallklares, eisiges Blau, das über den Bergketten im Norden in ein kräftig schimmerndes Rosa übergeht, dabei sind beide Farben so rau und körnig, als wäre das nicht die Realität hier, sondern ein uralter Fotoabzug auf hartem Strukturpapier. Man kann die Luft beinahe greifen.

»Was für ein Licht!«, rufe ich begeistert.

»Arktisches Licht«, antwortet Trude.

»Komplett surreal! Sowas hab ich noch nie gesehen!«

»Ja, stimmt. Dieses Licht ist sehr besonders.«

»Wozu noch Sonne, wenn man so ein Licht hat?!«

»Finde ich auch. Der Winter ist die beste Zeit hier.«

»Besser als der Sommer mit der Mitternachtssonne?«

»Absolut! Ich liebe den Winter hier!«

Am Hafen wartet bereits Dag, er hat das Boot vorbereitet und startklar gemacht. Wir fahren mit einem RIB, das ist ein sehr schnelles, mittelgroßes Schlauchboot mit festem Rumpf.

»Willkommen an Bord!«, ruft Dag.

»Danke! Guten Morgen!«, antworte ich.

»Setzt euch ruhig schon mal hin!«

»Danke! Äh, wohin denn?«

»Einfach auf die Seiten.«

»Auf die Seiten?«

»Ja, am besten gut verteilen.«

»Aber da sind keine Sitze.«

»Ach so, nein, Sitze gibt es nicht.«

»Ah. Okay. Aber ...?«

»Einfach obendrauf setzen. Auf die Luftkissen.«

»Äh, ist das nicht ein bisschen wacklig?«

»Kommt auf das Wetter an. Am besten beide Beine fest auf den Boden stellen und immer leicht vornüber ins Boot lehnen, dann kann nichts passieren. Außen sind außerdem Schlaufen, da könnt ihr euch festhalten, wenn es mal etwas wackelt.«

Dag zeigt auf ein dünnes Seil, das über den Luftkissen auf beiden Seiten zu Schlaufen gespannt ist. Da jetzt also hinsetzen und festhalten. Wie die *Greenpeace*-Leute, die sitzen bei ihren Aktionen auch immer seitlich in ihren Booten. Und immer zittert man mit, dass sie dabei bloß nicht hintenüberfallen.

Trude hatte vorhin beim Anziehen dieser dicken, sperrigen und unbequemen Schutzanzüge noch gesagt, dass wir die unbedingt tragen müssten, ohne Diskussion: »Da ist eine Schwimmweste schon mit eingebaut, und falls – also wirklich: FALLS – ihr aus Versehen über Bord geht, hält die euch so lange über Wasser, bis wir euch zurück ins Boot gezogen haben. Das Wasser ist nämlich so kalt, dass man sich schon nach ein paar Sekunden nicht mehr richtig bewegen kann.«

Ich hatte in diesem Moment noch souverän gelacht und erklärt, dass so etwas sicher nicht passieren wird, schließlich seien wir keine Anfänger, wir hätten immerhin schon eine komplette Orcatour in Kanada hinter uns, wir wüssten also Bescheid. Da wusste ich allerdings noch nichts von Dags RIB, in dem man ohne Sitz oder Gurt einfach locker wippend auf den Luftkissen sitzt und sich an irgendwelchen Schlaufen festhält. Aber gut, beim Reisen geht es nicht zuletzt ja auch darum, die Grenzen der eigenen Komfortzone zu verschieben. Warum also nicht mal über sich hinauswachsen jetzt?

Ich schaue rüber zu Theresa. Sie sitzt bereits und hüpft entspannt und freudig auf ihrem Luftkissen herum. Von ihrer Seite aus kann es losgehen. So ist das immer, wenn wir unterwegs sind. Sie schaut sich die Dinge an, sie probiert sie aus, sie bekommt sie hin. Jedes Mal, egal worum es geht. Wenn meine Komfortzone ein Bierdeckel ist, ist ihre ein Fußballfeld.

Die Fahrt ist ruhig und ereignislos, das Sitzen auf der Seite ist weniger kompliziert als gedacht, ich werde das später leider nicht zur Heldengeschichte hochjazzen können. Außerdem sind wir schon nach ein paar Minuten da. Dag steuert das Boot einfach in die Mitte des Fjords und stellt den Motor ab. »Lasst uns hier warten und sehen, was passiert ...«, sagt Dag, als Theresa auch schon ruft: »Da hinten! Orcas!! Ganz viele! Sie schwimmen genau in unsere Richtung!!«

Orcas sind die Top-Prädatoren der Weltmeere, sie stehen an der Spitze der Nahrungskette, im Wasser macht ihnen niemand etwas vor. Im Unterschied zu anderen Jägern wie Weißen Haien, Eisbären oder, an Land, auch Löwen, Tigern und Grizzlys muss man sich bei einer Begegnung mit Orcas aber keine großen Sorgen machen. Nirgendwo auf der Welt wurde bislang ein tödlicher Angriff auf Menschen dokumentiert. Zumindest in freier Wildbahn.

So weit die Theorie. In der Praxis ist es dann allerdings so, dass sie einem gehörigen Respekt einflößen. Ausgewachsene Orcabullen kommen auf acht bis neun Meter Länge, Kühe auf sieben bis acht – unser Schlauchboot dagegen auf fünf oder sechs, wenn überhaupt. Das ist schon noch mal eine andere Situation als in Kanada.

Die Gruppe schwimmt bestimmt und unbeirrt auf uns zu. Ich nestele an den Luftkissen herum und greife nach den Schlaufen. Theresa ist derweil nach vorne in den Bug des Bootes gekrochen, um sich dort so weit es geht vornüberzulehnen. Ich glaube, sie möchte den Abstand zwischen sich und den Orcas so gering wie möglich halten. Und dabei zählt jeder Zentimeter.

»Phhuuuhhh!«

»Phhhooooooooohh!«

»Phhhhuuuhhh!«

»Phhoohh!!«

Der Blas der Orcas ist anders als der der Buckelwale, den wir abends noch am Ufer des Fjords gehört hatten: energischer, kraftvoller, eindringlicher. Es sind viele. Vielleicht zehn, fünfzehn. Sie sind ständig in Bewegung, schwer zu zählen, sie schwimmen zügig, tauchen immer nur kurz auf und wieder ab – und je näher sie kommen, desto lauter ist ihr Blas.

»PHHOOOHHH!«

»PHHUUHH!!«

»PHHHOOOOOOOOOOOOHH!«

»PHHHHUUUHHH!«

»PHHOOHH!!«

Sie schwimmen dicht an unserem Boot vorbei, nur ein

paar Meter vom Bug entfernt. Theresa hat jetzt eindeutig den besten Platz. Die Orcas haben es eilig, für unser Boot scheinen sie sich nicht im Geringsten zu interessieren, als wären wir gar nicht da. Nach ein paar Augenblicken ist schon wieder alles vorbei, die Orcas verschwinden in den Weiten des Fjords, werden kleiner und kleiner, bis ihr Blas kaum noch zu hören ist.

»Phhuuuhhh!«

»Phhhhooohhh!!«

»Phhuuhh!«

Theresa dreht sich zu uns um. Sie strahlt über das ganze Gesicht, voller Ehrfurcht, Staunen, Glück. Deshalb sind wir hier. Wegen dieses Blicks. Das ist ihr Orcablick. Nach der Bootstour in Kanada hatte ich ihn zum ersten Mal gesehen.

Trude zeigt nach links: »Schaut mal da hinten! Ein riesiger Bulle! Wow!! Das ist Mr. Orca! Seht ihr seine Finne? Die ist gigantisch! Bestimmt knappe zwei Meter!« Man macht sich auf Fotos keine Vorstellung davon, wie groß so eine Orcafinne ist. Es fehlt der Maßstab, der Vergleich. Man stellt sich so einen Orca insgesamt ja eher wie einen Delfin vor, was er rein biologisch auch ist – der Körperbau ist so ähnlich, dass der Orca intuitiv auch größenmäßig sofort in der kleinen Delfinschublade verschwindet. Aber da gehört er überhaupt nicht rein.

Ich habe mal Fotos von gestrandeten Orcas gesehen, die nicht mehr zu retten waren. Darunter auch ein großer Bulle mit mächtiger Finne. Der Mann neben dieser Finne sah aus wie ein Zwerg. Wie mit Photoshop notdürftig kleiner gezogen. Man glaubt es nicht. So groß kann diese Finne doch unmöglich sein. Ist sie aber. Man erschrickt direkt ein bisschen. Ich zumindest.

Hier im Boot ist es jetzt leicht, sich ein Bild zu machen. Vor allem, wenn der große Bulle mit der riesigen Finne so nah vorbeischwimmt, und das Boot so tief im Wasser liegt wie unseres.

Dag startet den Motor und fährt langsam in Richtung einer anderen Orcagruppe, die etwas tiefer im Fjord mit irgendwas beschäftigt ist. Es ist ein ziemliches Durcheinander, die Orcas tauchen auf und ab, ohne sich dabei wirklich vom Fleck zu bewegen. Sie schwimmen eher im Kreis, manchmal taucht einer von ihnen mit dem Kopf nach oben auf und hält ihn für Sekunden über Wasser, andere rudern mit der Fluke an der Oberfläche herum. Eindeutig: Hier ist irgendwas im Gange.

»Seht ihr den Hering?«, fragt Trude. »Da! In der Mitte! Er springt wie wild an der Oberfläche herum! Die Orcas haben ihn in die Falle gelockt!« Zwischen den Orcas herrscht ein ziemliches Chaos. Sie schwimmen um den hüpfenden Hering herum, immer im Kreis, tauchen geschäftig auf und ab, das Wasser zwischen ihnen brodelt regelrecht vor lauter Hering.

»Was ihr da seht, nennt man ›carousel feeding‹«, sagt Dag, »das ist eine Jagdtechnik, die die Orcas hier im Norden entwickelt haben. Sie treiben den Hering eng zusammen, bis er sich vor lauter Panik zu einer dichten Kugel formiert. Die umkreisen die Orcas dann von allen Seiten, dabei schlagen sie mit ihrer Schwanzflosse hart auf die Kugel ein, wodurch sie einzelne Fische betäuben, die sie dann der Reihe nach fressen.«

Dag sagt, dass die Orcas beim Zusammentreiben des Herings in einem fort miteinander kommunizieren, ein permanentes und geschäftiges Pfeifen und Quietschen, über ein Hydrofon könnte man ihnen leicht dabei zuhören. »Auch die schwarz-weiße Färbung ist wichtig«, sagt Trude, »damit können sie sich untereinander erkennen und so ihre Jagd gemeinsam koordinieren.«

Trude erklärt, dass Orcas über ein ziemlich gutes Sehvermögen verfügen, sowohl über als auch unter Wasser. Zwar sehen sie so gut wie keine Farben, dafür erkennen sie die starken Kontraste umso besser. Mehr noch: Mit ihrer dunklen Ober- und hellen Unterseite machen sie es ihrer Beute zusätzlich schwer, sie von unten gegen das Licht und von oben gegen die Tiefe zu erkennen.

Das Boot tuckert wieder los, wir fahren weiter in den Fjord hinein, Dag will die Orcas nicht zu lange bei der Jagd stören. Außerdem hat er ein paar Hundert Meter vor uns eine kleine Gruppe Buckelwale entdeckt. Die will er sich anschauen.

Mir ist nicht ganz klar, wonach Dag die Wale aussucht, die wir jeweils ansteuern. Der Fjord ist so voller Leben und Aktivität, wir könnten ewig stehen bleiben oder blind in jede Richtung fahren, es wäre total egal. Auf jeder Seite des Bootes sehen wir entweder einen Blas, eine Finne, eine Fluke oder gleich alles zusammen. Es wimmelt nur so vor Walen. Dag hat sich jetzt aber festgelegt, und zwar auf diese kleine Gruppe von Buckelwalen.

Buckelwale sind noch einmal deutlich größer als Orcas, sie werden mit sechzehn bis siebzehn Metern beinahe doppelt so lang – und mit ihrem Gewicht von über vierzig Tonnen sind sie locker sechs bis acht Mal schwerer als selbst der größte Orcabulle. Von allen Walen haben Buckelwale die längsten Brustflossen, sie können ein Drittel der Gesamtlänge des Wals ausmachen, und auf Unterwasserfotos sieht es so aus, als könnten sie damit fliegen.

Dag bleibt mit dem Boot auf Abstand. Anders als die Orcas, die kreuz und quer und scheinbar wild durcheinander auf- und abgetaucht sind, schaut das bei den Buckelwalen doch ziemlich ruhig und koordiniert aus. Sie bleiben für fünf, sechs Atemzüge an der Oberfläche und tauchen dann der Reihe nach ab. Dag begleitet jeden einzelnen Tauchgang mit einem freudigen »FLUKE!«, weil er bei jedem Wal schon vor dem Abtauchen erkennt, ob dieser gleich die Schwanzflosse hebt. Irre beeindruckend!

»Anhand seiner Fluke kann man jeden Buckelwal auf diesem Planeten eindeutig identifizieren«, sagt Dag, »jede ist einzigartig, so wie der menschliche Fingerabdruck.« Dag erklärt auch, dass man anhand der Krümmung des Rückens gut erkennen kann, ob die Wale gleich die Fluke heben. Je tiefer sie tauchen, desto stärker die Krümmung – und desto wahrscheinlicher die Fluke.

»Man konnte das jetzt aus der Entfernung nicht so gut sehen«, sagt Dag, »aber die Fluke eines Buckelwals kann um die fünf Meter breit werden, das ist also fast so lang wie unser ...« – Dags Erklärung wird von einem lauten Tosen unterbrochen, irgendwas ist dort drüben gerade passiert. »Whooohoo!!!«, ruft Trude, »so jagen sie! Schaut euch das an! So jagen sie!! Das ist noch viel spektakulärer als bei den Orcas!!« Die riesigen Köpfe der Buckelwale ragen weit aus dem Wasser heraus, während sie langsam ihre bizarren Mäuler schließen. Dort, wo man eine Kehle vermuten würde, sehen wir ihre grotesk aufgeblähten Kehlsäcke, darin müssen sich jetzt Tonnen von Hering befinden.

»Man nennt das ›bubble-feeding‹«, ruft Trude. »Die Wale ziehen allein oder gemeinsam in immer engeren Kreisen um den Hering herum und stoßen dabei große Säulen von Luftblasen heraus. Damit schließen sie den Hering wie hinter einem Vorhang ein, und sobald genug Fische eng genug beieinander schwimmen, schießen die Wale mit weit geöffnetem Maul von unten durch sie hindurch. An der Oberfläche pressen sie das Wasser mit der Zunge durch ihre Barten heraus und lassen sich den Rest schmecken.«

Ich bin jetzt doch einigermaßen froh, dass wir Abstand gehalten haben. Man möchte so einem jagenden Wal nicht zu nahe kommen – nicht dass er aus Versehen das Boot erwischt, ich bin mir sicher, dass in seinem Kehlsack durchaus ausreichend Platz für uns wäre. Aus dem Augenwinkel heraus ist mir außerdem aufgefallen, dass sogar Theresa ein paar Millimeter von ihrem Platz im Bug des Bootes zurückgewichen ist. Vielleicht habe ich mich da aber auch nur verguckt.

Dag sagt, dass wir uns langsam auf den Heimweg begeben müssen, bevor es zu dunkel wird: »Das geht sehr schnell hier. Und es ist gefährlich, es sind einfach zu viele Wale im Fjord. Im Dunkeln ist es schwer, ihnen auszuweichen.«

Aus dem kristallblauen und zartrosa Licht von heute Vormittag ist ein tieforangenes Leuchten geworden, das jetzt schwer und satt und müde über den Bergen hängt. Dag startet den Motor und lenkt das Boot langsam in Richtung Hafen. Theresa setzt sich zurück auf ihre Seite des Bootes. Ihr Blick ist eine Mischung aus purem Glück und absoluter Ruhe.

»Das hast du gut gemacht«, sagt sie.

»Ich? Was denn?«, frage ich.

»Diesen Ort hier zu finden.«

Als wir abends beim Essen sitzen, noch immer sprachlos, kommt Trude auf das weitere Programm zu sprechen. »Ihr wisst schon«, sagt sie, »dass die meisten Menschen gar nicht wegen der Wale hierherkommen, sondern wegen der Nordlichter, oder?«

Ich schüttele den Kopf, nach einem solchen Tag erscheint es mir einigermaßen absurd, wegen IRGENDETWAS ANDEREM als der Wale herzukommen.

»Doch, doch«, sagt Dag, »die Nordlichter sind die größte Attraktion hier, das ist schon immer so gewesen.« Er erklärt, dass die Fjorde von Tromsø auf ziemlich exakt 69° Nord liegen, und zumindest hier in Europa ist der neunundsechzigste von allen Breitengraden der mit Abstand beste, um Nordlichter zu sehen, »Tromsø ist daher so etwas wie die europäische Hauptstadt der Nordlichter.«

»Aber keine Sorge«, sagt Trude, »bevor wir nachher rausgehen, habe ich noch etwas Nordlichtkunde für euch vorbereitet.« Noch ein Abend am Kamin. Es lässt sich hier wirklich aushalten.

Nordlichter sind seit Jahrtausenden der Ursprung zahlloser Mythen und Geschichten, sie kommen in unzähligen Kulturen vor. Pessimisten sahen in den bedrohlich am Himmel herumwabernden Bändern vor allem Vorboten für Kriege, Seuchen oder Hungersnöte. Optimisten dagegen freuten sich über einen leuchtenden Pfad ins Paradies, den Gruß wohlwollender Götter oder einen Hinweis auf besondere Fruchtbarkeit. Naturverbundene Völker wiederum sahen reiche Heringsschwärme, tanzende Schwäne oder spielende Wale. Vieles war möglich. »Das Nordlicht bietet genug Projektionsfläche für jeden Geschmack«, sagt Trude, »rein wissenschaftlich gesehen ist es aber ein ganz normales Wetterphänomen.«

Nordlichter bestehen aus Gasen, die rund um die magnetischen Pole auf die Erdatmosphäre prallen und dabei mehrfarbig fluoreszieren. Diese Gase entstehen durch Explosionen auf der Oberfläche der Sonne, die zu heftigen Sonnenstürmen führen, durch die große Mengen geladener Teilchen weit in den Weltraum geschossen werden. Diese Teilchen sind mit einem Tempo von zwei bis drei Millionen Kilometern pro Stunde unterwegs, bis zur Erde brauchen sie trotzdem ein paar Tage. Über Teleskope sieht man sie rechtzeitig kommen, und das ist gut so, denn allzu starke Sonnenstürme können zu beträchtlichen Störungen des Funkverkehrs und der Stromversorgung führen.

Praktischerweise wird der Großteil eines Sonnensturmes vom Magnetfeld der Erde abgestoßen und gleich wieder zurück ins All gelenkt, gut 98 Prozent aller Sonnenteilchen fliegen einfach an der Erde vorbei. Die restlichen zwei Prozent jedoch schaffen es bis in die Atmosphäre, wo sie wie durch einen Trichter von den Magnetfeldern der Pole angezogen werden. So entstehen Nord- und Südlichter, die man auch als *Aurora borealis* und *Aurora australis* kennt – beide zusammen nennt man »Polarlicht«.

Sobald die Teilchen der Sonnenwinde in der Atmosphäre auf Sauerstoff und Stickstoff treffen, reagieren sie miteinander – und dabei entsteht buntes Licht.

Die Farbe dieses Lichts hängt davon ab, in welcher Höhe die Teilchen der Sonnenwinde auf bestimmte Teilchen der Atmosphäre treffen: In Verbindung mit Sauerstoff leuchten sie grün oder rot – grünes Licht sehen wir immer dann, wenn sich die Teilchen in gut hundert Kilometern Höhe treffen, rotes Licht dagegen entsteht, wenn das Aufeinandertreffen hundert bis zweihundert Kilometer weiter oben stattfindet. Violettes Licht wiederum entsteht nur, wenn die Teilchen der Sonnenwinde nicht mit Sauerstoff, sondern mit Stickstoff in Verbindung kommen, da ist dann aber die Höhe egal.

Durch das Magnetfeld der Pole geordnet, kreisen die Teilchen langsam auf zwei ovalen Bändern über die Nord- und Südhalbkugel, die Aurora Ovale – »diese Bänder erstrecken sich über zwei bis drei Breitengrade rund um die Polarkreise«, sagt Trude, »und nirgendwo ist die Chance auf einen bunt entflammten Himmel größer als direkt unterhalb dieser Bänder.«

»Diese Gegend hier ist die beste der Welt, wenn ihr Nordlichter sehen wollt«, erklärt Dag, »alles, was wir brauchen, ist ein wolkenloser Himmel, wenig störendes Licht und Geduld.« Trude sagt, dass die Vorhersagen wahnsinnig gut aussähen, wir sollten uns also noch etwas am Kamin ausruhen und uns dann auf eine lange Nacht gefasst machen.

～

In Tromsø ist es bei den meisten Nordlichttouren so, dass man mit dem Jeep oder Minibus in kleinen Gruppen irgendwo in die umliegenden Berge fährt, wo man die halbe Nacht bei klirrender Kälte mit heißem Tee in der Gegend herumsteht und darauf wartet, dass der Himmel irgendwie zu leuchten beginnt, während die Füße und Hände vor lauter Warten kaum noch zu spüren sind. Im kleinen Posthäuschen am Bergsfjord dagegen reicht es aus, einfach alle zehn bis zwanzig Minuten mal vor die Tür zu gehen, um zu schauen, ob sich schon etwas tut. Wenn nicht, setzt man sich wieder an den Kamin und wartet noch ein bisschen weiter.

Irgendwann um Mitternacht ruft uns Dag nach draußen: »Ich glaube, es beginnt!« Dag zeigt auf eine graue und mit etwas Wohlwollen leicht grünliche Wolke am ansonsten weitgehend wolkenlosen Himmel. Sie bewegt sich, allerdings vollkommen anders als die wenigen übrigen Wolken, die gemächlich mit dem Wind ziehen. Dags graugrüne Wolke wabert unentschlossen umher, im Minutentakt ändert sie ihre Form, Größe und Richtung. Nur die Farbe stimmt noch nicht: Da leuchtet nichts!

»Geduld!«, sagt Trude, »das Nordlicht kommt und geht, wie es will, manchmal wird es innerhalb von Sekunden sehr, sehr stark und intensiv, dann plötzlich nimmt es ganz unvermittelt wieder ab, um dann nach einer Weile schnell wieder zuzunehmen. An anderen Tagen wandert es für lange Zeit in immer gleicher Stärke über den Fjord. Beim Nordlicht ist alles möglich!«

Wir warten. Und dann geht es los. Vollkommen unvermittelt, einfach so, ohne jede Vorwarnung. Als hätte man die Wolke kurzerhand mit einem Streichholz entzündet. Wie aus dem Nichts beginnt sie zu flackern und zu flirren, erst schwach, dann immer stärker und wilder, mit immer dichteren, festeren, immer grüneren Schlieren, die erst langsam, dann immer schneller wabern und wandern, bis sich die graue Wolke von eben in ein langes und schnell dahinziehendes sattes grünes Band verwandelt hat, das sich bereits über den halben Fjord erstreckt.

»Wooooowww!!«, ruft Theresa, »schau mal, wie schnell sich das bewegt, das tanzt und fliegt ja richtig. Oh, wie toll!!«

»Ja, wunderschön, nicht?«, fragt Trude, die ebenfalls gebannt gen Himmel blickt. Dabei wohnt sie doch hier, bestimmt hat sie das Nordlicht schon Hunderte und Tausende Male gesehen.

»Das ist jedes Mal etwas Besonderes«, sagt sie.

Trude erzählt, dass sie noch als Kind manche Gruselgeschichte über das Nordlicht erzählt bekommen hat, »bei uns zu Hause hieß es immer, dass Nordlichter die Geister der Toten seien, die nun am Himmel umherwanderten, daher mussten wir in Nächten mit besonders starkem Nordlicht immer drinnen bleiben.« In manchen Geschichten wird dringend davon abgeraten, im Beisein des Nordlichtes zu sprechen, zu pfeifen oder auch nur zu flüstern. In anderen heißt es, in einer ruhigen Nacht könne man es leise schwingen hören. Ich bilde mir ein, gelegentlich ein schwaches Surren und Knistern zu vernehmen, wie bei einem aufziehenden Gewitter.

Nach einer Weile verabschieden sich Trude und Dag. »Wir gehen schon mal rein«, sagt Dag, »schaut, dass ihr nicht zu lange hier draußen bleibt, morgen geht es gleich nach dem Frühstück wieder ins Boot, das Wetter für die nächsten Tage sieht super aus!«

Theresa und ich stehen noch eine Weile schweigend da, am

Ufer des ruhig vor sich hin plätschernden Bergsfjords. Über uns tanzt das Nordlicht fröhlich vor sich hin. Etwas weiter draußen im Fjord hören wir leise den gleichmäßigen Blas der Wale.

»Egal, wie viel jemand über
die Natur weiß, er weiß nie genug.«
– JACQUES COUSTEAU, *Abenteurer*

#2

Die Hand Gottes

VOM SCHRECKEN DER TIEFE ZUM SANFTEN GIGANTEN – WIE SICH DIE SICHT AUF DEN WAL VERÄNDERTE

NACH UNSERER RÜCKKEHR aus Norwegen habe ich noch einmal *Moby-Dick* gelesen, das passierte ganz automatisch, es war das einzige Buch zu Hause, das mit Walen zu tun hatte, und irgendwie habe ich wahrscheinlich versucht, die Erlebnisse dieser Reise in den Alltag hinüberzuretten. Dafür ist *Moby-Dick* aber das komplett falsche Buch. Als Jugendlicher hatte ich es schon mal gelesen, zumindest angefangen, es vermutlich aber dann doch irgendwann weggelegt und lieber nur den Film von John Huston geschaut, mit Gregory Peck als Ahab und einem Berg aus Trümmern als Wal, der lief an Weihnachten ja immer im Fernsehen.

Als Jugendlicher war ich von *Moby-Dick* irre enttäuscht, das weiß ich noch genau, ich hatte dieses Buch immer als Abenteuerroman verstanden, auch als Tierbuch, und tatsächlich sind die Beschreibungen des Wals überaus akkurat, vieles von dem, was dort steht, stimmt auch heute noch, allerdings ging es mir insgesamt doch ein bisschen zu sehr darum, diesen armen Wal immer nur zu vernichten, zu zerstückeln und zu verkochen, das war irgendwie nicht die Art von Abenteuer, die ich damals gesucht hatte, und ich verstand auch nicht, wie und warum ein Wal so grausam, rachsüchtig und bösartig sein konnte, das machte alles überhaupt keinen Sinn. Ich war vielleicht fünfzehn.

Als *Moby-Dick* 1851 erschien, ging es vielen so wie mir heute. Man war enttäuscht, und zwar sehr. Auch Verlag und Leserschaft waren von einem Abenteuerroman ausgegangen, denn so hatte Herman Melville sein neues Buch zunächst auch angekündigt. Er war ein junger, aufstrebender Autor, der wusste, wovon er schreibt. Ein paar Jahre lang war er selbst Walfänger gewesen, er hatte die Südsee bereist, unter Kannibalen gelebt und seine Erlebnisse packend aufgeschrieben, die ersten Bücher hatten sich gut verkauft.

Moby-Dick jedoch gerät ihm beim Schreiben immer mehr außer Kontrolle. Melville packt immer noch einen Aspekt, noch eine Ebene und noch eine Bedeutung mit hinein, Schicht um Schicht türmt er auf, wie ein manischer Maurermeister, die eigentliche Handlung geht in einem Meer aus Referenzen, Anspielungen und Spekulationen unter, er unternimmt ausufernde Ausflüge in die Geschichte, Wissenschaft, Literatur und Philosophie, er wird lyrisch, moralisch und grundsätzlich, und als er dann auch noch den dunklen Romantiker Nathaniel Hawthorne kennenlernt, wird alles immer nur noch düsterer, schwermütiger und grimmiger.

Heraus kommt kein Abenteuerroman und schon gar kein Tierbuch, sondern ein monströses, beängstigendes und überforderndes Werk von fast tausend Seiten, das niemand versteht. *Moby-Dick* wird zum Ladenhüter, die erste Auflage beträgt nur dreitausend Exemplare, und nicht einmal die werden zu Lebzeiten Melvilles verkauft.

Heute gilt *Moby-Dick* als der große amerikanische Roman, neben ein paar anderen, und das ist eine Tragödie, denn als Melville sein Meisterwerk herausbringt, ist es der Anfang vom Ende seiner literarischen Karriere. Er schreibt zwar weiter, unaufhörlich und unermüdlich, kann aber immer weniger davon leben; seine Texte werden sperriger, symbolischer und unlesbarer, die Verlage lehnen ab, nach *Moby-Dick* bekommt Melville im amerikanischen Literaturbetrieb nie wieder ein Bein auf den Boden.

Mit Mitte vierzig ist er verschuldet, er lebt vom Geld der Familie und zieht sich immer weiter zurück, schließlich nimmt er einen Job als Zollinspektor am Hafen von New York an. Fast zwanzig Jahre lang kontrolliert er am Ostufer des Hudson River Schiffe und Passagiere, sechs Tage die Woche, bei Wind und Wetter, von früh bis spät, für ein paar Dollar pro Tag. Als er irgendwann erbt, quittiert er den Dienst, züchtet Rosen – und schreibt weiter, jetzt vor allem Gedichte, sie sind ähnlich monströs wie *Moby-Dick*. Mit 72 Jahren stirbt er 1891 in New York, einsam, leise und ruhmlos.

Kurz nach seinem Tod erscheint eine anonyme Kritik, die Melvilles Wortschatz und Sprachmacht lobt, das kommt überraschend, setzt aber den Ton für die weitere Rezeption. *Moby-Dick* wird plötzlich anders gelesen und neu gesehen, mit großer Lust wird jetzt wiederentdeckt, man erkennt, was vorher übersehen wurde, die Ebenen, die Bedeutung, das Gewicht. Der Ladenhüter wird zum Meisterwerk, vielleicht ist es Zufall, vielleicht ist die Zeit reif, Melville wird nun mit Twain verglichen, mit Homer, mit Shakespeare, er ist jetzt einer von ihnen, nur eben zu spät, um sich darüber freuen zu können.

Dass es bei *Moby-Dick* immer auch auf die Leserschaft selbst ankommt, auf die Bereitschaft und Fähigkeit, eine tiefere Bedeutung hinter der eigentlichen Geschichte zu finden, daran hat sich bis heute nichts geändert. Dieses Buch steckt voller möglicher Lesarten, und jede davon ist mühsam und fordernd.

Die wahrscheinlich gängigste Deutung sieht *Moby-Dick* als Parabel auf Rache und Revolution, als universelle Schablone für den ewigen Kampf gegen den Staat. Der Leviathan ist ja nicht nur der biblische Wal, sondern, seit Thomas Hobbes' gleichnamiger Abhandlung von 1651, auch das Sinnbild des Staates. Es ist vermutlich kein Zufall, dass sich die Terroristen der RAF geheime Namen aus *Moby-Dick* gaben – Baader war Ahab, Meins war Starbuck, Ensslin war Smutje, der Staat war der Wal, und alle gemeinsam wussten sie, dass er im Buch überleben würde.

Eine andere Lesart sieht in *Moby-Dick* das wortgewaltige Programm der jungen und aufstrebenden Vereinigten Staaten von Amerika, die vor wirtschaftlicher, gesellschaftlicher und moralischer Kraft bereits kaum noch laufen können und sich mit schwungvollen Schritten aufmachen, zur kommenden globalen Supermacht zu werden. In diesem Geist lässt sich *Moby-Dick* auch als Manifest zur Unterwerfung der Natur lesen. Als das Buch erscheint, ist der Wilde Westen passé, die Eisenbahn gebaut, das Land erschlossen, der Kontinent erobert und die Natur gezähmt. Der Fortschritt jedoch bleibt unersättlich und unaufhaltsam – und sein nächstes Ziel ist nun das Meer.

Mit Blick auf den heutigen Zustand des Planeten lässt sich *Moby-Dick* mit etwas Phantasie und gutem Willen sogar als erstes großes Naturbuch lesen, Henry David Thoreaus *Walden* erschien erst drei Jahre später. *Moby-Dick* als frühes Statement einer zukünftigen Ökobewegung mit Ismael als aufgeklärtem Befürworter einer Idee namens »Umweltschutz« – für diese Interpretation muss man wohl heute leben, Melville jedenfalls hätte sicher niemals geglaubt, dass es mal eine Zeit geben könnte, in der man sich ernsthaft um die Natur sorgt.

Es spricht für Herman Melville und die unwahrscheinliche Assoziationsmacht seines Buches, dass all diese Lesarten möglich sind, und vermutlich werden auch kommende Generationen immer wieder neue, eigene und aktuelle Wahrheiten darin finden.

Die kraftvollste und eindrücklichste allerdings wird auch weiterhin ganz offen für alle daliegen: *Moby-Dick* ist und bleibt eine ungemein detaillierte, lebendige und authentische Schilderung des amerikanischen Walfangs. Dieses Buch ist ein wuchtiges Zeitdokument, das eine Industrie, eine Lebensart und vor allem eine Wirklichkeit beschreibt, die wir uns heute kaum noch vorstellen können.

Für viele Jahrhunderte ist der Walfang ein lukratives und weltumspannendes Geschäft und der Wal ein schreckliches, furchterregendes und grausames Monster, aus dem man immerhin noch das Beste machte – Korsetts, Lampenöl, Margarine und Seife zum Beispiel. Der Wal ist kein Lebewesen, für das man irgendein Mitgefühl empfindet, er ist Rohstoff, Material und Ressource, auf seinem Rücken wird eine ganze Weltwirtschaft errichtet.

Dieses Bild vom Wal hält sich bis weit in die Mitte des vergangenen Jahrhunderts hinein – und es brauchte erst einen hageren Franzosen mit ulkiger Mütze, der zu viel rauchte und nebenbei unglaubliche Geschichten erzählte, um die menschliche Sicht auf den Wal grundlegend zu verändern.

Als der Menschheit die ersten einschlägigen Unterwasseraufnahmen von Walen präsentiert werden, gibt es bereits Computer, auch das Internet ist grob erdacht, die Mondlandung ist Geschichte, John F. Kennedy ist tot, Robert F. auch, die Beatles haben sich aufgelöst, John Lennon liegt im Bett, die Berliner Mauer steht, es gibt Hippies, Punkmusik und Atomwaffen, im Kino läuft James Bond, und auf Partys serviert man Toast Hawaii. Das ist nicht so lange her, als meine Eltern zur Schule gingen, hatten sie noch keine Ahnung, wie Wale genau aussehen, und vermutlich war ihnen das auch total egal.

Ende der Sechziger und Anfang der Siebziger bringt die NASA von ihren Apollo-Missionen mehrere ikonische Aufnahmen mit, auf einer sieht man die Erde langsam hinter dem Mond aufgehen, auf einer anderen eine blassblaue Kugel, die einsam und verletzlich in der unendlichen Finsternis des Alls schwebt. Diese Aufnahmen gehen als »Earthrise« und »Blue Marble« um die Welt, und beide sind so etwas wie der Urknall für die Ökobewegung, zeigen sie doch, wie alles irdische Leben dasselbe Schicksal teilt und wie einzigartig und kostbar unser kleines, blaues Planetchen ist.

Die Bilder zeigen außerdem, dass der Name »Erde« total unangebracht ist, »Wasser« wäre viel besser gewesen, denn auf diesen Aufnahmen ist ja vor allem das Meer zu sehen, endloses Blau, überall, hier und da ein paar Bröckchen Land, ja, das schon, insgesamt aber doch überraschend viel Wasser – dieser Planet ist zuallererst ein Meer, mit etwas Abstand ist das so eindeutig zu sehen wie niemals zuvor, und vom Meer hat man ja eigentlich noch überhaupt keine Ahnung.

Während sich der Weltraum damals in der glücklichen Lage befindet, dass die für ihn zuständige Behörde mit unerhörten Geld- und Sachmitteln ausgestattet ist, weil er nunmal alle so wahnsinnig fasziniert, ist es beim Meer so, dass das Erstinteresse beim Publikum erst noch geweckt werden muss, es fehlt doch sehr großflächig an Begeisterung – glücklicherweise bringt der Mann, der sich schließlich dieses Themas annimmt, mehr als genug davon mit, sodass sie problemlos für alle reicht: ein junger Marinetaucher namens Jacques-Yves Cousteau.

Mitte des 20. Jahrhunderts ist das Meer kein Sehnsuchtsort, sondern einfach ein Ort, ohne Sehnsucht, die heute übliche Faszination entsteht erst mit Cousteau. Niemand zuvor hatte je so begeistert und begeisternd vom Meer erzählt, das ist komplett neu und aufregend, für eine ganze Generation von

Kindern wird die Meeresforschung zum Traumberuf, das gilt auch für Theresa. Mit seinen Filmen und Büchern erreicht Cousteau viele Hundert Millionen Menschen überall auf der Welt, seine Expeditionen regen zum Träumen und Nachdenken an, das Meer wird zu einem phantastischen und magischen Ort voller Wunder – und durch Jacques Cousteau und seine »Calypso« werden sie erlebbar.

Cousteau ist ein Pionier, in beinahe allem, was er tut. Als er mit dem Tauchen beginnt, gibt es da keine Leichtigkeit, keine Eleganz, keine Freiheit – es ist die Zeit der Helmtaucher, mit klobigen Schuhen stapft man schwerfällig am Meeresboden herum, angeleint an ein Schiff, das in einem fort Atemluft über einen Schlauch nach unten pumpt. Cousteau ist das zu plump, zu steif, zu umständlich, zu ausgeschlossen, er will frei sein, unabhängig und schwerelos, das muss irgendwie gehen, er will das Meer auf eine natürliche und unmittelbare Weise erleben, so wie seine Bewohner und nicht wie ein Besucher.

Die Luft ist das Problem, der Schlauch, das Schiff, die ganze monströse Montur. Cousteau will das alles loswerden, er beginnt, mit Druckluft zu experimentieren, ein paar Mal geht er dabei fast drauf, am Ende aber hat er die »Aqualunge« erfunden und so das moderne Tauchen gleich mit – man kann die Luft jetzt einfach auf dem Rücken mit sich herumtragen, über ein Ventil regulieren und sich endlich frei im Meer bewegen.

Nun braucht Cousteau Antrieb, er bastelt wie besessen an Anzügen, Flossen und futuristischen Vehikeln herum, und manchmal sieht er dabei aus wie James Bond, wobei es vielleicht auch so ist, dass James Bond nur aussieht wie Jacques Cousteau, die Grenzen verschwimmen – auch Cousteau weiß ganz gut, wie man inszeniert.

Seine Filme werden mit Preisen und Geld überhäuft, er gewinnt den Oscar und die Goldene Palme, unterschreibt lukrative Verträge, wird zum Weltstar. Die Dinge passieren jetzt einfach, eins führt zum anderen, Cousteau allerdings denkt immer nur an die nächste Expedition. Er sieht sich nicht als Künstler, nicht als Erfinder, nicht mal als Forscher, seine Experimente haben kaum einen wissenschaftlichen Wert, er wird das gewusst haben. Cousteau ist ein Abenteurer, er will Geschichten erzählen, nichts sonst, ihn treiben Neugier, Faszination und Begeisterung, Moral und Gewissen kommen erst unterwegs dazu, Cousteaus Leben ist vor allem das Staunen, darin ist niemand so gut wie er.

Im Februar 1967 bricht Cousteau mit seiner Crew zu einer mehrjährigen Expedition auf. Er will etwas versuchen, das noch niemandem zuvor gelungen ist: Wale unter Wasser zu filmen.

Wie so oft bei Cousteau sind seine Methoden ein bisschen gewöhnungsbedürftig, gerade für heutige Augen. In all seinen Filmen ist er nie nur der stille Beobachter, er ist immer gleich mittendrin, wie ein Kind auf einem Abenteuerspielplatz, und so ist es auch bei seiner Crew. Wenn irgendwo eine Schildkröte vorbeischwimmt, dann reitet man auf ihr, wenn man die Flosse eines Delfins zu fassen bekommt, dann lässt man sich von ihm ziehen, und wenn man zeigen will, wie reich das Leben in einem Riff ist, dann wirft man eine Stange Dynamit hinein und schaut, was anschließend an der Oberfläche schwimmt. So ist das bei Cousteau, man berauscht sich an der eigenen Begeisterung.

Solche Szenen sind weniger ein Beleg für einen sorglosen oder respektlosen Umgang mit der Umwelt – sie zeigen wohl eher, für wie grenzenlos und unzerstörbar man die Natur noch vor ein paar Jahrzehnten gehalten haben muss, das kann man sich heute kaum noch vorstellen. Es war eine Zeit, in der sich niemand sorgte, nicht um die Natur, nicht um das Meer, nicht um das Leben darin, noch nicht, das kam alles erst später – und eben auch durch Jacques Cousteau, er war auch hier ein Pionier.

Beim Versuch, Wale zu filmen, geht Cousteau so vor wie schon die Walfänger aus *Moby-Dick*. Auch er hat es zunächst auf den Pottwal abgesehen, den großen Schrecken der Meere, von ihm verspricht man sich die spektakulärsten Aufnahmen. Sobald am Horizont ein Blas in Sicht ist, schwärmt die Crew in kleinen Booten aus, und die Jagd beginnt. Der grobe Plan ist, mit einer Harpune ein paar Bojen oder Ballons festzumachen, sodass der Wal schlechter tauchen und die Crew ihm besser folgen kann – nach einer Weile würde er dann müde und langsam werden, das Filmteam ins Wasser steigen und den Koloss aus nächster Nähe aufnehmen. So ist es gedacht, es klappt aber alles nicht.

Die Wale sind zu schnell, die Harpunen zu kurz, die Bojen zu klein, manchmal lösen sie sich von selbst, manchmal zerrt sie der Wal mit Gewalt in die Tiefe, die Wochen und Monate fliegen dahin, und Cousteau hat nicht eine Sekunde gefilmt. Hat man es irgendwann doch mal in die Nähe eines Wals geschafft, braucht die Filmcrew viel zu lang, bis sie unter Wasser halbwegs orientiert und bereit ist, der Wal ist indes längst wieder weg. So wird das nichts, die Stimmung an Bord ist so mittel.

Als man überlegt, wie man den Wal irgendwie aufhalten oder abbremsen kann, hat schließlich Albert Falco die Idee, den Wal im Schlauchboot mit laut dröhnendem Motor in immer engeren Runden einzukreisen, sodass man ihn vielleicht für ein paar Sekunden einsperren und filmen kann. Das ist dieselbe Methode, mit der auch die Orcas in Norwegen den Hering jagen, nur dass Cousteaus Männer keine Wand aus Luftblasen bauen, sondern aus Lärm. Falco nennt seine Technik »virazeou«, an Bord versteht aber niemand, was er damit meint, und Falco erklärt, dafür müsse man schon aus der Provence kommen. Immerhin, es funktioniert!

Die Wale sind beeindruckt, der ständige Lärm und das ewige Gekreise scheinen sie zu zermürben, nach einer Weile liegen sie ganz ruhig da, benommen und desorientiert, vielleicht haben sie aufgegeben, vielleicht bereiten sie einen Angriff vor, man weiß es nicht, es ist auch egal, die Crew kann endlich filmen.

Dass die Wale die lästigen Boote nicht einfach versenken, wundert Cousteau, und zwar sehr, er schreibt das mehrfach so ins Logbuch. Von den Walfängern kannte man doch eigentlich ganz andere Geschichten – da waren Wale gemeingefährliche Monster, vor allem, wenn man ihnen zu Leibe rückte, dann gingen sie zur Attacke über und verwandelten sich in unberechenbare Bestien, die mit einem Schlag ganze Boote zertrümmern konnten. So stand es geschrieben. Die frühen Walfänger hatten den Pottwal mehr als alles andere gefürchtet, mit seinem riesigen Kopf rammte und versenkte er ihre Schiffe, und sobald sie in ihren winzigen Ruderbooten saßen, setzte er mit seiner gewaltigen Fluke zu solch mächtigen und endgültigen Hieben an, dass die Walfänger sie schicksalergeben als »die Hand Gottes« bezeichneten.

Cousteau kennt diese Geschichten, er ist auf alles vorbereitet, aber es passiert – nichts. Es gibt Zwischenfälle, ja, hier und da fliegt mal ein Boot durch die Luft, gelegentlich folgen auch ein paar Männer, das ist aber alles nicht weiter dramatisch, es gibt kaum kritische Momente, keine Verletzten, da ist keine Wut, keine Panik, keine Aggressivität, kein Kampf, egal wie sehr man die Wale auch provoziert. Die Boote werden eher beiseitegewischt, wie ein paar lästige Fliegen, und sobald der Weg frei ist, ziehen die Wale ruhig und friedlich von dannen.

Man kommt ins Grübeln. Wurde der Pottwal über Jahrhunderte hinweg womöglich falsch dargestellt? Cousteau jedenfalls sieht hier keine schrecklichen Monster, er sieht friedvolle und gutmütige Riesen – sanfte Giganten.

Mit der Zeit bekommen die Männer ein besseres Gefühl für den Wal. Sie verstehen, was er vorhat, und wissen, wann es sich lohnt, ins Wasser zu gehen, irgendwann schaffen sie es sogar ganz ohne »virazeou«, sich den Tieren zu nähern. Im Lauf der dreijährigen Expedition gelingen schließlich Unterwasseraufnahmen von Pott-, Buckel-, Grau- und Finnwalen, fast alle sind unscharf und verschwommen, sie zeigen riesige, unförmige Körper, die schemenhaft aus dem Dämmerlicht der Tiefe auftauchen, man muss sich viel dazudenken – und trotzdem: Zum ersten Mal sieht die Menschheit den Wal in seiner natürlichen Umgebung, unverfälscht und unmittelbar, in all seiner Pracht, voller Anmut und Würde. Eine Sensation.

Cousteau hatte sich vorgenommen, dem Wal so nahe zu kommen wie noch niemand zuvor. Er wusste, dass es auch beim Wal so sein würde wie überall sonst im Leben – je mehr man übereinander weiß, desto eher lässt sich eine stabile Beziehung zueinander aufbauen. Aus Wissen wächst Verständnis, daraus Nähe und Mitgefühl, später vielleicht sogar Liebe, und gerade beim Wal gab es da doch einiges aufzuholen.

So wie die NASA der Menschheit mit ein paar Fotos ein neues Bewusstsein für diesen Planeten geschenkt hat, so sind Cousteaus Aufnahmen der erste Schritt zu einer neuen Beziehung zwischen Mensch und Wal. Innerhalb von ein paar Jahrzehnten wird er vom Schrecken der Tiefe zum sanften Giganten, von einer notwendigen Ressource zu einem schützenswerten Lebewesen, von einer fremden Spezies zu einem vertrauten Symbol für den Schutz des Planeten – eine beispiellose und unwahrscheinliche Entwicklung.

Auch bei mir ist es so, dass aus zunehmendem Wissen immer größere Nähe entsteht, das Regal füllt sich, *Moby-Dick* ist bald nur noch ein Buch unter vielen, der Wal wird mehr und mehr zur Passion, ich arbeite mich gewissenhaft ein, und dabei zeigt sich immer klarer, dass es auch bei mir vor allem der Pottwal ist, der mich begeistert. Wie bei Melville und Cousteau.

Der Pottwal ist ein Tier der Extreme. So gut wie alles an ihm ist unerreicht, manches gar unerhört, und je mehr ich über ihn lese, desto mehr gerate ich ins Staunen. Dieser Wal ist ein wahrer Superwal, in so gut wie jeder Hinsicht, mit ihm gewinnt man spielend jedes Walquartett, er ist ein mysteriöses, unwirkliches und unglaubliches Geschöpf, vielleicht das sonderbarste überhaupt auf diesem Planeten, falls er überhaupt von hier stammt, so ganz sicher kann man sich da nicht sein.

Unter allen Räubern, die dieser Planet jemals hervorgebracht hat, ist der Pottwal der mit Abstand größte und schwerste. Er bringt es auf bis zu zwanzig Meter Länge und sechzig Tonnen Gewicht – im Vergleich dazu war der Tyrannosaurus mit seinen dreizehn Metern und neun Tonnen ein ziemlicher Winzling. In den Aufzeichnungen der alten Walfänger wird sogar von noch größeren Exemplaren berichtet, die auf dreißig Meter und hundert Tonnen kommen, und es ist immerhin möglich, dass das kein Seemansgarn ist.

Im Wesentlichen besteht der Pottwal aus einem absurd großen Kopf, an dem noch ein bisschen Brust, Bauch und Rücken hinten dranhängen. Dieser Kopf ist so groß wie ein Truck. Er macht ein Drittel der Körperlänge aus, das sind sechs bis sieben Meter, nur für den Kopf. Kein Tier in der Geschichte hat je einen derart überdimensionierten Kopf besessen wie der Pottwal. Darin steckt das größte Gehirn, das jemals bei irgendeinem Lebewesen in Betrieb genommen wurde – der Pottwal kommt auf gut acht Kilogramm Gehirnmasse, und wir, mit unseren über fünf Kilo leichteren Gehirnchen, konnten bislang nicht herausfinden, was der Pottwal mit seinem Superhirn eigentlich anstellt.

Im fünf Meter langen Unterkiefer des Pottwals stecken robuste und spitze Zähne aus purem Elfenbein, sie sind ungefähr so groß wie eine Faust, zumindest wenn man eine große Faust hat. Man hat schon Zähne mit dreißig Zentimetern Länge gefunden, jeder einzelne von ihnen wiegt ein gutes Kilo. Weltrekord. Oberhalb des Kiefers liegt die größte Nase des gesamten Tierreichs, die eigentlich gar keine Nase ist, sondern das leistungsstärkste Sonar, das je entwickelt worden ist. Es brüskiert und blamiert alles, was die besten Ingenieure der Welt bislang zustande gebracht haben.

Den Großteil seines Lebens verbringt der Pottwal in der Tiefe, alles an ihm ist auf das Tauchen ausgelegt. Er unternimmt die längsten und tiefsten Tauchgänge, die man sich vorstellen kann – vermutlich kann er zwei Stunden lang unter Wasser bleiben und dabei Tiefen von bis zu drei Kilometern erreichen. Dort unten herrscht ein Druck von dreihundert bar, und das bedeutet, dass auf jedem Quadratzentimeter des Pottwalkörpers dreihundert Kilogramm Gewicht lasten. Die Tiefsee ist eine komplett andere Welt, sie ist uns fremder als das Weltall, und der Pottwal ist in der Lage, ohne jede Akklimatisierung ständig zwischen den Welten hin und her zu pendeln.

Beim Tauchen geht kein anderes Tier so geschickt mit Sauerstoff um wie der Pottwal, er kann ihn nicht nur wahnsinnig gut aufnehmen und speichern, er ist auch im Verbrauch unerreicht. An der Oberfläche kann er mit einem einzigen Atemzug über neunzig Prozent der Luft in seinen Lungen austauschen, beim Tauchen speichert er den Sauerstoff nicht nur über das Hämoglobin in seinem Blut, sondern mithilfe des Myoglobins auch in seinen Muskeln. Sein ganzer Körper wird so zu einem einzigen Sauerstofftank.

In der Tiefe kann der Pottwal je nach Bedarf seinen Herzschlag verlangsamen, seine Lunge kollabieren lassen und einzelne Organe komplett von der Sauerstoffzirkulation abkoppeln – von der Taucherkrankheit hat er daher vermutlich noch nie etwas gehört. Der Pottwal ist so sehr für das Tauchen gemacht, dass der Pottwalforscher Hal Whitehead ihn eher als »Surfacer«, denn als »Diver« bezeichnet – als Auftaucher, nicht als Taucher.

Seinen Lebensunterhalt bestreitet der Pottwal mit der Jagd nach allen möglichen Fischen, Krebsen und Kopffüßern. Er ist da nicht sehr wählerisch, er nimmt, was er bekommt, und dabei macht er nicht einmal vor dem größten, gefährlichsten und mystischsten Ungeheuer der Tiefsee halt – dem Riesenkalmar. Unter Seefahrern und Jules-Verne-Lesern gilt er als fürchterlichster Albtraum der Tiefsee, der Legende nach kann der Riesenkalmar mit seinen meterlangen Armen, den tellergroßen Saugnäpfen, dem spitzen Schnabel und seiner urzeitlichen Kraft ganze Segelschiffe und Unterseeboote zermalmen – in der Realität hat man ihn aber noch nie dabei erwischt.

Der Titanenkampf zwischen Pottwal und Riesenkalmar ist der epischste seit dem ikonischen Duell zwischen Tyrannosaurus und Triceratops vor über sechzig Millionen Jahren. Zumindest in unserer Phantasie. In Wahrheit jedoch hat der Riesenkalmar nur eine einzige Möglichkeit, die Begegnung mit dem Pottwal unbeschadet zu überstehen: Flucht. Auf einen Nahkampf mit dem Riesenkalmar lässt sich der Pottwal gar nicht erst ein, er nutzt sein Hochleistungssonar nämlich nicht nur, um Beute in der völligen Dunkelheit der Tiefsee aufzuspüren – sondern möglicherweise auch, um sie unschädlich zu machen. Er muss dafür nur ein bisschen an der Lautstärke drehen.

Man hat beim Pottwal Lautstärken von über zweihundertzwanzig Dezibel gemessen. Und auch wenn Dezibel im Wasser anders berechnet werden, sind das über fünfzig Prozent mehr als das, was früher bei einem Motörhead-Konzert auf einen zukam. Ich war dort. Es war laut. Sänger Lemmy Kilmister sprach gern von einer »Wand aus Lärm«, und das traf es ganz gut, im Publikum flatterten die Hosen. Der Pottwal produziert die lautesten Töne, die auf biologischem Weg überhaupt jemals erzeugt werden konnten. Und er ist in der Lage, damit so präzise zu zielen, dass man diese Töne schon mit Kanonenschüssen und Lasern verglichen hat.

Bislang war zwar noch niemand live dabei, man hat das aber ausgiebig untersucht, und es spricht durchaus einiges dafür, dass der Pottwal seine Beute also zur Strecke bringt – INDEM ER SIE ANBRÜLLT! Dieser Theorie zufolge ist die Pottwalbeute vom Pottwallärm derart geschockt, benommen und betäubt, dass der Wal sie nur noch einsammeln muss, er ist praktischerweise auch der einzige Wal, der über eine so breite Speiseröhre verfügt, dass er selbst größere Beutetiere im Ganzen verschlingen kann.

Zumindest aus technischer Sicht könnte sich die biblische Geschichte des Propheten Jonah, der von einem Wal verschluckt wurde, im geräumigen Bauch Buße tat und anschließend wieder freigegeben wurde, um der Welt von der Größe des Herrn zu berichten, also durchaus so ereignet haben. Vermutlich war sie aber ohnehin nicht ganz wörtlich gemeint.

Unter allen Walen ist der Pottwal das mystische und mythische Tier der Tiefe, er ist ein sagenumwobener Gigant, der in einer für uns unwirklichen Welt lebt – und je mehr ich über ihn lese, desto klarer liegt für mich auf der Hand, dass es so langsam an der Zeit ist, sich so einen Pottwal mal aus der Nähe anzuschauen.

»Wenn du einen Wal sehen willst,
richte beide Augen aufs Meer
und warte ...
und warte ...
und warte ...«
   – Julie Fogliano,
      Wenn du einen Wal sehen willst

#3

WAAAL! Da bläst er!!

IM ALTEN HOLZBOOT VOR
MADEIRA – ERSTE BEGEGNUNG
MIT DEM LEVIATHAN

AUF EINER WALTOUR IST ES WICHTIG loszulassen – keine Erwartungen, keine Wünsche, keine Pläne, stattdessen: einfach mal gucken und die Dinge auf sich zukommen lassen. Das Meer ist kein Zoo, man muss dort draußen immer auf alles und nichts gefasst sein, das ist allerdings gar nicht so leicht, wie es klingt. Viele Menschen bringen bereits sehr konkrete Vorstellungen mit, was sie während einer Waltour zu sehen und erleben gedenken, und das Meer muss dann immer zusehen, wie es sämtliche Wünsche halbwegs unter einen Hut bringt, damit hinterher niemand enttäuscht ist.

Viele Anbieter von Waltouren versuchen daher, dem Meer unterstützend unter die Arme zu greifen, indem sie auf kleinen Infotafeln nicht nur auflisten, welche Walarten hier rein theoretisch zu sehen sein könnten, sondern auch, was bei den letzten Touren tatsächlich so los war. Im Job nennt man dieses Vorgehen »Erwartungsmanagement«, und gelegentlich ist so etwas auch in der Freizeit durchaus hilfreich. Nicht alle Menschen können mit Ungewissheit gleich gut umgehen.

Im Hafen von Calheta, einem kleinen Örtchen auf Madeira, war es nun so, dass die Anbieter sich offenbar vorgenommen hatten, jegliche Unsicherheit von vornherein komplett auszuschalten, schließlich hatten sie Infotafeln aufgestellt, auf denen sie nicht nur mitteilten, welchen Wal- und Delfinarten sie auf den letzten Touren begegnet waren – sie hatten für sämtliche Arten auch gleich ausgerechnet, wie groß jeweils die Chancen auf eine Sichtung wären. In Prozent. Ich begann also zu rechnen.

Für Pottwale wurde eine Wahrscheinlichkeit von siebzehn Prozent angegeben, Pilotwale lagen bei fünfundzwanzig Prozent, Große Tümmler bei achtundvierzig, Streifendelfine bei sieben und Fleckendelfine bei einundsiebzig. Auf den Tafeln standen noch ein paar weitere Delfinarten, die waren mir aber alle egal, da bin ich ehrlich. Siebzehn Prozent also.

Zwar hatte ich gehofft, dass die Pottwalwahrscheinlichkeit etwas höher sein würde, aber schon durch ein paar zusätzliche Touren ließen sich die Chancen ja sehr entscheidend erhöhen.

Als ich Theresa also vorschlage, für die nächsten zwei Wochen sechs Waltouren zu buchen, fragt sie direkt zurück, ob das mein Ernst sei, ich überlege kurz, und ja, natürlich, sie hat recht, bei sechs Touren à siebzehn Prozent kommt man auf gerade mal hundertzwei Prozent, das ist womöglich unnötig knapp kalkuliert – ich erhöhe also lieber auf sieben Touren mit dann schon hervorragenden hundertneunzehn Prozent und fühle mich mit dieser Variante tatsächlich gleich viel wohler.

Sieben Touren. Hundertneunzehn Prozent.

Gut, dass Theresa noch mal nachgehakt hat.

»Das meinte ich nicht«, sagt Theresa dann allerdings, und ich stehe erst kurz auf dem Schlauch und frage, was sie denn sonst meint, allerdings habe ich da schon einen Verdacht, es ist nur so ein Gefühl, und es fühlt sich nicht so gut an. »Was meintest du denn?«, frage ich also, und Theresa seufzt.

»Findest du das nicht ein bisschen übertrieben?«

»Übertrieben? Was denn?«

»Sieben Touren?!«

»Na ja, da steht siebzehn Prozent ...«

»Ja, hab' ich gesehen. Das heißt aber nicht, dass wir –«

»Doch, dann sind wir komplett auf der sicheren Seite!«

»Aber wir können doch hier nicht nur Boot fahren.«

»Warum denn nicht? Das ist eine Insel, da fährt man Boot.«

»Ja, aber wir wollen doch auch mal wandern gehen, oder nicht?«

»Können wir doch: jeden zweiten Tag! Das wird super!!«

»Willst du nicht lieber erst mal nur zwei Touren buchen?«

»Das wären ja gerade mal vierunddreißig Prozent ...«

»Genau, und danach können wir ja noch mal weitergucken.«

»Ich weiß nicht. Nicht so gerne, eigentlich.«

»Oder dann halt erst mal drei Touren ...?!«

»Also, ich würde hier wirklich schon sehr gerne Pottwale sehen.«

Ich weiß natürlich, dass das so nicht funktioniert. Man kann Wahrscheinlichkeiten nicht einfach addieren, wie es einem in den Kram passt. Außerdem sind das ja nicht mal richtige Wahrscheinlichkeiten – die Zahlen auf den Tafeln zeigen lediglich, wie es hier in der jüngeren Vergangenheit aussah, für die Zukunft heißt das wenig bis gar nichts. Das ist mir schon klar.

Bei uns Menschen ist es allerdings so, dass wir wichtige Entscheidungen nicht mit dem Kopf, sondern dem Bauch treffen, der Kopf wird nur benötigt, um einer einmal getroffenen Bauchentscheidung nachträglich eine halbwegs schlüssige Legitimation hinzubasteln, das ist psychologisch eindeutig erwiesen und zum Beispiel durch Süßigkeiten oder die Produkte von Apple auch hinreichend in der Praxis belegt.

Manchmal hat der Kopf sogar gar nichts zu melden, in der Pottwalfrage hatte mein Bauch die Sache ja komplett selbst in die Hand genommen – er hatte das durchgerechnet, war auf hundertneunzehn Prozent gekommen und hatte dann meinen Kopf angewiesen, diesen wunderbaren Moment bitte nicht mit übrig gebliebenem Halbwissen aus dem Mathematikunterricht der achten Klasse zu zerstören. Und was soll ich mich da noch einmischen!?

Am Ende einigen wir uns darauf, dass Theresa nur jede zweite Tour mitfährt – ich buche also sieben Tickets für mich und drei für Theresa, und ich hoffe sehr, dass sie weiß, was sie tut.

Einundfünfzig Prozent.

Mir wäre das zu unsicher.

Im Bereich der Pottwalbeobachtung ist Madeira nicht unbedingt die beste Adresse, da gibt es andere Orte, die jeden Tag aufs Neue lässig mit einer Pottwalwahrscheinlichkeit von hundert Prozent werben können – Andenes zum Beispiel, wie Tromsø und Senja ebenfalls im hohen Norden Norwegens gelegen, von Senja aus kann man sogar fast herüberschauen, mir ist aber schon klar, dass man nicht ständig nach Norwegen fahren kann, so schön es dort auch ist.

Meine neue Pottwalfaszination hatte Theresa bislang noch nicht vollumfänglich teilen können, das würde sich unterwegs zwar sicher ändern, bei der Reiseplanung war es jetzt aber erst mal darum gegangen, einen Kompromiss zu finden.

Theresa wollte vor allem wandern gehen, am liebsten in kühlen, schattigen Wäldern, zwischendrin vielleicht mal ins Meer hüpfen, und wenn es sich einrichten ließe, hier und da gern noch etwas Boot fahren – und wenn es dabei dann den einen oder anderen Wal zu sehen gäbe, hätte sie nichts dagegen, ein paar Delfine wären aber auch in Ordnung. Bei mir war das umgekehrt, und zwar komplett, es ist auf Reisen und im Leben aber nun mal so, dass nicht immer alle exakt dasselbe wollen, und damit muss man umgehen. Und manchmal heißt die Lösung dann Madeira.

Madeira ist ein großzügig begrünter Lavakrümel, der auf halbem Weg zwischen den Kanaren und Azoren steil und einsam aus dem Atlantik ragt. Das Wetter ist das gesamte Jahr über tadellos und freundlich, das Leben ruhig und beschaulich, und die meisten Menschen, die es hierher verschlägt, interessieren sich entweder für Bäume, Delfine, Wein oder Winston Churchill.

Im Katalog der schönsten Badeinseln ist Madeira nicht immer gleich zu finden, denn der einsame und endlose Postkartensandstrand wurde einfach auf das zugehörige Porto Santo ausgelagert, das einen kräftigen Steinwurf entfernt im Norden liegt.

Madeira dagegen wird von einer schroffen Küste umschlossen, die sich vielerorts zu einer dramatischen Steilküste aufschwingt und das Baden allenfalls in ein paar höchst fotogenen Gezeitentümpeln erlaubt, in denen man allerdings immer ein bisschen auf die Seeigel aufpassen muss. Manchmal auch auf Steinschlag.

Obwohl es kurz vor Afrika liegt, gehört Madeira zu Portugal, es ist die erste Insel außerhalb Europas, die dauerhaft von Europäern besiedelt werden konnte. Ein erstes kleines Amerika.

Vor allem in Großbritannien steht Madeira schon seit vielen Jahrhunderten hoch im Kurs, vielleicht so wie bei uns Mallorca, nur dass der britische Einfluss auf Madeira etwas kultivierter ist – schon seit dem 16. Jahrhundert bauen britische

Familien hier Wein an, weil das bei dem vielen Regen und der wenigen Sonne zu Hause einfach nicht so gut geht.

Auch Winston Churchill verbrachte hier schon seine Ferien, im Januar 1950 saß er mit bestem Blick auf das idyllische Fischerdörfchen Câmera de Lobos stundenlang auf einer Anhöhe und malte selig vor sich hin – mit Hut auf dem Kopf und Zigarre im Mund, und vielleicht trank er hinterher auch Wein. Heute bereitet es vielen britischen Reisenden große Freude, im selben Hotel wie Churchill einzuchecken und von dort aus auf seinen Spuren zu wandeln.

Bei mir ist es so, dass ich zwar durchaus über eine sehr emotionale Beziehung zu Winston Churchill verfüge, allerdings fußt sie vor allem auf dem Iron-Maiden-Klassiker *Aces High* und dessen legendärem Churchill-Speech-Intro, das ein zentraler Eckpfeiler eines jeden Konzertes ist – allein wegen so etwas würde ich aber nicht gleich nach Madeira reisen. Theresa sowieso nicht, sie findet, dass alle Iron-Maiden-Songs gleich klingen, da hört sie lieber Austropop und französische Chansons.

Wie gesagt, das Leben besteht aus Kompromissen. Und auf mindestens eine Sache konnten wir uns ohne Weiteres ganz wunderbar einigen: das Wandern in den wilden Wäldern Madeiras.

Wie knorrige, verwitterte Vogelscheuchen treten die uralten Bäume aus dem Nebel hervor. Noch vor ein paar Minuten hatten sie andächtig und entrückt auf dem weiten Feld herumgestanden, jeder für sich seine eigene Welt. Dann waren ohne jede Vorwarnung dichte, schwere Nebelschwaden über die weite Ebene gewabert – und die Bäume waren zum Leben erwacht.

Um uns herum eine undurchdringliche Suppe. Fünf Meter

Sicht, wenn überhaupt. Der Nebel ist so fest, dass man ihn greifen kann. Theresa geht voraus, ein paar Schritte nur, trotzdem wird sie fast verschluckt. Sie verschwindet in einem grauen Nichts, wird blasser und blasser, löst sich beinahe auf. Keine Farben mehr, nur der geisterhafte Wind. Ich gehe schneller.

Wie Tolkiens magische Baumhirten scheinen uns die Bäume aus dem Nebel entgegenzutorkeln, wacklig und wankend, schwerfällig und doch unbeirrbar – vielleicht gibt es die Ents ja wirklich. Es sind Lorbeerbäume, Jahrhunderte alt, ehrwürdig, erhaben und weise, ihre verschlungenen Äste wiegen leise im Wind, verworrene Moose baumeln gedankenverloren in bizarr verwachsenen Kronen.

Diese Bäume flüstern, da bin ich mir sicher.

Entisch müsste man können.

Wir halten uns links. Irgendwo rechts war eben noch ein gefährlich steiler Abhang gewesen, der Weg führte eigentlich sicher und mit bester Aussicht an ihm vorbei, aber das war vor dem Nebel. Von links hören wir ein paar Kühe rufen. Links ist gut. Vorsichtig tasten wir uns voran.

Wer in den mystischen und verwunschenen Urwäldern Madeiras wandert, blickt gute zwanzigtausend Jahre in die Vergangenheit. Bis zur letzten Eiszeit gab es in vielen Gegenden Europas ähnlich wilde Wälder, heute ist der Laurisilva nur noch auf Madeira, den Kanaren und Azoren erhalten geblieben. Es ist ein immergrüner und immerfeuchter Nebelwald, der sich optimal auf das trockene Klima der Subtropen eingestellt hat. Die Bäume gewinnen ihr Wasser aus der Luft, sie warten auf Wolken, nicht auf Regen, in einem fort bläst der Passat sie von Nordosten her tief in die Berge hinein. Im Wald werden sie zu Nebel, dann zu Wasser.

Für diese Verwandlung arbeiten die Bäume mit Myriaden von dichten Moosen und feinen Flechten zusammen, die sich wie ein unverwüstlicher, saftig grüner Teppich über alle Stämme des Waldes legen. Gemeinsam funktionieren sie wie ein Schwamm, der ganze Wald atmet wie ein einziger lebender Organismus.

Auf endlosen Wegen kann man sich hier verlieren, ohne dabei verloren zu gehen. Mitten durch den Urwald zieht sich ein dichtes Netz von Levadas, gemütlich vor sich hin gluckernden Wasserläufen, die schon vor Jahrhunderten zur Bewässerung der Felder in den tieferen Regionen der Insel angelegt wurden. Heute weisen sie Wanderern den Weg durch die Wildnis.

Der Nebel ist so plötzlich verschwunden, wie er gekommen war. Der Wind schiebt ihn einfach weiter, über die Ebene hinweg, gegen die Berge, tief in den Wald hinein. Blauer Himmel, strahlender Sonnenschein, nur eine Sache von Sekunden. Die Bäume stehen wieder an ihrem Platz, entrückt und andächtig, jeder für sich seine eigene Welt, ehrwürdig, erhaben und weise, ganz so, als wäre nie etwas gewesen. Was für ein bizarres Schauspiel.

Wenn wir nicht wandern, sitzen wir im Boot. Es ist ein phantastisches Boot, ganz aus Holz, bunt und fröhlich gestrichen, rundlich und robust, mit stattlichem Segel, wie gemacht für Wind und Wetter – es ist ein madeirisches Fischerboot, eines der letzten seiner Art. Früher waren diese Boote überall hier zu sehen, heute werden sie nur noch von Liebhabern genutzt, sie sind eigen und anspruchsvoll, nicht nur im Unterhalt, auch in der Handhabung, selbst auf Madeira gibt es nur noch wenige Menschen, die sie traditionell und artgerecht segeln können. So wie zum Beispiel Senhor Luís.

Senhor Luís ist ein kleiner, kräftiger und wetterfester

Mann, der mit stabilen Schritten auf die achtzig zugeht, das muss man allerdings wissen, ansehen würde man ihm das nie, er könnte gut auch fünfzig sein. Die Sonne, das Meer, der Wind: Senhor Luís haben sie gutgetan. Wortlos steht er am Steuer unseres Bootes, und vermutlich ist er nirgendwo so sehr zu Hause wie dort.

Geboren wurde er nur ein paar Buchten weiter, in Câmera de Lobos, wenige Jahre bevor Winston Churchill dort gemalt hat. Vielleicht ist er ihm als Kind sogar begegnet. Den größten Teil seines Lebens hat Senhor Luís auf dem Meer verbracht, ungefähr so, wie er da auch jetzt gerade steht, eins mit dem Ruder, fest mit dem Boot verwachsen, den Blick zum Horizont gerichtet. Sechzig Jahre lang hat er als Fischer gearbeitet, dabei Thunfisch, Tintenfisch und Degenfisch aus dem Meer geholt, vor allem Degenfisch, immer wieder Degenfisch, denn der ist eine Spezialität auf Madeira – ein grimmiger Tiefseefisch mit langem Maul und spitzen Zähnen, freiwillig kommt der nicht nach oben, wer ihn fangen will, braucht viel Geduld und starke Arme.

Vielleicht war Senhor Luís auch im Walfang tätig, das weiß ich nicht, mein Portugiesisch und sein Englisch haben nicht ganz ausgereicht, um das herauszufinden – möglich immerhin wäre es, der Walfang war hier bis weit in die Achtziger hinein erlaubt. Man hat Pottwale gejagt, auf die alte Art, mit Harpune, im Ruderboot, immer von Hand, mit Auge und Kraft, das halbe Dorf hat mitgeholfen. Wer John Hustons Verfilmung von *Moby-Dick* gesehen hat, weiß, wie das aussah – die Jagdszenen im Film sind echt, sie zeigen die traditionelle madeirische Jagd.

Während unserer Touren lerne ich, wie vollkommen anders jeder einzelne Tag und jede neue Stunde auf See ist, wie schnell sich die Bedingungen hier draußen ändern, wie unterschiedlich diese Touren sein können – und was es für ein wahnsinniges Glück ist, für ein paar Stunden einen winzigen Einblick zu erhalten.

Wir beobachten fliegende Fische, die mit lautem Zischen, Surren und Platschen rings ums Boot aus dem Wasser schießen und eine halbe Ewigkeit über den Wellen segeln; wir sehen Mantas und Haie, ein paar Sekunden bloß, schon sind sie wieder weg, und es ist mir ein Rätsel, wie die Guides sie so schnell erkennen; weiter draußen treiben Portugiesische Galeeren im Wind, Staatsquallen, die wunderschön im Licht schimmern, denen man allerdings lieber nur im Boot begegnen möchte, denn ihre Tentakel sind bis zu fünfzig Meter lang und giftig – man kennt sie daher auch als »floating terror«; neben dem Boot gleiten die Sturmtaucher, die nördlichen Verwandten der Albatrosse, elegant und anmutig liegen sie im Wind, voller Ruhe, ohne jede Anstrengung, auf unsichtbaren Straßen, die nur sie kennen.

Auf jeder Tour begegnen wir Delfinen – meist Tümmlern, oft auch Flecken- und Streifendelfinen. Mal sind es nur ein paar in weiter Ferne, mal riesige Gruppen, die in höchstem Tempo auf das Boot zugeschossen kommen, um die kleine Bugwelle zu reiten. Die Menschen wechseln sich ab, alle dürfen kurz mal vorne sitzen, die Beine fast bis ins Wasser baumeln lassen – und unter sich die Energie der Delfine spüren. Maximale Glückseligkeit.

Immer wieder sehen wir Schildkröten, sie treiben schläfrig an der Oberfläche, um sich von der Sonne wärmen zu lassen. Es sind Kaltblüter, die Sonne ist für sie lebenswichtig, wenn man ihnen mit dem Boot zu nahe kommt, tauchen sie eilig und erschrocken ab, und wenn das zu oft passiert, fehlt es an Wärme und Energie, sie kühlen aus, werden krank und haben nicht genug Kraft für ihre lange Reise durch den Atlantik.

Die Wanderungen der Schildkröten sind eines der großen Wunder der Meere, nach dem Schlüpfen lassen sie sich von verschiedenen Strömungen einmal durch den halben Ozean treiben, das dauert viele Jahre, dabei legen sie zigtausende Kilometer zurück, unterwegs werden sie groß, stark und erwachsen, bis sie schließlich genau den Strand ansteuern, an dem sie geschlüpft sind, um dort selbst Eier zu legen. Man hat viele Jahrzehnte gebraucht, um diese Routen wenigstens ansatzweise zu verstehen.

Senhor Luís versucht, ruhende Schildkröten weiträumig zu umfahren, allerdings geht das nicht immer, denn manche haben sich so sehr im herumtreibenden Müll verheddert, dass er fürchterlich in ihren stetig wachsenden Panzer schneidet – bei manchen Schildkröten muss man daher versuchen, ihnen unauffällig möglichst nahe zu kommen, um sie ins Boot zu hieven und vom Müll zu befreien, und das ist einerseits wirklich toll zu sehen und andererseits auch so wahnsinnig traurig.

Während die Guides erklären, wie es bei den Segelfischen, Terrorgaleeren und Sturmtauchern läuft, versuche ich, aus den wenigen Worten und Gesten von Senhor Luís herauszudeuten, wie es mit den Pottwalen aussieht. Per Telefon ist der nämlich mit einem Ausguck auf der Steilküste verbunden, dem *vigia*, der den ganzen Tag für uns das Meer mit dem Fernrohr absucht. Das Wort, auf das ich dabei warte, lautet »cachalot«, Pottwal, verbunden mit einer freudigen Reaktion von Senhor Luís, wobei ich nicht sicher bin, wie die eigentlich aussehen könnte, denn Senhor Luís hat seine Emotionen ganz gut im Griff.

Der Beruf des *vigia* ist eine Erfindung aus der Zeit des Walfangs, der Job bestand im Wesentlichen darin, den ganzen Tag aufs Meer zu schauen, während alle anderen einer geregelten Arbeit nachgingen. Sobald der *vigia* das Walsignal gab, mussten alle anderen ihre geregelte Arbeit stehen und liegen lassen, zum Hafen rennen und zum Wal rudern, der dann gejagt und verarbeitet wurde, bevor man den Tag gemeinsam in der örtlichen Kneipe ausklingen ließ.

Die geregelte Arbeit hatte nicht allzu sehr unter dem Walfang zu leiden – zwar wurden die benötigten Pottwale ständig gesichtet, zur Jagd einbestellt wurde man vom *vigia* aber immer nur dann, wenn Wind und Wellen mit Position und Richtung der Wale so zueinander passten, dass man sie mit den Ruderbooten gut erreichen konnte, und das kam nur alle paar Wochen mal vor. Als *vigia* litt man eher selten unter Stress.

Das änderte sich, als man begann, den *vigia* auch in der Walbeobachtung einzusetzen. Jetzt war gut zu tun, mehrere Anbieter und Touren pro Tag, die sich für alle möglichen Wale interessierten – mit der Ruhe war es schnell vorbei.

Dass Senhor Luís mit dem *vigia* in direktem Austausch steht, hatten die Guides immer gleich zu Beginn der Touren gesagt – vermutlich hatten sie damit erreichen wollen, dass sich niemand an Bord sorgte, dort draußen etwas verpassen zu können. Bei mir allerdings funktionierte das nicht, denn ich behalte nun mit mindestens einem Auge immer auch Senhor Luís im Blick.

Als Theresa das bemerkt, fragt sie, ob es sein könne, dass ich die Sache mit dem Pottwal ein bisschen zu verbissen angehe, und ja, das ist eventuell möglich, Theresa fallen solche Dinge immer schon auf, lange bevor sie mir klar sind. Aber was soll ich machen – der Pottwal ist nun halt in meinem Kopf.

Der Pottwal ist ein Tier voller Rätsel. Schon seit Jahrhunderten arbeitet sich die Menschheit engagiert und einfallsreich an ihm ab, allerdings ist sie dabei noch nicht allzu weit gekommen. Der Pottwal ist schwer zu fassen.

Es fängt schon mit der Benennung an. Im Englischen hört der Pottwal auf den Namen *sperm whale*, allerdings verdankt er ihn nicht seiner sonderbaren Körperform, die ihn ausschauen lässt wie ein tonnenschweres Spermium – der *sperm whale* heißt so, weil sich in seinem Kopf eine milchige und wachsartige Flüssigkeit befindet, die man zunächst für Samen hielt.

Man dachte wirklich, dass der Pottwal sein Sperma im Kopf herumträgt, und dass man dieselbe Flüssigkeit auch in den Köpfen der WEIBLICHEN Pottwale fand, hat man einfach ignoriert.

Diese Flüssigkeit war als »Walrat« bekannt und der Hauptgrund, weshalb der Pottwal über viele Jahrhunderte hinweg so gnadenlos bis ans Ende der Welt gejagt wurde. Aus Walrat lässt sich das feinste und robusteste Öl herstellen, es wird noch heute in der Raumfahrt verwendet, weil es bisher niemandem gelungen ist, auf künstlichem Wege etwas ähnlich Reines herzustellen.

Auch über den Kopf des Pottwals hat man sich lange den, nun ja, Kopf zerbrochen. Zunächst hielt man ihn für einen Rammbock, immerhin hatten Pottwale ihren Riesenschädel immer wieder gern benutzt, um sogar die großen Dreimaster der Walfänger zu versenken. Manche waren berüchtigte Wiederholungstäter, sie hießen »Old Tom«, »Fighting Joe«, »Don Miguel« oder »Timor Jack«, und wenn sie mit vollem Tempo auf ein Schiff zuschwammen, war der Tag für die Besatzung meist ziemlich gelaufen.

Auch *Moby-Dick* beruht auf einer wahren Geschichte: Im Jahre 1820 hatte ein wild entschlossener Pottwalbulle namens »Mocha Dick« den amerikanischen Walfänger »Essex« mehrfach frontal gerammt und schließlich versenkt. Die verschreckte Besatzung entkam in kleinen Ruderbooten, aus Angst vor Kannibalen mied man jedoch die umliegenden Inseln und trieb lieber wochenlang ziellos auf dem Pazifik herum – mit dem Ergebnis, dass sich die Matrosen gegenseitig verspeisten, um am Leben zu bleiben. In der Fahrt der »Essex« war durchaus ein bisschen der Wurm drin.

Im Jahr 1821 wurde die Geschichte vom Ersten Offizier der »Essex«, Owen Chase, aufgeschrieben, 1839 noch einmal vom gänzlich unbeteiligten Redakteur Jeremiah Reynolds, erst 1851 schließlich adaptierte sie Herman Melville – und mit jeder neuen Erzählung wurde der Wal immer größer, immer weißer, immer hinterlistiger und rachsüchtiger.

Der Mythos des furchtbaren Ungeheuers wurde zu Zeiten des Walfangs geboren. Und dass der Pottwal bis heute noch immer als »Leviathan« bekannt ist, als fürchterlicher Dämon der See, liegt weniger am Pottwal und sehr viel mehr an uns.

Bis weit ins 20. Jahrhundert blieb die Walforschung bei der Rammbock-Theorie der alten Walfänger, man ging davon aus, dass sich die Bullen duellieren und dabei mit voller Wucht gegeneinander prallen, so wie es auch Bisons und Büffel gern tun, allerdings hatte noch niemand sie je dabei beobachtet, und es konnte außerdem auch wieder niemand erklären, warum sich weibliche Pottwale ebenfalls einen so großen Kopf leisteten.

Mitte der Siebziger kam die Walforschung dann zu der Auffassung, dass der Pottwalkopf wohl eher doch kein Rammbock sei – stattdessen war man nun der Meinung, dass man es mit einem hoch komplexen Organ zu tun habe, bei dem man allerdings noch nicht genau verstand, wozu der Pottwal es benötigt.

Obwohl die Funktion dieses Organs noch ziemlich unklar war, drehte sich dabei alles um das wachsartige Walrat, daher nannte man das Organ »Spermaceti«, was sich am besten mit »Samen des Wals« übersetzen lässt – der Pottwal wurde diese Sache mit dem Samen also auch weiterhin einfach nicht los.

Das Spermaceti-Organ besteht aus zwei übereinander liegenden Kammern: Die obere, von den Walfängern einst *the case* genannt, enthält ein ölig-schwammiges Gewebe, die untere, bei den Walfängern als *the junk* bekannt, ist mit bis zu dreitausend Litern Walrat gefüllt.

Zunächst glaubte man, dass der Pottwal das Spermaceti-Organ vielleicht als Tauchhilfe einsetzt. Je nach Temperatur verändert das Walrat seine Dichte, es wird leichter und schwerer, und damit könnte es dem Wal ohne eigenes Zutun Auf- und Abtrieb verleihen und in der Tiefe einige Kraft sparen. Eine charmante Theorie – aber vermutlich Humbug, denn mit einer derart ungleichmäßig verteilten Tauchhilfe hätte der arme Wal doch stets mit einer ziemlichen Frontlastigkeit zu kämpfen.

Später hatte der Walforscher Ken Norris die Idee, einen Pottwalkopf im Labor nachzubauen und dort mit Schall zu experimentieren. Es war bereits bekannt, dass Walrat ein irrsinnig guter Leiter ist, also füllte Norris sein Modell mit echtem Walrat, installierte auf der einen Seite einen Sound-Generator, auf der anderen ein Oszilloskop – und schon nach ein paar Versuchen war ihm klar, dass er es beim Spermaceti-Organ mit dem Sonar von der Größe eines Lastwagens zu tun hatte.

Jetzt musste man nur noch überlegen, was der Pottwal mit einem solchen Riesensonar wohl alles anstellen könnte. Eine der phantastischsten und unglaublichsten Theorien ist die Sache mit dem ANBRÜLLEN, sie ist im Lauf der Jahre über das Ausschlussverfahren entstanden, es geht dabei vor allem um Indizien, doch die Beweislage ist erdrückend.

Es ist bekannt, dass der Pottwal am liebsten Kalmare verspeist, sie sind sein Leibgericht, in jeder Form und Größe. In den Mägen gejagter oder gestrandeter Tiere hat man schon viele Tausend Kalmarschnäbel gefunden, die im Pottwalmagen generell nicht verdaut werden können. Immer wieder ist man dabei auch auf frisch erbeutete Riesenkalmare gestoßen – und zwar im Ganzen, ohne Spuren von Bissen und ohne jeden Kratzer.

Kalmare sind schnell und wendig, besonders im Vergleich mit einem groben Klotz wie dem Pottwal. Zwar kann er mit seinem Supersonar selbst die kleinsten und glibberigsten Exemplare ausfindig machen – das heißt aber nicht, dass er sie auch zuverlässig zu fassen bekommt. Abzüglich An- und Abreise bleibt einem Pottwal in der Tiefe vermutlich eine gute Stunde für die Jagd, er hat dort unten also keine Zeit zu verlieren.

Pro Tag benötigt ein ausgewachsener Pottwal mehrere Tausend Pfund Nahrung, die er sich in mühevoller Kleinstarbeit organisieren muss. Anders als die Bartenwale kann er dabei allerdings nicht mal eben einen ganzen Schwarm Hering vertilgen, und jedem kleinen Kalmar einzeln nachzujagen fällt ebenfalls aus, es würde den Wal viel zu viel Energie kosten.

Die Zähne können bei der Jagd keine große Rolle spielen, immer wieder hatte man Tiere mit gebrochenen oder deformierten Kiefern gesichtet, die trotzdem bestens genährt waren. Zudem bilden Pottwale ihre ersten Zähne ohnehin erst mit acht bis zehn Jahren aus, sie kommen also auch ohne ganz gut zurecht.

In den Fjorden von Andenes hatte man durch ein paar geschickt platzierte Hydrofone herausgefunden, dass der Pottwal sein Sonar überaus zielgerichtet und genau einsetzen kann, je nach Ort variierten die gemessenen Lautstärken erheblich.

In vielen Pottwalmägen hat man neben Kalmarschnäbeln

auch Seesterne und Muscheln gefunden, ebenso Steine, Metallschilder, Autoreifen, Staubsauger, in einem sogar ein kleines Gewächshaus. Viel Müll also, vor allem aber Dinge, die nicht schwimmen, sondern am Grund liegen. Bei der Wartung von Unterseekabeln waren außerdem Wale gefunden worden, die sich darin verfangen hatten und dabei ertrunken waren. Diese Kabel sind fest im Boden verankert, um sich in ihnen zu verheddern, muss man schon sehr entschlossen und zielstrebig an ihnen herumreißen.

All diese Indizien führten zu der Annahme, dass der Pottwal seine Beute womöglich gar nicht im direkten Kampf zur Strecke bringt – sondern dass er mithilfe seines Supersonars extrem laute und zielgerichtete Töne erzeugt, die seine Beute zumindest so lange lahmlegen, bis er sie entweder frei trudelnd aufgreift oder gesunken vom Meeresboden aufklaubt.

Genau dafür wäre dann dieser lange Unterkiefer mit seinen höchst robusten Zähnen sinnvoll: Der Pottwal würde ihn benutzen wie ein Gärtner seinen Rechen, und wenn er das so machte, würde es plötzlich auch Sinn ergeben, dass er nur im Unterkiefer Zähne ausbildet, nicht aber im Oberkiefer.

Der Leviathan, das große Monster mit den riesigen Zähnen, benutzt also weder seinen Kopf zum Rammen noch seine Zähne zum Zerfleischen. Stattdessen nutzt er ein Sonar von der Größe eines Lastwagens und BRÜLLT damit in der Finsternis herum.

Nur ist es eben bloß eine Theorie, nicht mehr, und für Hal Whitehead, der schon seit den frühen Achtzigern Pottwale erforscht, ist sie vermutlich nicht zu halten, denn sosehr die vielen Indizien auch wunderbar zueinander passen, so fraglich bleibt für ihn doch, ob sich Riesenkalmare wirklich von einer Druckwelle betäuben lassen, auch wenn sie noch so stark ist. Es ist nicht ganz einfach, solche Dinge herauszufinden, man bräuchte ein Supersonar und einen Riesenkalmar, und beides ist ungefähr gleich schwer zu beschaffen. Es ist kompliziert.

Es gibt Berichte von Tauchern, die sich ruhenden Pottwalen angenähert haben, die daraufhin die Taucher mal unter die Lupe nahmen, ganz sanft und freundlich, mithilfe ihres Sonars – die Taucher berichteten später, dass ihre Körper schon bei der Begrüßung so stark vibrierten, dass sie nur ungern jagenden oder wütenden Pottwalen begegnet wären.

Vielleicht also stimmt sie doch, diese phantastische AN-BRÜLL-Theorie. Wer weiß schon, was dort unten vor sich geht?

Nach den ersten paar Touren ziehe ich Bilanz. Delfine: hundert Prozent, Pottwale: null Prozent – ich bin nervös. Theresa sagt, dass Delfine auch toll sind, ich bin mir da aber nicht so sicher. Irgendetwas stört mich, es fällt mir schwer, in die allgemeine Euphorie an Bord einzustimmen, und das liegt wirklich nicht daran, dass die Delfine keine Pottwale sind.

»Woran liegt es denn dann?«, fragt Theresa.

»Weiß ich nicht, vielleicht bin ich ja nur nicht so der Delfin-Typ«, antworte ich.

»Wie kann man denn nicht so der Delfin-Typ sein? JEDER mag Delfine!«

»Ich mag sie ja auch. Aber nicht, wenn sie zum Boot kommen.«

»Aber das ist doch gerade das Tolle! Wenn die die Bugwelle reiten! ALLE finden doch genau das total toll!«

»Ich weiß. Ich aber irgendwie nicht. Ich fänd' es besser, wenn sie uns gar nicht beachten würden.«

»Versteh' ich nicht. Warum das denn?«

»Ich glaube, ich will da draußen meine Ruhe haben, ich

will da keine Interaktion. Ich will beobachten, mir das alles anschauen, ja, schon. Ich will da aber nicht stören.«

»Aber du störst doch nicht. Die kommen doch freiwillig!«

»Das weiß ich, das ist es nicht. Mich stört, dass es durch diese Interaktion dann irgendwie immer auch um mich geht.«

»Um dich? Wieso denn um dich? Ich glaube, den Delfinen geht es da eher ums Boot und die Welle. Und nicht so wirklich um dich.«

»Ja, den Delfinen schon. Aber viele der Leute an Bord freuen sich doch auch deshalb so sehr über die Delfine, weil sie eben ZU IHNEN kommen, weil sie sich MIT IHNEN beschäftigen und IHNEN Aufmerksamkeit schenken, während sie in IHRER Bugwelle reiten. Die Leute sind doch auch deshalb so happy, weil die Delfine ja ganz offenbar SIE interessant finden. Und ich fänd' es halt besser, wenn ich den Tieren komplett egal wäre. Verstehst du?«

»Hmm, weiß nicht, vielleicht. Nicht so richtig eigentlich.«

»Ich bin mir ja auch noch nicht sicher, was das Problem ist. Aber irgendwas passt da nicht, das ist mir jetzt auf jeder einzelnen Tour immer wieder aufgefallen.«

»Also, ich glaube, dass du das manchmal auch verkomplizierst. Du legst dir da viel zu viel rein. Das sind Delfine, die Spaß daran haben, eine Welle zu reiten. Und Menschen, die es glücklich macht, ihnen dabei zuzuschauen. Ich glaube nicht, dass es da um sehr viel mehr geht.«

Es ist so, dass in vielen Wal- und Delfinbüchern davon berichtet wird, wie ein Wal oder Delfin einem Menschen direkt in die Augen geschaut habe, und dass dieser Moment wahnsinnig intensiv und wahrhaftig gewesen sei, der Wal oder Delfin hätte dem Menschen dabei bis auf den Grund der Seele geblickt, und das sei ein beinahe spiritueller Moment gewesen, der das Leben des Menschen manchmal sogar komplett verändert habe – und mir persönlich, Entschuldigung, geht das zu weit. In diesen Geschichten geht es mir zu sehr um den Menschen und zu wenig um den Wal, der Gigant wird zur Projektionsfläche, und das ist eigentlich überhaupt nicht das, was ich dort draußen suche. Wir Menschen brauchen Resonanz, überall und ständig, ich bin mir aber nicht sicher, ob es eine gute Idee ist, die ganze Welt immer nur daraufhin abzuklopfen, ob sie uns nicht ein bisschen Bedeutung verleihen kann. Wenn ich aufs Meer hinaus fahre, freue ich mich, ANDERE Dinge zu sehen, die Bedeutung haben. Und ich finde es schön, wenn sie für sich allein stehen, von mir selbst möchte ich da eigentlich gar nichts wissen, wenigstens mal für ein paar Stunden.

Natürlich ist es schön, wenn Delfine eine Bugwelle reiten. Das ist spektakulär, eindrucksvoll, phantastisch, die Energie in der Luft lässt sich da beinahe greifen. Und natürlich macht es Freude, wahnsinnige Freude, so einen Moment vergisst man nie. Es ist aber eben auch: eine Annäherung, auf die man irgendwie reagieren muss, ich finde das gar nicht so leicht.

Vielleicht ist es aber auch so, wie Theresa sagt – womöglich verkompliziere ich die Dinge, das kommt gelegentlich vor, und vielleicht muss ich an Bord nur noch mehr loslassen, das kann schon auch alles sein.

»WAAAL!! Da bläst er!« – Sobald an Bord der alten Walfängerschiffe ein Blas am fernen Horizont gesichtet wurde, ertönte der weltberühmte Ruf. Es gab Varianten, je nach Schiff und Laune, manchmal rief man auch »Wal VORRRAAUUUUS!!«, und auch das eher minimalistische »WAAAL!!« war in Ordnung, ebenso das schlichte »Er bläst!«, das mir persönlich allerdings zu nüchtern ist, ein bisschen mehr Emotion sollte schon drin sein.

Als es dann ENDLICH auch für mich so weit ist und ich an Bord unseres kleinen Holzbootes einen schwachen Blas am Horizont entdecke, ist die ganze schöne Vorbereitung jedoch komplett dahin: Nichts geht mehr, ich stehe total auf dem Schlauch, Blackout, alles weg, und während ich mich noch wundere, höre ich mich auch schon rufen: »Da!! Da hinten!«, und da ist es zu spät, denn sämtliche Blicke an Bord richten sich nun erst recht nicht auf den Blas – sondern auf mich.

Es ist an Bord einer Waltour so, dass die übrige Besatzung mit einem »Da!! Da hinten!« eher wenig anfangen kann, egal wie begeistert es gemeint war oder wie euphorisch es gerufen wurde. Auf dem Wasser gibt es kein »Da!«, daher wird man zu Beginn einer jeden Tour angewiesen, sich die Richtungen auf dem Meer möglichst wie das Zifferblatt einer Uhr vorzustellen.

In einer perfekten Welt ist ein Blas auf der rechten Seite also ein »Blas auf 3 Uhr!«, eine Fluke auf der linken Seite eine »Fluke auf 9 Uhr!« und irgendwas geradeaus eben »irgendwas auf 12 Uhr!«, wobei auch alle anderen Uhrzeiten ausdrücklich erlaubt sind. Wenn man es richtig macht, schauen dann alle sofort in die richtige Richtung und nicht erst zu demjenigen, der gerade gerufen hat, um zu schauen, wohin der wohl gerade schaut.

Dass die Walfänger bei ihren schönen Rufen auf die Uhrzeit verzichten durften, liegt daran, dass der übrigen Besatzung fürs Erste die bloße Information reichte, dass irgendwo ein Wal zugegen war, denn damit war nun einiges an Vorbereitung zu treffen. Wo genau sich der Wal derzeit aufhielt, war zunächst nicht wichtig, das war Sache des Ausgucks, alle anderen waren ausreichend ausgelastet, die Fangboote klarzumachen und in der Eile bloß nicht die Seile und Harpunen zu vergessen.

An Bord einer Waltour ist das anders. Da gibt es im Anschluss an die Erstsichtung nichts weiter zu tun, nichts vorzubereiten, nichts zu bedenken, es ist lediglich Geduld gefragt, bis man den Wal endlich erreicht hat, und bis dahin ein gutes Auge, um ihn bloß nicht zu verlieren. Umso entscheidender ist es, dass alle an Bord sofort wissen, WO GENAU man den Wal nun gesehen hat. Deshalb die Uhrzeiten, das ist wirklich wichtig.

Es ist auf dem Meer nicht einfach, Entfernungen abzuschätzen, aber ich lege mich fest: Dieser Blas ist sehr weit weg. Trotzdem weiß ich, dass es ein Pottwal ist, den erkennt man sofort.

Beim Pottwal ist es so, dass das gesamte Tier von der Natur so konsequent um das Sonar herum gebaut worden ist, dass das Blasloch anders als bei allen anderen Walen plötzlich keinen Platz mehr auf der Oberseite fand. Stattdessen wurde es halbhoch und notdürftig an die linke, vordere Seite des Kopfes gepappt, irgendwo musste es ja hin, und daher ist der Pottwal der einzige Wal, der nicht nach oben, sondern zur Seite bläst.

Bei klarer Sicht und flacher See kann man den Blas eines Wals leicht über zehn bis fünfzehn Kilometer hinweg ausmachen, er ist mehrere Meter hoch, wie ein kleiner Geysir, und je nach Lichtsituation glitzert er wunderschön in der Sonne. Allerdings ist es gerade beim Pottwal nicht so leicht, sich ihm dann auch zu nähern.

Allen Mythen und Märchen zum Trotz ist der Pottwal nämlich ein überaus scheues Tier, er ist schnell beunruhigt, schon ein zu lauter Bootsmotor oder ein allzu heftiges Kameraklicken können ausreichen, und er ist verschwunden. Pottwale können zudem wahnsinnig gut hören, auch die Geräusche über Wasser, es ist daher auch an Bord immer eine gute Idee, leise zu sein.

Aus diesem Grund haben die frühen Walfänger sogar die Ruder ihrer kleinen Boote in dicke Stofflaken gehüllt, damit es bei der Anfahrt nicht so knarzt und klonkt und der Wal nicht abgetaucht ist, bevor man überhaupt mal in seine Nähe gekommen ist.

Anders als bei anderen Walen muss man beim Pottwal auch die komplette Strecke bis zum Blas zurücklegen. Er ist da wenig kooperativ. Andere Wale befinden sich meist auf der Durchreise, sie sind immer irgendwie in Bewegung, und mit etwas Übung lässt sich gut absehen, wo sie womöglich als Nächstes auftauchen – und dann platziert man das Boot mit respektvollem Abstand irgendwo entlang der vermuteten Route und wartet ab, was passiert.

Beim Pottwal geht das so nicht. Der Pottwal ist ein Auftau-cher und kein An-der-Oberfläche-Herumschwimmer, er bleibt daher also einfach dort, wo er zunächst gesichtet wurde, und wenn das sehr weit entfernt ist, muss man immer erst überlegen, ob es sich wirklich lohnt, diesen Weg jetzt auf sich zu nehmen.

Die frühen Walfänger waren gute Beobachter – ähnlich wie die uralten Bauernregeln auf magische Weise ja immer irgendwie zutreffen, sind auch die Walfängerregeln heute noch gut als Faustregel zu gebrauchen. Man war damals zum Beispiel zu dem Schluss gekommen, dass ein Pottwal für jede Minute, die er unter Wasser war, anschließend für ge-nau einen Atemzug an der Oberfläche bleibt. Die neuere For-schung hat ergeben, dass die Walfänger damit nicht weit danebenlagen.

Ein Pottwal, der für vierzig Atemzüge an der Oberfläche liegt, war also zuvor ungefähr vierzig Minuten unter Wasser, und das wiederum lässt halbwegs sicher darauf schließen, dass er auch beim nächsten Tauchgang wieder ähnlich lange verschwunden sein wird. Und je nachdem, wie weit der Pottwalblas entfernt ist, muss man überlegen, ob sich die Anfahrt da jetzt lohnt.

Senhor Luís entscheidet, dass es sich lohnt.

Wal voraus, wir fahren da jetzt hin.

Auf halber Strecke plötzlich eine Fluke, der Wal taucht ab, wir sind zu spät, so ein Mist – dann allerdings noch eine Fluke, dann noch eine und noch eine, es sind vier oder fünf Wale, und sie waren für vielleicht gerade mal zwanzig Atemzüge an der Oberfläche. Kurze Tauchgänge also, Senhor Luís hält Kurs.

Pottwale tauchen normalerweise nicht genau dort auf, wo sie zuletzt abgetaucht sind, allerdings unternehmen sie unter Wasser auch keine ambitionierten Wanderungen, schon gar nicht bei kürzeren Tauchgängen, der Ort des Abtauchens ist für das Warten also eine gute Adresse. Wir fahren hin. Es dauert.

Nach einer Weile wieder ein Blas! Dann noch einer, und noch einer – Wale voraus!, jetzt muss aber niemand rufen, alle haben es gesehen. Wir sind in Reichweite. Senhor Luís fährt langsamer, lässt unser kleines Holzboot ruhig über das Wasser gleiten, schließlich stellt er den Motor ganz aus, wir sind nah genug, die sanfte Dünung erledigt den Rest. Wir lassen uns treiben. Und dann können wir sie hören!

»FFFFHHHUUUUUMMMMMPPP«

»PPPFFFUUUAAAHHH«

»FFFFHHHOOOOOOOMMMPP«

»PPPFFFHHHOOOAAAHH«

Wie riesige Baumstämme liegen die Wale vor uns an der Oberfläche, es sind vier, Seite an Seite, die dunklen Körper glänzen und glitzern in der Sonne. Ihr Atem ist ruhig und gleichmäßig – und so viel lauter als der der Buckelwale in Norwegen. Ich erschrecke ein bisschen. Schon wieder.

Ohne jede Regung treiben die Wale mit der Dünung, werden von ihr umspielt und überspült, es geht auf und ab, wie in den Bergen, für kurze Zeit verschwinden die klobigen Köpfe der Reihe nach hinter einem sanft zulaufenden Berg aus Wasser, dann schwappen sie über den Kamm hinweg, rollen friedlich zurück ins Tal.

Wir sind zwei oder drei Pottwallängen entfernt. Man kann einzelne Kratzer und Schrammen erkennen, die verwaschenen graubraunen Schlieren, die verrückt verschrumpelte Haut, als wenn der Wal zu lange im Wasser geblieben wäre.

Immer wieder gibt das Meer den Teil eines Rückens frei, der Wal ist dann plötzlich doppelt so lang, und man muss sich das wirklich immer wieder klarmachen: dass wir hier gerade mal ein Drittel des Wals sehen, das ist alles nur der Kopf, auch wenn der allein schon fast so lang ist wie unser Boot.

Das meiste am Pottwal muss man sich vorstellen, wie eh und je, das gilt auch hier in der Realität, selbst an der Oberfläche ist dieses Tier kaum zu fassen, alles an ihm bleibt unklar, vage, verborgen. Kein anderer Wal lässt so viel Raum zum Staunen.

Man weiß von Pottwalen, dass sie extrem taktile Wesen sind, sie legen sehr viel Wert auf Hautkontakt und haben enorme Freude daran, sich ausgiebig aneinander zu reiben, allerdings weiß man noch nicht so genau, warum. Die Unterwasseraufnahmen des Fotografen Tony Wu sind weltberühmt, es sind phantastische Einblicke, Momente voller Anmut und Zärtlichkeit – sie zeigen eine Gruppe von Pottwalen, die dicht an dicht schwimmen und sich dabei behutsam und sanft mit den Fluken berühren.

Nach einer Weile passiert etwas, ganz plötzlich, es herrscht hektische Geschäftigkeit, das Wasser brodelt, die dunklen Körper ruckeln und rumpeln herum, klobige Köpfe ragen heraus, schrumpelige Rücken biegen sich – die Wale bereiten sich auf den nächsten Tauchgang vor, und dafür nehmen sie Anschwung.

Einer nach dem anderen tauchen sie ab, kraftvoll, entschlossen, kompromisslos, massige Köpfe ziehen tonnenschwere Körper mit brachialem Zug in die Tiefe – und während sich die Wale eigentlich schon viele Meter unter uns befinden, ragen ihre mächtigen Fluken noch immer wie gewaltige Schaufeln an der Oberfläche in die Luft, es ist ein irres Tosen und Grollen, die Hand Gottes, direkt vor uns, nur ein paar Meter entfernt.

Für eine kurze Ewigkeit stehen ihre Fluken senkrecht in der Luft. Ein letzter Gruß unter Giganten. Langsam gleiten sie in die Tiefe hinab. Zurück bleibt eine kreisrunde, glatte Fläche im Wasser, der Flukenabdruck. Dann sind sie verschwunden.

»WAHNSINN, oder?«, frage ich Theresa, während wir auf dem Weg zurück in den Hafen sind. Nach der Begegnung mit den Walen war ich eine Weile lang sprachlos geblieben, hatte mich dann aber gesammelt und nun alles in dieser einzigen, kurzen Frage komprimiert, da steckte alles drin, das komplette Paket an Emotionen, die ganze Begeisterung, die irre Faszination, ich war zwar noch immer einigermaßen überwalzt, jetzt so langsam aber auch bereit, dieses unglaubliche Erlebnis zu besprechen.

»Die Wale meinst du?«, fragt Theresa, und ich bin erst kurz verwirrt, was hätte ich sonst meinen können, aber noch ehe ich antworten kann, sagt Theresa, dass sie die Pottwale durchaus »beeindruckend« und »interessant« fand, das schon, ja, »aber insgesamt finde ich Pottwale glaube ich eher etwas langweilig, die liegen ja die ganze Zeit nur an der Oberfläche rum, da passiert ja nicht so viel, wenn sie dann abtauchen, mit der riesigen Fluke und so, das ist schon toll, den ganzen Tag Pottwale anschauen müsste ich jetzt aber nicht unbedingt, da finde ich Orcas schon viel interessanter.«

Als Theresa bemerkt, dass ich verdutzt bin, weil ich diese Antwort nicht so recht habe kommen sehen, lächelt sie und sagt: »Ich bin aber froh, dass es doch noch geklappt hat mit den Pottwalen, und es ist schön, dass du so begeistert bist. Von mir aus können wir gern noch ein, zwei Touren machen.«

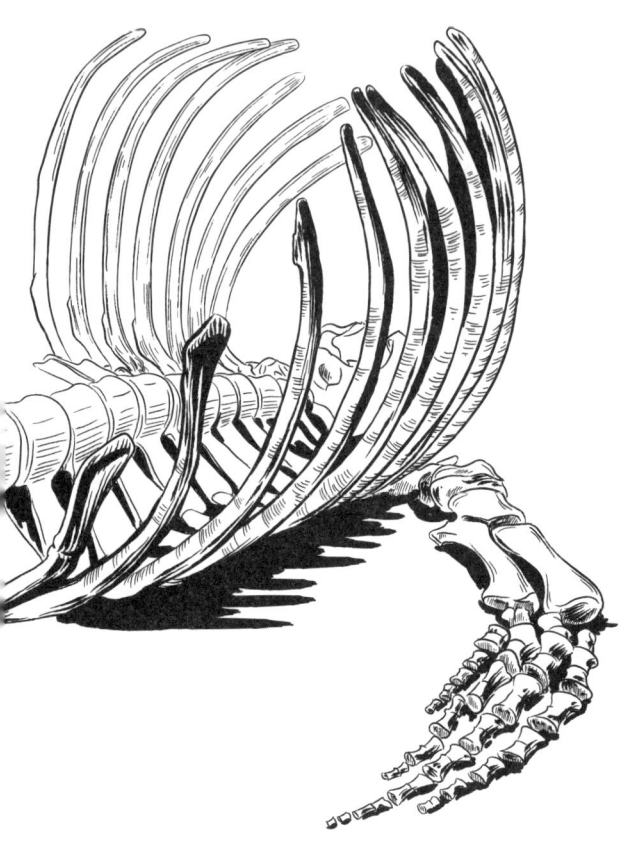

Wir leben in einem Zeitalter der Giganten;
wir teilen unseren Planeten mit den
größten Walen aller Zeiten – manche von ihnen
sind die größten Tiere, die es in der Geschichte
des Lebens überhaupt je gegeben hat.«
  – NICK PYENSON, *Spying on Whales*

#4

Uralte Riesen

WIE DIE SÄUGETIERE DIE MEERE EROBERTEN – UND DIE WALE DIE DINOSAURIER ÜBERTRAFEN

JEDE WALTOUR IST ANDERS, das habe ich auf Madeira gelernt, eine Sache allerdings ist jedes Mal gleich: Man bekommt von den mitfahrenden Guides mit immer wieder ehrlich staunender Begeisterung erklärt, dass Wale Meeressäuger sind: »Kaum zu glauben, oder? Das sind SÄUGETIERE! So wie wir!« Man hat als Gast an Bord einer Waltour nicht sonderlich viel zu tun, sobald der Vortrag der Guides jedoch bei den Säugetieren angelangt ist, wird unbedingt eine Reaktion erwartet: Wissendes Nicken, ungläubiges Staunen, je nachdem, beides ist in Ordnung. Der Säugetierteil ist das Herzstück eines jeden Walvortrags.

Ich habe die Säugetierinformation anfangs immer einfach so hingenommen und in die Schublade mit dem unnützen Wissen gepackt. Wal-Trivia. Das Herz eines Blauwals ist so groß wie ein Kleinwagen, Pottwale können stundenlang die Luft anhalten, die Hoden eines Glattwals wiegen eine Tonne, Grönlandwale können über zweihundert Jahre alt werden. Diese Dinge. Interessant, ja, schon, aber für sich allein genommen eben auch nur nützlich, wenn sich auf einer Party das Gespräch mal unverhofft um das Thema Wale dreht. Aber auf welcher Party geht es schon um Wale. Ich habe da also immer nur kurz zugehört und mich dann wieder anderweitig beschäftigt. Das geht auf einer Waltour ja ganz gut.

Während allerdings die Blauwalherzen, Pottwaltauchgänge und Glattwalhoden nur bei ausgewählten Touren referiert wurden, kam das Säugetierthema verlässlich jedes Mal und stets mit höchster Wichtigkeit zur Sprache. Ich habe also angefangen, darüber nachzudenken. Vielleicht hatte ich ja etwas übersehen.

Wenn wir Menschen an Tiere denken, ganz spontan und ohne großes Überlegen, dann denken wir so gut wie immer an Säugetiere. Wir sind umgeben von Säugetieren – sie versorgen uns mit Nahrung und Kleidung, sie transportieren unsere Sachen, bewachen unseren Besitz, leisten uns Gesellschaft, machen uns Freude, spenden uns Trost und warten geduldig darauf, dass wir abends wieder nach Hause kommen. Wenn wir in den Zoo gehen, verbringen wir ganz automatisch die meiste Zeit im Affenhaus, anschließend schauen wir noch bei den Löwen, Tigern, Bären und Elefanten vorbei.

Aus unserer Sicht sind Tiere vor allem: Säugetiere. Das ist durchaus bemerkenswert, denn insgesamt ist es so, dass weit über fünfundneunzig Prozent aller bekannten vielzelligen Tiere auf diesem Planeten eben KEINE Säugetiere sind. Die Tierwelt besteht hauptsächlich aus Gliederfüßern, Weich- und Krustentieren – Käfern, Schmetterlingen, Schnecken, Muscheln, Quallen, Krebstieren. Die Wirbeltiere dagegen stellen gerade mal fünf Prozent des weltweiten Artenreichtums, und innerhalb dieses Stammes müssen sich die Säugetiere bei der Anzahl ihrer Arten auch noch hinter den Fischen, Vögeln, Amphibien und Reptilien einreihen. Bislang wurden je nach Rechnung gerade mal fünf- bis sechstausend Säugetierarten gezählt. Mehr nicht.

Die Nähe zu anderen Säugetieren ist bei uns trotzdem fest eingebaut, und genau darauf zielt auch der Vortrag an Bord einer Waltour ab. So ein Wal mag zwanzig Meter lang und vierzig Tonnen schwer sein, sein Herz mag die Größe eines Kleinwagens haben, seine Hoden mögen eine Tonne wiegen, er mag über zweihundert Jahre alt werden – und trotzdem ist er vor allem: wie wir! Schon von Natur aus sind sich Mensch und Wal näher als Mensch und Vogel oder Mensch und Fisch. Und darauf lässt sich aufbauen.

Und es stimmt ja, in vielen Bereichen sind wir uns wirklich ziemlich ähnlich: Wie wir brauchen Wale Luft zum Atmen; wie wir bringen sie ihre Jungen lebend zur Welt; und wie wir geben sie sich große Mühe bei der Erziehung – Wale verwenden viel Zeit darauf, ihrem Nachwuchs Wissen mit auf den Weg zu geben, denn wie bei uns gibt es auch bei den Walen viele wichtige Regeln und Gepflogenheiten, ohne die man im Leben kaum vorankommt. Wie wir sind Wale nämlich ziemlich soziale Wesen.

Wie alle Säugetiere haben Wale auch ein Fell – wie bei uns ist davon aber nicht mehr allzu viel übrig. Während wir unser Restfell vor allem benötigen, um unseren Kopf immer schön warm zu halten, haben sich die Wale ein paar Resthaare am Kinn aufgehoben, mit denen sie feinste Strömungen und Bewegungen erspüren können. Da Wale mit ihren seitlich liegenden Augen im direkten Bereich vor sich einen toten Winkel haben, hat sich dieser zusätzliche Tastsinn sehr bewährt.

Wenn man diese Dinge mal im Hinterkopf behält, wird es gleich viel leichter, mit einem zwanzig Meter langen Vierzigtonner eine emotionale Verbindung aufzubauen. Ich habe an Bord immer wieder festgestellt, wie gut das funktioniert: Allein durch die einfache Information, dass Wale Säugetiere sind, erhalten viele Menschen plötzlich einen Zugang, es gibt Anknüpfungspunkte. Die Menschen finden Bekanntes im Fremden.

Das kann umgekehrt auch zum Problem werden, zum Beispiel wenn man Walfänger ist und zum Wal lieber eine eher professionelle Beziehung pflegen möchte. Obwohl sie es ganz sicher besser wussten, sprachen die Walfänger des 18. und 19. Jahrhunderts daher weiterhin stets vom »Walfisch«, so wie man es auf den alten Zeichnungen und Stichen aus dem 16. und 17. Jahrhundert gelernt hatte, als Seekarten gern mit furchterregenden Phantasieseemonstern gestaltet wurden, die man eben »Walfisch« nannte.

Auch Melville ließ Ismael in *Moby-Dick* genüsslich – und ironisch – darüber sinnieren, dass der Wal bekanntlich noch immer ein Fisch und kein Säugetier sei. Melville wusste nur zu gut, dass das nicht stimmte, er hatte seine Beschreibungen zu großen Teilen auf Thomas Beales *Natural History of the Sperm Whale* gestützt, das bereits 1839 erstaunlich viele richtige Theorien und Beobachtungen über den Pottwal enthielt.

Bei mir ist es so, dass die Säugetierinformation einfach gar nichts mit mir gemacht hat. Draußen auf dem Meer habe ich noch nie nach etwas Bekanntem gesucht, mich interessiert da eher das Fremde. Wenn ich andere spannende Lebewesen beobachten möchte, die so ähnlich sind wie ich, kann ich mich ja auch einfach in ein Café setzen. Das mache ich oft und gern. Ich würde dafür aber nicht extra in ferne Länder reisen.

An Tieren ist ja gerade auch interessant, dass sie eben überhaupt nicht so sind wie wir. Dass sie ganz anders an die Dinge herangehen, weil die Dinge für sie nun mal ganz anders liegen. Mit unseren Fragen, Ansichten, Meinungen und Problemen haben sie überhaupt nichts zu tun. Mich in diese fremde und angenehm freie Welt hineinzudenken, das finde ich wahnsinnig spannend. Außerdem ist es ja auch mal ganz gut, wenn man sich nicht ständig nur um sich selbst dreht.

Irgendwann unterwegs fiel mir dann auf, dass der spannende Teil der Säugetierinformation womöglich gar nicht der ist, dass Wale Säugetiere sind – sondern, dass sie als Säugetiere IM MEER leben. Im Meer! Bei ihrer Erfindung vor vielen Millionen Jahren waren Säugetiere als reine Landbewohner gedacht. Was also haben sie im Meer verloren? Und wie können sie dort überleben?

So schön es auch ist, den lieben langen Tag auf dem Meer zu verbringen, man muss sich da schon auch bewusst machen, dass man sich eigentlich auf extrem feindlichem Terrain befindet. Auch wenn eine sanft wogende See mit strahlend blauem Himmel wirklich nicht danach aussieht – für uns Säugetiere gibt es kaum einen unpassenderen Lebensraum als das Meer. Wir könnten genauso gut versuchen, auf dem Mars zu leben.

Ich zum Beispiel kann nicht besonders lange schwimmen, auch das Tauchen fällt mir schwer; ich wüsste zudem nicht, woran ich mich im offenen Meer orientieren oder wie ich mich dort versorgen soll; ich kann unter Wasser kaum sehen, nur schlecht hören und überhaupt nicht riechen; außerdem wird mir schnell kalt. Mit diesen Problemen bin ich kein Einzelfall, es geht uns allen so. Für uns Säugetiere ist es im Meer normalerweise nur eine Frage der Zeit, bis wir ertrinken, erfrieren oder verhungern, und wenn es ganz schlecht läuft, werden wir währenddessen auch noch gefressen. Ich möchte hier wirklich niemandem einen schönen Tag am Meer vermiesen. Aber so sieht es nun mal aus.

Wir Menschen können uns nur deshalb halbwegs gefahrlos auf dem Meer aufhalten, weil wir irgendwann Boote gebaut und zu navigieren gelernt haben. Und weil Generationen von Seefahrern vor uns mit unendlichem Entdeckerdrang und überlebensgroßem Mut den Weg für uns bereitet haben: Sie haben die Grenzen des Möglichen einfach so lange weiter verschoben, bis es keine Grenzen mehr gab.

Die Wale mussten die Meere auf anderen Wegen erobern. Sie sind zwar nicht die einzigen Säugetiere, die sich vom Land aus wieder Richtung Meer orientiert haben, auch Walrosse, Eisbären, Seehunde, Seelöwen, Seeleoparden, Seeelefanten und Seeotter sind Meeressäuger – im Unterschied zu den Walen verbringen sie allerdings noch immer einen bedeutenden Teil ihres Lebens an Land, um dort ihre Jungen zur Welt zu bringen, zu schlafen oder zu jagen. Sie kamen allesamt auch erst sehr viel später auf die Idee, es mal mit dem Wasser zu versuchen.

Die ersten Säugetiere waren bereits kurze Zeit nach den Dinosauriern entstanden, vor über zweihundert Millionen Jahren. Sie hatten allerdings für sehr lange Zeit nichts zu melden.

Während die Dinosaurier immer größer, stärker, hungriger und furchteinflößender wurden, bis sie schließlich laut brüllend als wütender Tyrannosaurus Rex durch die Gegend stapften, hockten die Säugetiere viele Millionen Jahre als schreckhafte, verschüchterte Winzlinge im Unterholz und hofften, möglichst wenig aufzufallen. Kein einziges von ihnen kam in der Ära der Dinosaurier auf mehr als fünfzehn Kilogramm Lebendgewicht.

Anders, als wir es aus *Jurassic Park* kennen, lebten Plesiosaurus, Brachiosaurus, Velociraptor und Tyrannosaurus nicht zur gleichen Zeit, in der Realität haben sie sich um viele Millionen Jahre verpasst. Damit waren die Saurier für gut hundertfünfzig Millionen Jahre die dominanten Lebewesen dieses Planeten. Für die Säugetiere blieb da nicht viel Raum. Erst als vor fünfundsechzig Millionen Jahren innerhalb kürzester Zeit bis auf die Vögel urplötzlich alle Saurier ausgelöscht wurden, vielleicht durch einen Vulkanausbruch, vielleicht durch einen Asteroiden, vielleicht auch durch beides zusammen, änderte sich die Situation für die Säugetiere.

Natürlich hätte damals niemand darauf gewettet, dass sich aus den unscheinbaren Hänflingen im Gebüsch in ferner Zukunft einmal die dominante Spezies dieses Planeten entwickeln würde. Eine Spezies, die sogar in der Lage sein würde, den Planeten selbst so stark zu verändern, wie es bis dahin nur die Urkräfte der Natur geschafft hatten. Aber genau so funktioniert die Evolution. Sie folgt keinem größeren Plan und dient keinem höheren Zweck. Sie tanzt, fließt und wabert umher, wie das Nordlicht, willkürlich und unvorhersehbar, voller Volten, Überraschungen und unmöglicher Einfälle – und ebenso voller Pausen und niederschmetternder Neustarts. Das Aussterben gehört dazu. Manchmal schleichend, manchmal mit einem großen Knall.

Eine Art ist entweder flexibel und damit erfolgreich – oder irgendwann Geschichte, das hat schon Charles Darwin erklärt. Doch selbst die dominantesten Arten haben manchmal einfach Pech – womit sie dann den Weg frei machen für andere, mit denen niemand gerechnet hätte. Das Pech der Saurier war das Glück der Säugetiere.

Die Säugetiere entwickelten sich rasend schnell, ihr Siegeszug war beispiellos. Die neue Welt ohne Saurier bot ihnen so viele Möglichkeiten und Nischen, dass sie in hohem Tempo immer neue Formen und Größen hervorbrachten und sehr erfolgreich in alle Winkel der noch jungen Kontinente vorstießen. Und überall legten sie unabhängig voneinander eine ähnliche Entwicklung hin. Niemand vor ihnen war je so flexibel gewesen, die Säugetiere waren so unglaublich anpassungsfähig, dass sie es nun sogar mit dem extremsten aller Lebensräume versuchen konnten: dem Ozean!

Das Leben war im Wasser entstanden, Milliarden Jahre vor den Dinosauriern. Anfangs waren die Ozeane ein ruhiger und beschaulicher Ort. Es gab nicht viele Tiere, und die, die es gab, sahen aus wie Farne, Federn oder Knollen. Die meiste Zeit la-

gen sie friedlich und ohne große Ambitionen am Meeresgrund herum und wedelten so vor sich hin.

Doch die Meere wurden schnell voller, das Leben entwi-
ckelte sich rasant. Schließlich entdeckten die Tiere den Wettbewerb, sie fingen an, sich gegenseitig aufzufressen, mit der
Ruhe war es vorbei. Während die einen immer bessere An-
griffsmethoden entwickelten – kräftigere Kiefer, spitzere
Zähne, schärfere Klauen –, bastelten die anderen an immer
besseren Verteidigungsmechanismen – härtere Schalen, di-
ckere Panzer, bessere Tarnung. Die Tiere wurden größer, stärker, schneller und kreativer und die Meere zu einem gefährlichen Ort.

Das war der Moment, als die ersten Tiere auf die Idee kamen, es mal mit dem Leben an Land zu versuchen. Dieser
Landgang war nicht an einem verlängerten Wochenende erledigt, über Millionen von Jahren hinweg wurden von Generation zu Generation kleinste Veränderungen ausprobiert,
verworfen, übernommen und weitergegeben. Und mit jeder
abgeschlossenen Umstellung unternahmen die Tiere den
nächsten Schritt.

Und genau so war es jetzt auch wieder: Nachdem die Säugetiere sich an Land immer weiter ausgebreitet und dabei immer neue Formen und Größen entwickelt hatten, war es plötzlich auch an Land etwas voll geworden, es herrschte ein
irrsinniger Wettbewerb. Der Ozean bot Nahrung im Überfluss
und viele brachliegende Nischen, die nur darauf warteten, be-
setzt zu werden.

Der Gang ins Meer war für die Säugetiere alles andere als
ein Rückschritt. Sie warfen die Millionen Jahre ihrer Evolution nicht einfach weg – im Gegenteil: sie nahmen sie mit. Angesichts der Fähigkeiten, die sie an Land entwickelt hatten,
waren sie den Fischen, Krebsen und Quallen, die einfach immer stur im Meer geblieben waren, um Längen voraus: Sie

waren zu Warmblütern geworden, hatten ihre Sinne geschärft, die Lungenatmung entwickelt und einen erfolgreichen Weg gefunden, Nachwuchs großzuziehen – das waren enorme Wettbewerbsvorteile.

Es klingt zwar erst mal nicht nach einem Vorteil, wenn man zum Atmen ständig an die Oberfläche muss – es ist im Meer allerdings so, dass der Sauerstoff nicht gerade gleichmäßig verteilt ist. Mit zunehmender Tiefe nimmt er stark ab, daher mussten die Tiere der Tiefsee lernen, mit wenig zu leben, und das geht oft nur auf Kosten ihrer Agilität. Ein tauchendes Säugetier kann zwar nicht unendlich lang unter Wasser bleiben, dafür ist es in jeder Tiefe konkurrenzfähig, es hat seinen Sauerstoff ja immer schon dabei.

Die Lungenatmung half den Säugetieren auch, eine konstante Körpertemperatur aufrechtzuerhalten und ihre großen Gehirne mit ausreichend Energie zu versorgen. Große Gehirne sind ein Luxus, die meisten Meerestiere verzichten darauf, sie machen zu viel Arbeit im Unterhalt. Andererseits sind sie extrem hilfreich, wenn man zum Beispiel vorhat, einen Lebensraum zu dominieren: Sie helfen bei der Kommunikation, beim Aufbau sozialer Strukturen und der Entwicklung von Jagdtechniken.

Auch die enge Bindung zum eigenen Nachwuchs und die damit verbundene Weitergabe von Wissen waren im Wasser eine eher ungewöhnliche Idee. Die intensive Betreuung und Anleitung der eigenen Nachkommen ist eine aufwendige und kostspielige Sache, auf die die meisten Meerestiere ebenfalls gern verzichten. Für die Säugetiere jedoch war genau diese Bindung eine wichtige Grundlage, um die sozialen Strukturen aufrechtzuerhalten, aus denen sie einen großen Teil ihrer Stärke schöpfen.

Schließlich profitierten die Säugetiere auch von ihren an Land grundlegend renovierten Sinnen. Sehvermögen, Geruch und Geschmack waren weit entwickelt worden, viel stärker als das im Wasser möglich gewesen wäre. Vor allem die Kommunikation wurde nun zu einem Vorteil. Die Säugetiere waren gut und geübt darin, komplexe Laute von sich zu geben und aufzunehmen. Nachdem sie sich auf die neue Umgebung umgestellt hatten, waren sie den übrigen Meerestieren auch hier weit voraus.

Auch andere Tiere zog es zurück ins Wasser – Seevögeln, Meeresschildkröten und Seeschlangen gelang es durchaus, sich dort ebenfalls ein neues Leben aufzubauen. Es waren jedoch einzig die Säugetiere, denen die vollständige Umstellung gelang, und kein anderes Säugetier war beim Gang vom Land ins Wasser so erfolgreich wie der Wal. Er hatte das Leben an Land vollständig aufgegeben und beherrschte die Ozeane über viele Millionen Jahre hinweg. Wer dem Urahnen aller Wale jedoch zufällig mal an Land begegnet wäre, hätte sicher niemals geglaubt, dass daraus mal ein Wal werden würde.

Eine erste Idee davon, wie die Wale entstanden sein könnten, bekam man 1977, als der Paläontologe Philip Gingerich von der University of Michigan in den Bergen Pakistans auf ein paar Beckenknochen gestoßen war, die für ihn irgendwie so aussahen, als ob sie einem laufenden Wal gehörten. Er lachte kurz über diese Vorstellung – und verwarf sie wieder. Zwei Jahre später jedoch fand man ebenfalls in Pakistan weitere Teile, die die Idee eines Landwals erhärteten: Schädelknochen, die so aussahen, als ob da jemand gerade seine Ohren für das Hören im Wasser umbaute. Man nannte das mysteriöse Tier »Pakicetus«.

Cetacea ist der wissenschaftliche Name der Wale, er geht zurück auf die lateinische Walbezeichnung *cetus* und wurde

Mitte des 18. Jahrhunderts vom schwedischen Naturforscher Carl von Linné eingeführt. Linné hatte sich die ambitionierte Aufgabe gestellt, sämtliche Pflanzen, Tiere und Mineralien dieses Planeten zu beschreiben und systematisch zu benennen. Er kam ganz gut voran und schuf damit die Grundlagen der heutigen Taxonomie. Linné ordnete die Wale in zwei Gruppen ein – Odontocetes und Mysticetes, Zahn- und Bartenwale –, die theoretisch alle von einem einzigen Urahn abstammten, der nun womöglich gerade in Pakistan gefunden worden war.

In den Bergen Pakistans auf Walfossilien zu stoßen war grundsätzlich nicht unwahrscheinlich. Schon seit Anbeginn der Zeit schieben sich die Kontinente auf gigantischen beweglichen Platten in Zeitlupe über den Erdball, dabei öffnen und schließen sich ganze Ozeane, Superkontinente entstehen und zerbrechen. Wo sich heute die höchsten Gipfel auftürmen, konnte vor Millionen Jahren also durchaus ein Meer gelegen haben. Der Himalaya zum Beispiel entstand erst im Lauf des Jura, als das damals gerade einsam herumtreibende Indien mit einem Tempo von ein paar Metern pro Jahrhundert auf das heutige Asien prallte.

Dass sich die Kontinente bewegen, ist eine ziemlich neue Erkenntnis, man weiß das erst seit Anfang des 20. Jahrhunderts. Zwar hatten sich schon Leonardo da Vinci oder Alexander von Humboldt darüber gewundert, dass man in den Bergen versteinerte Muscheln finden konnte oder dass auf der Weltkarte Südamerika und Afrika von ihren Umrissen her so wunderbar zueinander passen, eine erste schlüssige Erklärung konnte aber erst der deutsche Meteorologe und Polarforscher Alfred Wegener präsentieren, als er 1912 in Frankfurt seine Theorie der Kontinentalverschiebung vorstellte.

Zwar wurde er vom Publikum ausgelacht und sein Vortrag vom Vorsitzenden gar vorzeitig abgebrochen, doch ließ sich

Wegener davon nicht entmutigen: Drei Jahre später veröffentlichte er *Die Entstehung der Kontinente und Ozeane*, womit er die erste Grundlage für die später breit akzeptierte Theorie der Plattentektonik legte. Wegener widersprach damals jeder geologischen Lehrmeinung; heute trägt das deutsche Polarforschungsinstitut, das mit dem Forschungsschiff *Polarstern* gerade die größte internationale Arktisexpedition aller Zeiten durchgeführt hat, Alfred Wegeners Namen.

Auch wenn das, was die Paläontologen über manche Epochen wissen, gelegentlich auf einen einzigen Tisch passt, ist man sich heute sicher, dass die Entwicklung der Wale tatsächlich mit Pakicetus begann – und zwar vor ungefähr fünfzig Millionen Jahren. Diese Entwicklung lässt sich grob in zwei Abschnitte einteilen: In der ersten Phase ging es um den Sprung vom Land ins Wasser – dafür brauchten die Tiere gerade einmal zehn Millionen Jahre. Die zweite Phase betrifft die unglaubliche Entwicklung, die die Wale anschließend im Wasser genommen haben. Sie dauert bis heute an.

Dass Gingerich seine Idee eines laufenden Wals gleich wieder verworfen hatte, spricht nicht gegen ihn. Auch im Angesicht eines noch lebenden Pakicetus wäre niemand auf die Idee gekommen, hier den Urahn aller Wale vor sich zu haben – Pakicetus sah nämlich aus wie ein Schäferhund. Ein Schäferhund mit zu langer Schnauze und zu weit oben liegenden Augen. Er lebte an Land, hatte spitze Zähne und jagte in den Flüssen des frühen Eozäns. Dass man ihn als ersten gemeinsamen Vorfahren identifizieren konnte, liegt an einem winzigen Ohrknöchelchen, das er mit allen bekannten Walarten teilt und das außer den Walen kein anderes Säugetier besitzt. Es ist also nicht gerade die Art von Verwandtschaft, die sofort ins Auge sticht.

Während Pakicetus über viele Generationen hinweg immer mehr Zeit im Wasser verbrachte, wanderten seine Nasenlöcher nach oben und die Augen zur Seite. Seine Beine wurden kürzer und kürzer, die Zehen wuchsen zusammen, und irgendwann waren rudimentäre Flossen entstanden. Diese Entwicklung dauerte viele Millionen Jahre. Auf dem langen Weg vom Schäferhund zum Wal gab es zahlreiche neue Arten, die jeweils wichtige Meilensteine erreicht hatten und daher von den Paläontologen eigene Namen bekamen.

Ambulocetus war der erste Wal, der den Umbau seines Gehörs so weit abgeschlossen hatte, dass er unter Wasser hören konnte. Er hatte sehr starke Hinterbeine, mit denen er sich auf seine Beute stürzte, und sah aus wie eine Mischung aus Seeotter und Schnabeltier. Bei Maiacetus war aus den Hinterbeinen bereits ein flexibler Schwanz geworden, mit dem er sich im Wasser kraftvoll fortbewegen konnte. Er sah aus wie eine Mischung aus Krokodil und Flusspferd und war der letzte Wal, der noch an das Land gebunden war. Gleichzeitig war er auch der Letzte seiner Art, der seinen Nachwuchs mit dem Kopf zuerst auf die Welt brachte, alle späteren Wale wurden mit der Fluke voran geboren.

Den ersten Wal, der vollständig an das Leben im Wasser angepasst war, taufte man auf den Namen Basilosaurus. Er lebte vor gut fünfunddreißig Millionen Jahren und war mit seinen achtzehn bis zwanzig Metern Länge und sechs Tonnen Gewicht das größte Säugetier seiner Zeit. Er verfügte über eine mächtige Schwanzflosse, die er wie die heutigen Wale vertikal bewegte, was ein deutlich kraftvollerer Antrieb ist als die horizontale Bewegung der Fische.

Da er einen ziemlich schlangenähnlichen Körperbau hatte – kleiner Kopf, langer Hals, schmaler Körper, langer Schwanz –, wurde er zunächst zu den Reptilien gezählt. Hätte man zur Zeit der ersten Fossilienfunde im frühen 19. Jahrhundert bereits etwas von Pakicetus gewusst, hätte man Basilosaurus wohl korrekterweise Basilocetus getauft – so jedoch bekam er den ehrwürdigen Namen »Königsechse«.

Für viele Millionen Jahre war Basilosaurus der absolute Schrecken der Meere. Mit seinen faustgroßen Zähnen konnte er alles zerfetzen und zertrümmern, was ihm über den Weg schwamm. Man hat seine Kiefer untersucht, vermutlich gab es in der gesamten Geschichte des Lebens kein Tier, das mit einer solchen Kraft zubeißen konnte wie Basilosaurus.

So furchteinflößend er zu seinen besten Zeiten auch gewesen sein muss – im Vergleich mit den heutigen Walen war Basilosaurus trotzdem ein schmächtiges Leichtgewicht. In ihren fünfzig Millionen Jahren der Evolution wurden die Wale nämlich vor allem eines: schwerer und schwerer und schwerer.

Die maximale Größe, die die Landsäugetiere jemals irgendwo erreicht hatten, war in etwa die eines stattlichen Elefanten. Größer wurde es nicht, egal unter welchen Umständen. Das Gewicht eines Elefanten ist allerdings ungefähr das, was ein Blauwal BEI DER GEBURT auf die Waage bringt. Verglichen mit ihrem Urahn Pakicetus wiegen die heutigen Wale gut zehntausendmal mehr.

Während es an Land physikalische und biologische Grenzen gibt, die Größe nur bis zu einem bestimmten Punkt zulassen, scheinen der Entwicklung im Wasser zunächst keine Grenzen gesetzt.

Die Beschränkungen der Schwerkraft zum Beispiel fallen einfach weg. Wasser ist beinahe tausendmal dichter als Luft und ähnlich dicht wie die meisten Lebensformen, die ihrerseits aus sehr viel Wasser bestehen. Wegen dieses praktischen Zufalls sind die meisten Meerestiere so gut wie schwerelos.

Während es an Land schwere Knochen, starke Muskeln und robuste Bänder braucht, um einen massigen Körper halten und bewegen zu können, ist das im Wasser alles kein Problem.

Auch die Gesetze des Wärmeerhalts kommen großen Tieren entgegen. Da sich die Oberfläche eines Objekts stets langsamer vergrößert als ihr Volumen, besitzen große Tiere relativ gesehen viel weniger Fläche, über die sie Wärme abgeben. Da man im Wasser über zwanzigmal schneller auskühlt als an der Luft, ist Größe im Wasser also noch viel günstiger und hilfreicher als an Land. Auch der Betrieb eines leistungsstarken Gehirns wird mit zunehmender Größe des zugehörigen Tieres immer effizienter.

Anders als an Land ist es im Wasser außerdem so, dass große Tiere schneller sind als kleine. Klingt ungewohnt, lässt sich aber erklären. Im Verhältnis zu ihrer Masse erzeugen große Tiere im Wasser nämlich deutlich weniger Widerstand als kleine. Und da das Gewicht im Wasser so gut wie nichts zählt, geht es dort vor allem um Reibung und Widerstand. Für kleinere Tiere ist es im Wasser nahezu unmöglich, schneller zu sein als ihre größeren Verfolger. Sie versuchen daher meist, diesen Nachteil durch eine größere Wendigkeit auszugleichen.

Auch Entfernungen sind relativ, und mit großen Flossen lassen sie sich schneller und leichter zurücklegen als mit kleinen. Da die Hochsee ziemlich endlos, leer und öde ist, geht es dort darum, immer in Bewegung zu bleiben und schnell große Distanzen überbrücken zu können – ein klarer Vorteil für große Tiere, die sich zudem auch noch darüber freuen, in ihren großen Körpern viel mehr Energie für unterwegs speichern zu können, zum Beispiel in dicken Speckschichten.

Größe ist im Meer also unbedingt erstrebenswert, sie wird von der Physik sehr großzügig subventioniert. Trotzdem bekommt man sie nicht geschenkt. Es ist auch im Meer immens schwer, Größe zu erreichen – und noch viel schwerer, sie aufrechtzuerhalten. Es kostet unendlich viel Kraft, Zeit, Mühe und Ausdauer, ein Gigant zu sein. Aber es ist möglich.

Wer groß werden will, beschäftigt sich vor allem mit einem Thema: Nahrungsaufnahme. Und die funktioniert im Meer vollkommen anders als an Land. Das Meer ist ein dreidimensionaler Raum, in dem alles immerzu in Bewegung ist. Es ergibt dort überhaupt keinen Sinn, sich feste Territorien zuzulegen und sie gegen die Konkurrenz zu verteidigen. Im Meer geht es nicht um Konkurrenz, sondern um die Nutzung von Ressourcen. Wie viel Nahrung ist an einem Ort vorhanden? Wie gut ist man darin, sie aufzuspüren? Und wie viel kann man mit möglichst wenig Aufwand zu sich nehmen?

Der entscheidende Faktor im Meer ist das Angebot, nicht die Nachfrage. Und gerade in der Frage, wie dieses reichhaltige Angebot genutzt werden kann, hat die Evolution die Wale mit zwei bahnbrechenden Erfindungen beglückt – Echolokation und Barten. Beide veränderten die Verhältnisse im Meer grundlegend.

Nur mithilfe der Echolokation konnten die Zahnwale zu den unangefochtenen Top-Prädatoren der Meere werden, die keinen noch so großen Hai oder Kalmar fürchten mussten. Im Lauf der Evolution war es nur wenigen Tieren gelungen, eine solche Technik zu entwickeln, an Land zum Beispiel sind damit die Fledermäuse sehr erfolgreich. Im Wasser haben es lediglich die Zahnwale geschafft, ein solch sensibles Gehör zu entwickeln. Und mehr noch: Sie nutzten es nicht nur zum Aufspüren von Beute, sie bauten es auch zur Grundlage ihrer gesamten Kommunikation und Sozialstruktur aus.

Die Erfindung der Barten klingt da im Vergleich beinahe unspektakulär. Tatsächlich war sie jedoch ein noch viel bedeutenderer Schritt. Kein anderes Tier hat jemals eine solche Technik entwickelt. Sie ermöglichte es den Bartenwalen, unerhörte Mengen an Nahrung aufzunehmen. Während andere Räuber mühsam und kleinteilig einzelnen Beutetieren nachstellten, begannen die Bartenwale, mit ihren gigantischen Mäulern komplette Schwärme zu vertilgen. In einer Welt, in der es darum ging, die reichlich vorhandenen Ressourcen möglichst effizient abzuschöpfen, waren die Bartenwale allen anderen Lebewesen plötzlich weit voraus.

Dass sich die Wale zu den unglaublichen Giganten entwickeln konnten, die wir heute vom Boot aus bestaunen können, liegt zu großen Teilen also am Meer selbst. Der neue Lebensraum bot ihnen einmalige Möglichkeiten, sie mussten nur noch zugreifen. Und das taten sie wie kein anderes Lebewesen. Die Gesetze des Meeres begünstigten Tiere, die groß und schwer sind, die ohne Mühe enorme Distanzen überwinden, die viel Energie speichern und die auf einen Schlag gewaltige Mengen an Nahrung aufnehmen. Die Gesetze des Meeres begünstigen also – Wale. Es sind die Meere selbst, die die Wale geformt haben. Erst die Meere machten sie zu Ikonen.

Was mich als Kind an den Dinosauriern begeistert hat, waren nicht ihre riesigen Zähne, ihr lautes Gebrüll oder ihr ganzer archaischer Auftritt. Es war, ganz profan, ihre kaum zu fassende Größe. Diese Macht, diese pure, schiere Urgewalt. Für mich waren Dinosaurier unwirkliche Wesen, uralte Riesen, die in einer längst vergangenen Zeit lebten. Sie waren unerreichbar, begegnen konnte man ihnen allenfalls als Skelett im Museum. Ich weiß nicht, was passiert wäre, wenn mir damals jemand erzählt hätte, dass es ebenso alte Giganten gibt, die nicht nur größer und schwerer sind, sondern auch schlauer und komplexer – und denen man außerdem sogar noch leibhaftig begegnen kann.

Die heutigen Wale sind die größten und schwersten Tiere, die jemals auf diesem Planeten gelebt haben. Manche Saurier konnten zwar in der Länge mithalten, keiner von ihnen jedoch wurde auch nur halb so schwer. Bei den größten Sauriern vermutet man ein Maximalgewicht von siebzig bis vielleicht hundert Tonnen, alles darüber hinaus wäre an Land schwierig geworden. Die heutigen Glatt- und Finnwale erreichen leicht ein ähnliches Gewicht, und die größten Blauwale kommen vermutlich sogar auf das Doppelte.

Wenn ich Guide an Bord einer Waltour wäre, würde ich den Menschen nicht nur erzählen, dass Wale Säugetiere sind. Sondern auch, was es für eine evolutionäre Leistung ist, als Säugetier die Meere zu beherrschen. Und vor allem, was für ein unfassbares, wahnsinniges Glück wir haben: Dieser Planet kreist seit viereinhalb Milliarden Jahren im All herum, und die größten und eindrucksvollsten Lebewesen, die er in all dieser Zeit hervorgebracht hat, leben ausgerechnet – heute!

Um die wahren Giganten der Evolution zu bestaunen, muss niemand ins Museum gehen. Es reichen ein Tag im Boot, dazu gutes Wetter, Geduld und ein bisschen Glück. Mehr braucht es nicht. Ich möchte den Dinosauriern hier wirklich nicht zu nahe treten und sie auch niemandem schlechtreden – aber jedes Kind, das sich für Saurier interessiert, sollte dringend mal auf eine Waltour gehen.

»Wie ist es, in drei Elementen zu leben?
Seevögel sind die ungewöhnlichste Form
der Schöpfung – sie sind die einzigen Tiere,
die auf dem Meer, im Meer, in der Luft und
an Land zuhause sind.«
  – ADAM NICOLSON, *The Seabird's Cry*

#5

Pühühühühüh

AUF DER SUCHE NACH DEN SHETLAND-ORCAS – MIT EINER BIRD-WATCHING-GRUPPE

»Shetland Orca Sightings«, mit einer Facebook-Gruppe ging es los. Theresa hatte sie vor einiger Zeit entdeckt, und seitdem saß sie ständig da und berichtete, dass auf den Shetlands SCHON WIEDER Orcas gesichtet wurden: »Heute Morgen! Direkt an der Küste! Ganz viele! Da wimmelt es nur so von Orcas, schau mal die ganzen Videos: Wir müssen auf die Shetlands!«

Man weiß ja, dass das Internet immer wichtiger wird, und das gilt durchaus auch, wenn es darum geht, sich für irgendwelche Reiseziele begeistern zu lassen: Seit die sozialen Netzwerke verstanden hatten, dass Theresa sich für Orcas interessiert, waren ihre Timelines kaum mehr wiederzuerkennen, sie bestanden praktisch nur noch aus Finnen und Fluken und waren zu einer endlosen und dringenden Reiseempfehlung geworden.

Orcas also.

Auf den Shetlands.

Mir waren die Shetlands bislang vor allem wegen ihrer Ponys ein Begriff, nicht so sehr wegen ihrer Orcas. Die Shetland-Ponys sind weltberühmt, sie sind kleiner und niedlicher als andere Ponys und auch deutlich robuster. Den ganzen Tag lang stehen sie ungerührt in der Gegend herum, und übers Jahr gesehen machen sie dabei wettermäßig wirklich einiges mit, aber sie nehmen das so hin, gleichmütig und ohne Murren.

Aufgrund ihrer einzigartigen Nehmerqualitäten hatte sie der britische Polarforscher Robert Falcon Scott sogar in der Antarktis dabei, es lief nicht so gut, woran man den Ponys allerdings keine Schuld geben kann. Scott hatte den Wettlauf zum Südpol 1911/12 gegen Roald Amundsen krachend verloren, er hatte das Ziel erst fünf Wochen nach dem Norweger erreicht, und auf dem Rückweg war er auch noch gestorben, bei minus siebzig Grad im Zelt, geschlagen, ausgehungert und verfroren.

Dass die Expedition ein derart tragisches Ende fand, lag womöglich daran, dass es zum Zeitpunkt seines Aufbruchs noch nicht allzu lange her war, dass Scott zum überhaupt ersten Mal in seinem Leben richtigen, ernst zu nehmenden Schnee gesehen hatte. Er hatte die Bedingungen in der Antarktis unterschätzt. Scott war Marineoffizier, er hatte vermutlich gehofft, fehlende Erfahrung im Eis durch militärische Disziplin und Stärke ausgleichen zu können, denn davon hatte er ja mehr als genug.

Irgendwo unterwegs hatte Scott allerdings feststellen müssen, dass am Südpol andere Qualitäten gefragt sind, und ebenso wie er waren auch seine Ponys recht bald von der Gesamtsituation überfordert gewesen – immerhin aber haben sie deutlich länger durchgehalten als die damals gerade brandneu entwickelten Motorschlitten, von denen man sich so viel erhofft hatte.

Auch Scott trug noch so etwas wie einen Sieg davon – kurz vor dem Ende hatte er in seinem Zelt ein paar rührende letzte Worte aufgeschrieben, durch die er zum gefeierten Nationalhelden wurde, der sich selbstlos und heroisch für das Königreich aufgeopfert hatte. Es ist durchaus auch Scott zu verdanken, dass man den Menschen in Großbritannien nachsagt, sie würden im Fall einer Niederlage stets eine so beneidenswert stilvolle Haltung bewahren.

Allerdings ist es ebenfalls Scott und seiner durchweg unglücklich verlaufenen Unternehmung zuzuschreiben, dass man Orcas lange Zeit überaus skeptisch gegenüberstand, obwohl die mit der Expedition eigentlich gar nichts zu tun hatten.

Nach der Ankunft in der Antarktis waren ein paar von Scotts Männern kurzzeitig auf einer Eisscholle verloren gegangen, die sich irgendwie gelöst hatte und planlos herumdriftete. Das hatten dann ein paar Orcas mitbekommen, die sich die Sache mal genauer anschauten und die Scholle umkreisten, und möglicherweise haben sie dabei auch versucht, Scotts Männer ins Wasser zu spülen, das ist nicht ganz klar – die Berichte des Expeditionsfotografen Herbert Ponting jedenfalls sind überaus reißerisch, er beschreibt die Orcas als blutrünstige und hinterhältige Killer, und dieses Bild hielt sich für lange Zeit.

Aber, jedenfalls: die Shetlands! Ich klicke mich durch die Videos. Es sind viele. Die Shetlands scheinen bei den Orcas tatsächlich ziemlich hoch im Kurs zu stehen. Und einer ihrer wichtigsten Ansprechpartner vor Ort scheint ein Mann namens Hugh Harrop zu sein, von ihm stammen verdächtig viele Videos.

Die Shetlands sind der nördlichste Punkt Großbritanniens, sie bestehen aus über hundert Inseln, die einsam und ohne Anschluss im Atlantik liegen, knapp zweihundert Kilometer vom Festland entfernt. Wer auf die Shetlands reist, muss gute Gründe haben, aus Versehen kommt man da nicht mal eben vorbei.

Auf den Shetlands leben vor allem Schafe, das ist bekannt,

auf manchen Inseln wohnen aber auch ein paar Menschen, die sich liebevoll um die Schafe kümmern. Der allergrößte Teil der Shetlands besteht allerdings einfach aus Natur – dramatischen Steilküsten, sattgrünen Wiesen, weiten Mooren und einsamen Stränden. Wer gern seine Ruhe hat und außerdem die Farben Grün, Gelb und Blau mag, ist auf den Shetlands wunderbar aufgehoben.

Die Ruhe vor Ort wird vor allem von der Vogelwelt sehr geschätzt. Aufgrund ihrer Lage mitten im Meer werden die Shetlands das ganze Jahr über von allen möglichen Arten angesteuert. Die brütenden und überwinternden Vögel kommen stets zufrieden wieder, auch viele Zugvögel machen hier gern eine Pause, die meisten von ihnen absichtlich, manche allzu exotische Arten scheinen sich gelegentlich aber auch ein bisschen verfranst zu haben, sie sind dann sicher ganz froh, mitten im Atlantik plötzlich rettendes Land zu entdecken.

Auch im Wasser ist einiges los. Da die Shetlands in einem der fischreichsten Gebiete des Nordatlantiks liegen, leben dort überdurchschnittlich viele Robben, und die wiederum ziehen Orcas an, die im Juni und Juli nahe an die Küste kommen, weil der Robbennachwuchs zu dieser Zeit dort seine ersten unbeholfenen Schritte ins Wasser unternimmt – eine Gelegenheit, die sich die ansässigen Orcas nur ungern entgehen lassen.

Rund um die Shetlands leben zwei Orcafamilien – meist werden sie zwischen den Shetlands, den Orkneys und den Faröern gesichtet, fast immer von Land aus. Anfang des Jahrtausends hat Hugh Harrop angefangen, sie zu fotografieren und in einer Datenbank zu sammeln. Neben den zwei regelmäßig gesichteten Familien schauen unregelmäßig auch immer wieder fünf, sechs andere Gruppen vorbei, die sonst vor allem in den Gewässern im Nord- und Südwesten Islands beobachtet werden. Außerdem lassen sich sporadisch auch zwei allein reisende Orcabullen blicken, die sich vorübergehend den anderen Gruppen anschließen.

Die Shetlands sind also unbedingt eine Reise wert. Aber natürlich hat die Sache auch einen Haken.

Wenn eine Inselgruppe aus über hundert einzelnen Inseln besteht, ist es ganz automatisch so, dass es dort sehr viele und sehr lange Küsten gibt, an denen die gesuchten Orcas vorbeischwimmen könnten – je nachdem, nach welcher Methode man rechnet, kommt man da leicht auf zwei- bis dreitausend Kilometer Küste.

Wenn man ausgiebige Strandspaziergänge mag, ist das eine uneingeschränkt tolle Nachricht. Wenn man jedoch Orcas von der Küste aus beobachten möchte, ist das ein Problem.

Da es im Verhältnis zur Küstenlänge nicht genug Orcas gibt, hat sich auf den Shetlands bislang noch niemand gefunden, der regelmäßige Waltouren mit dem Boot anbietet. Die Erfolgsquote wäre zu gering, und niemand möchte unzufriedene Kunden. Auf den Shetlands kann man Wale daher nur auf eigene Faust von Land aus beobachten. Und nur mit einigem Glück. Das muss man wissen.

Als Hugh Harrop damals angefangen hat, die Shetland-Orcas zu fotografieren, bekam auch er es schnell mit dem Küstenproblem zu tun. Also bat er befreundete Fischer, Bewohner und Guides, doch bitte Bescheid zu geben, wenn sie irgendwo Orcas sähen. Er käme dann schnell vorbei. Aus dieser Idee wurde schließlich die Facebook-Gruppe, mittlerweile engagiert sich halb Shetland, die Menschen filmen, fotografieren und posten – und wenn so etwas planvoll gemacht wird, nennt man das *citizen science* oder *civil research* und freut sich darüber, dass sich so viele Menschen für eine gute Sache engagieren.

Neben der öffentlichen Facebook-Gruppe gibt es auch eine exklusive Whatsapp-Gruppe, über die sich die Menschen vor

Ort austauschen, und immer wenn bei Hugh Harrop der Orca-Alarm auf dem Handy schrillt, setzt er sich ins Auto und fährt los.

Allerdings ergibt es wenig Sinn, genau dorthin zu fahren, wo die Orcas gerade gesichtet wurden, stattdessen muss man überlegen, wo sie von dort aus gesehen womöglich ALS NÄCHSTES auftauchen – und da muss man dann hinfahren. Dafür braucht es Bauchgefühl und Ortskenntnis, und am besten hat man einfach gleich alle Küsten der Shetlands direkt im Kopf: Von wo aus hat man die beste Sicht? Und wie kommt man da am schnellsten hin?

Wenn man auf den Shetlands Orcas sehen möchte, kommt man also um jemanden wie Hugh Harrop nicht herum. Die gute Nachricht ist, dass man Hugh Harrop ganz bequem buchen kann, direkt im Internet und sogar für eine ganze Woche. Es ist allerdings so, dass das nur im Rahmen einer Bird-Watching-Tour geht, Hugh Harrop ist nämlich Bird-Watching-Guide, und die Orcas sind während seiner Touren immer nur eine nette Abwechslung nebenbei.

Bird Watching also.

Mit einer Bird-Watching-Gruppe.

Auf bisherigen Reisen hatten Theresa und ich durchaus schon davon gehört, dass man immer auch die Vögel im Blick behalten muss, wenn man auf der Suche nach Walen ist. Es ging dabei aber eher darum, dass viele aufgeregt umherflatternde Vögel ein Hinweis auf größere Fischschwärme sind, und wo viel Fisch ist, sind oft auch die Wale nicht weit.

Dass man sich einer Bird-Watching-Tour anschließen muss, um Wale zu sehen, hatten Theresa und ich dagegen noch nie gehört.

Die einzigen Erfahrungen, die wir im Vogelbereich bislang gemacht hatten, waren zwar überaus eindrücklich, aber eben auch, nun ja, durchwachsen: Es war zweimal so, dass ich von beeindruckend aufgebrachten Küstenseeschwalben überraschend beharrlich über den halben Strand gejagt wurde, während Theresa irgendwo abseits stand und nicht so richtig wusste, ob sie mich nun auslachen oder retten soll. Es ist, wie es ist.

»Küstenseeschwalbe«, das klingt ja eigentlich erst mal nett und freundlich, und in der Tat handelt es sich bei der Küstenseeschwalbe auch um ein eher unscheinbares, zerbrechliches, schwarz-weißes Vögelchen, bei dem man eigentlich kaum glauben kann, dass es ernsthaft jedes Jahr von der Arktis in die Antarktis und zurück fliegt. Das ist Weltrekord, kein Vogel unternimmt längere Wanderungen.

Bei der Küstenseeschwalbe kommen allerdings mehrere Dinge etwas unglücklich zusammen: Zum einen verfügt sie über einen bemerkenswert spitzen und harten Schnabel, zum anderen ist sie überaus resolut und mutig, und drittens ist sie von Haus aus ohnehin immer schon ein bisschen übellaunig und dann auch noch wahnsinnig schnell gereizt.

Wenn man nun gedankenverloren am Strand herumschlendert, dabei AUS VERSEHEN eine nur für die Küstenseeschwalbe sichtbare Grenze überschreitet und dadurch ihrem außerordentlich GUT VERSTECKTEN Nest zu nahe kommt – greift sie an. Sofort, ohne Gnade und mit all ihren Freunden. Klingt lustig, ist es aber nicht.

Wenn Küstenseeschwalben angreifen, wird es sehr schnell unübersichtlich, der Himmel verdunkelt sich, es ist ein irres Geflirre und Gekreische, in immer neuen Runden fliegen sie beherzte Angriffe, immer direkt auf den Kopf zu, mit ihren, wie gesagt, bemerkenswert spitzen und harten Schnäbeln.

Mir ist es zweimal passiert, dass ich während dieser Attacken dermaßen den Überblick verloren habe, dass ich bei meinen panischen Verteidigungs- und Fluchtversuchen offensichtlich NOCH NÄHER an ihre Nester kam, was natürlich überhaupt nicht zur weiteren Entspannung der Situation beigetragen hat.

Ich habe mir später Videos angeschaut, was im Fall einer Küstenseeschwalbenattacke zu tun ist, und es ist so, dass es eigentlich ganz einfach ist: Es reicht vollkommen aus, irgendeinen robusten Gegenstand weit über den Kopf zu halten, zum Beispiel einen Rucksack, den die Küstenseeschwalben dann in aller Ruhe attackieren können. Sie greifen nämlich stets das höchste Ziel an, was das genau ist, ist ihnen total egal. Aber so was sagt einem ja keiner.

Ich habe bei meiner Recherche außerdem Videos gefunden, in denen zu sehen war, wie Küstenseeschwalben selbst hungrigen ausgewachsenen Eisbären beeindruckend schnell und nachhaltig klargemacht haben, dass ein bestimmter Teil des Strandes vor allem ihnen gehört und nicht dem Eisbär.

Es ist also wirklich keine Schande, von ein paar wütenden Küstenseeschwalben über irgendwelche Strände gejagt worden zu sein. In der Natur geht es letztlich darum zu überleben.

Gleichzeitig ist es aber vielleicht auch nicht schlecht, sich proaktiv mal ein bisschen mehr mit der spannenden Welt der Vögel zu beschäftigen und die bisherigen, durchwachsenen Erfahrungen durch ein paar neue, erfreulichere Erlebnisse zu ergänzen. Warum also nicht mal an einer Bird-Watching-Tour teilnehmen?

Zum Beispiel auf den Shetlands.

Mit Hugh Harrop. Und vielleicht ein paar Orcas.

»Da!! Ein Vogel!!«, rufe ich.

»Oh! Wo?«, fragt Mike.

»Da vorne! Links!!«

»Was für einer?«

»Ein schwarzer!«

»...«

Ich hatte mir gleich bei der Ankunft ein Buch gekauft: Die hundertfünfundfünfzig wichtigsten Vogelarten, denen man auf den Shetlands begegnen kann. Vorbereitung ist alles. Allerdings sind Theresa und ich in unserer Bird-Watching-Gruppe bislang noch keine große Hilfe. Vogelbeobachtung ist komplizierter als Walbeobachtung.

Beim Whale Watching muss man einfach nur aufs Meer schauen, und sobald dort etwas Ungewöhnliches passiert, gibt man Bescheid. Ob es sich dann um einen Wal, eine Robbe oder eine Schildkröte handelt, findet man anschließend schon noch heraus. Interessant ist erst einmal alles. Beim Bird Watching geht das so nicht. Man kann nicht einfach beim erstbesten Vogel wild Alarm schlagen. Niemand hält für eine Amsel. Beim Bird Watching muss man sich immer erst auskennen, bevor man sich irgendwie einbringt.

Beim ersten Abendessen mit der Gruppe hatten Theresa und ich lieber gleich reinen Tisch gemacht: dass wir also neu sind beim Bird Watching, natürlich voller Vorfreude, und dass wir uns hier auf den Shetlands nun gern etwas tiefer einarbeiten wollen.

Uns gegenüber saßen Mike und Margret, und Mike hatte sofort gesagt, dass wir uns keine Sorgen machen brauchen, er zum Beispiel würde sich auch nur so am Rande mit den verschiedenen Vogelarten auskennen. Unterwegs konnte Mike dann aber beinahe jeden Vogel unmittelbar bestimmen, oft sogar schneller als Hugh Harrop. Manchmal reichte es Mike auch, irgendein kurzes Piepen zu hören, schon wusste er Bescheid. Als ich ihn später darauf ansprach, wurde Mike erst verlegen, dann sagte er, dass dieser Satz beim Abendessen vermutlich das normale britische Understatement gewesen war.

Mike empfiehlt mir eine App, die mir im Unterschied zu meinem Buch auch unterwegs im Feld eine Hilfe ist: In *Collins Bird Guide* kann man sämtliche Vögel nach Gattungen, Regionen und Jahreszeiten sortieren und nach allen möglichen optischen Merkmalen suchen, die einem unterwegs aufgefallen sind. Außerdem kann man dort auch Sounds und Videos herunterladen, damit man weiß, wie sich die Vögel anhören und verhalten.

Mike sagt, dass er sich vor jeder Reise eine Liste mit allen Vögeln zusammenstellt, die er vor Ort sehen will. Und damit bereitet er sich dann vor. Mike ist Physiker, er geht die Dinge gern strukturiert an. Ich lade mir also *Collins Bird Guide* herunter und bereite mich vor. Beim Durchklicken fällt mir ein Vogel mit langem, lustig gebogenem Schnabel auf, es gibt ihn sogar in mehreren Varianten, der eine heißt Whimbrel, der andere Curlew. Ich setze beide auf meine Liste und präge mir ihr Aussehen ein. Dann halte ich Ausschau.

Ich weiß nicht, wie Bird Watching anderswo funktioniert, aber auf den Shetlands geht Bird Watching ungefähr so:

Man sitzt mit sechs bis acht erwachsenen Menschen, die sich bereits auf der Zielgeraden ihrer beruflichen Laufbahn befinden und auf dem Weg dorthin relevante Teile ihres Einkommens in eine konkurrenzfähige Fotoausrüstung, weltraumerprobte Weitsichtgeräte und allwettertaugliche Funktionskleidung investiert haben, dicht an dicht in einem vollgepackten Kleinbus und rollt damit dann den ganzen Tag in Schrittgeschwindigkeit und mit weit geöffneten Türen durch abgelegene Felder, Moore und Wiesen.

Während der Fahrt ist nichts weiter zu beachten, man schaut einfach konzentriert und vorfreudig durch ein Fenster, ein Fernglas oder eine Kamera, je nachdem, was man gerade dabeihat. Sobald man einen interessanten Vogel entdeckt hat, gibt man Bescheid, und entweder ist allen sofort klar, um welche Art es sich handelt, oder es wird so lange diskutiert, bis jemand *Collins Bird Guide* bemüht, um Klarheit zu schaffen.

Sofern der Vogel weit genug entfernt ist, darf man leise aussteigen und sich unauffällig im Feld postieren. Dort hat man dann Zeit für ausgiebige Beobachtungen und ein paar schöne Fotos. Ist der Vogel nah am Auto, muss man drinnen bleiben und ihn durchs Fenster beobachten. Es geht beim Bird Watching daher immer auch darum, einen Fensterplatz zu ergattern.

Die Felder, Wiesen und Moore variieren, oft halten wir auch an einem Bach oder Tümpel oder gehen am Strand oder einer Steilküste spazieren – insgesamt ist es aber so, dass man beim Bird Watching überraschend viel Zeit damit verbringt, entweder bereits in einem Kleinbus zu sitzen, oder in einen Kleinbus einzusteigen, oder aus einem Kleinbus wieder auszusteigen.

Falls man gerade mal keinen Fensterplatz erwischt hat, ergeben sich durch das häufige Ein- und Aussteigen immer wieder neue Möglichkeiten, das zu korrigieren. Das ist die gute Nachricht. Umgekehrt ist ein einmal erarbeiteter Fensterplatz leider nie von großer Dauer. Man muss beim Bird Watching also immer ein bisschen auf Zack sein.

Während wir durch die Gegend rollen und konzentriert und vorfreudig Ausschau halten, ertappe ich mich immer wieder mal dabei, darüber nachzudenken, ob Bird Watching eventuell ein etwas eigenwilliges Hobby ist. Allerdings wäre es dann natürlich noch etwas eigenwilliger, auf eine Bird-Watching-Tour zu gehen, nur um dabei vielleicht ein paar Wale zu finden.

Auf jeden Fall sind Theresa und ich mit unserem Ansatz

nicht allein. Es ist nämlich so, dass beträchtliche Teile unserer Gruppe ebenfalls sehr an einer Orcasichtung interessiert sind.

Als Hugh beim ersten Abendessen in die Runde gefragt hatte, warum wir nun also alle auf die Shetlands gekommen wären, fielen zunächst zahlreiche Vogelnamen, die ich noch nie zuvor gehört hatte – zwischenrein allerdings war auch erstaunlich oft von »ORCAS!« die Rede, stets verbunden mit diesem ehrfürchtigen und hoffnungsvollen Blick, den ich auch von Theresa kenne.

Hugh nahm das sportlich. Bevor er sich auf den Shetlands den Vögeln gewidmet hat, war er viele Jahre lang als Eisbären-Guide in Manitoba und Orca-Guide in British Columbia unterwegs. Vögel sind seine Favoriten, das schon, Hugh kann sich aber durchaus auch sehr für andere Tiere begeistern.

Hugh ist ein ziemlicher Hüne, alles an ihm strahlt Ruhe, Gelassenheit und Geduld aus. Und Wetterfestigkeit. Er trägt grundsätzlich T-Shirt, egal bei welchem Wetter. Zehn Grad, Wind und Regen sind für ihn noch lange kein Grund, einen Pullover oder gar eine Jacke zu tragen. Über seinem T-Shirt baumeln stets entweder ein Fernglas, eine Kamera oder beides, und auch das Handy mit dem Orca-Alarm ist stets griffbereit. Hugh ist jederzeit startklar, und das ist wichtig auf den Shetlands.

»Vertraut mir«, sagt Hugh und zeigt dabei auf sein Telefon, »sobald irgendwo ein Orca an Shetlands Küsten vorbeischwimmt, bekommen wir das sofort mit«, und über solche Sätze freut sich nicht nur Theresa, sondern auch die restliche Gruppe.

Jenny zum Beispiel. Jenny ist weit in ihren Achtzigern und als Einzige hier allein unterwegs. Vor ihrem Besuch auf den Shetlands war sie noch kurz auf den Orkneys, im November ist eine Reise zu den Berggorillas in Uganda geplant. Seit vielen Jahren unternimmt Jenny jeden Monat eine Reise, ihr

Partner wartet derweil zu Hause, das Reisen ist nicht so sein Ding.

Bei jedem Spaziergang geht Jenny vorneweg, ganz automatisch, jede Hilfe beim Ein- und Aussteigen lehnt sie empört und lautstark ab, und schon nach kurzer Zeit hat auch Hugh sie als natürliche Anführerin der Gruppe akzeptiert. Ich glaube, für Menschen wie Jenny wurde der Begriff »resolut« erfunden.

Jenny also sagt, dass eine Begegnung mit den Orcas für sie hier wirklich das Größte wäre: »Ich war schon in der Arktis und Antarktis, aber ich habe noch nie das Glück gehabt, ihnen zu begegnen. Ich hoffe sehr, dass es hier nun endlich klappt!«

Neben ein paar Orcas möchte Jenny außerdem möglichst viele Inseln sehen – und vor allem: betreten, Jenny sammelt nämlich Inseln, in ihrem langen Reiseleben sind bereits über achthundert zusammengekommen, und mit etwas kluger und vorausschauender Planung ließe sich diese tolle Bilanz auf den Shetlands auf einen Schlag natürlich sehr entscheidend ausbauen.

Während ich noch überlege, dass Inselnsammeln jetzt aber definitiv ein eigenwilliges Hobby ist, erzählt jemand aus der Gruppe voller Begeisterung und mit heiligem Ernst, dass er einen Freund habe, der Straßen sammelt, und das sei ja schon toll, aber Inseln, Mensch, das sei ja noch viel besser.

Mitten in diese ausgelassene Stimmung hinein bemerke ich einen Vogel, der ganz genau so aussieht wie die Whimbrels und Curlews in meiner App. Er steht da einfach so herum, direkt neben dem Auto, und noch niemand hat ihn gesehen. Wahrscheinlich, weil sie sich haben ablenken lassen, von den Inseln und den Straßen. Das ist jetzt also meine Chance, die Gruppe braucht mich. Ich bin aufgeregt. Und gebe Bescheid.

»Da!! Ist das nicht ein Whimbrel oder Curlew?«

»Oh! Wo?«

»Da vorne! Links!!«

»Ach da. ... Ja. ... Hmm.«

»Was?!«

»Nichts. Das ist nur ein Curlew.«

Wir fahren weiter.

Am Curlew vorbei.

Ohne Beobachtung. Ohne Foto.

Einfach so.

Mike erkennt sofort, dass ich nicht verstehe, was hier gerade passiert, also erklärt er, dass es sehr viele Curlews in Großbritannien gibt: »Die sind nichts Besonderes, die kann man hier überall sehen. Whimbrel dagegen sind sehr selten, zumindest bei uns. Wenn du einen Whimbrel siehst, sag sofort Bescheid!«

Ich schaue noch mal in *Collins Bird Guide* nach: Es ist beim Curlew und beim Whimbrel so, dass sie komplett gleich ausschauen. Wie ein schüchternes Hühnchen auf Stelzen, nur eben mit lustig gebogenem Schnabel. Der Curlew ist etwas größer und hat einen längeren Schnabel, aber das bringt einen natürlich nur weiter, wenn der Curlew und der Whimbrel direkt nebeneinander stehen, und da der Whimbrel sehr selten ist, zumindest hier, ist damit nicht zu rechnen.

Mike sagt, dass der beste Weg, einen Whimbrel von einem Curlew zu unterscheiden, der kleine schwarze Streifen über dem Auge ist. Den hat nämlich nur der Whimbrel. Ansonsten könne man sich auch an seinem Ruf orientieren: Während der Curlew gemäß seinem Namen ein eher wehmütiges »cur-lew, cur-lew, cur-lew« von sich gibt, zeichne sich der Whimbrel durch ein flötend lautes und schnell trillerndes »pühühühü-hüh« aus. Davon abgesehen seien Curlew und Whimbrel aber tatsächlich sehr ähnlich.

Ich konzentriere mich ab jetzt also auf Curlews mit schwarzen Streifen über dem Auge, die flötend vor sich hin trillern.

Etwas später hat tatsächlich jemand einen Whimbrel ausgemacht, auch wenn ich keine Ahnung habe wie, denn er läuft ungefähr drei- bis vierhundert Meter entfernt im Moor herum. Momentan steht er in der Nähe eines Weidezauns, wahrscheinlich zwischen dem dritten und vierten Pfosten von links, man ist sich nicht ganz einig und holt jetzt daher lieber das große Teleskop aus dem Auto.

Hugh richtet es aus, es dauert, dann stellen sich alle der Reihe nach an, geduldig und routiniert, wir sind hier schließlich in Großbritannien. Man betrachtet den Whimbrel, jeder für ein paar Sekunden, dann stellt man sich erneut in der Schlange an. Alle sind begeistert. Es herrscht launige Stimmung, man plaudert herzlich herum, jemand reicht Kaffee und Kekse. Dann fängt es an zu nieseln, das ist aber allen egal.

Ich überlege, ob ein Curlew direkt neben dem Auto nicht viel, viel besser ist als ein Whimbrel zwischen dem dritten und vierten Pfosten eines Weidezauns, irgendwo in drei- bis vierhundert Metern Entfernung. Ich bin mir allerdings nicht ganz sicher und schaue lieber noch mal durch das Teleskop.

Theresa schaut währenddessen, ob es etwas Neues in der Orca-Sightings-Gruppe gibt. Vor ein paar Tagen waren nämlich ein paar Orcas im Norden der Orkneys gesichtet worden, und Hugh hatte gesagt, dass es sehr gut möglich sei, dass sie demnächst irgendwo im Süden der Shetlands auftauchen.

Seit dieser Information war es eventuell so, dass Theresa beim Bird Watching nicht mehr komplett bei der Sache war. Zwar hatte Hugh extra noch betont, dass Theresa sich ruhig in aller Ruhe den Whimbrel durch das Teleskop anschauen könne, da er den Orca-Alarm wirklich JEDERZEIT im Blick habe, aber Hugh kennt Theresa natürlich auch erst seit ein paar Tagen.

Während wir warten, dass aus den Orkney-Orcas vielleicht Shetland-Orcas werden, halten wir Ausschau nach dem Red Necked Phalarope, der ist hier nämlich die größte Attraktion. Bei der Fragerunde am ersten Abend hatte der Red Necked Phalarope einen beeindruckenden Erdrutschsieg gefeiert, immer wurde er genannt, er lag bei allen auf Platz eins. Außer bei Theresa und mir natürlich, wir hatten ja noch nie von ihm gehört.

Auf Deutsch heißt der Red Necked Phalarope »Odinshühnchen«, und bei dieser Gelegenheit möchte ich kurz darauf eingehen, dass die englischen Vogelnamen um Welten besser sind als die deutschen.

Während wir durch die Felder, Wiesen und Moore gerollt und an den Küsten und Stränden entlangspaziert sind, haben wir auf den Shetlands unter anderem Razorbills, Guillemots, Gannets, Arctic Skuas, Shags und Whimbrel gesehen. Auf Deutsch heißen diese Vögel nun allerdings: Tordalk, Trottellumme, Basstölpel, Schmarotzerraubmöwe, Krähenscharbe und Brachvogel.

Solche Namen sind ein Skandal. Niemand nennt einen Hund »Trottel-Hasso«, eine Katze »Tölpel-Mimi« oder einen Hasen »Schmarotzer-Mümmel«. So geht es doch nicht.

Ich möchte es außerdem als mindestens unglücklich bezeichnen, wenn eine »Guillemot« auf Deutsch »Trottellumme« heißt, eine »Black Guillemot« allerdings nicht wenigstens »Schwarze Trottellumme« sondern stattdessen: »Gryllteiste«. Es muss sich so zumindest niemand wundern, dass Bird Watching in Großbritannien Volkssport ist und in Deutschland nicht.

Bei uns ist es so, dass Bird Watching vollkommen unnötig als exotisches und verdächtiges Hobby gilt, für das man auch im Freundeskreis belächelt wird. Ich habe das selbst erlebt, meine euphorische Ankündigung beim Stammtisch, dass wir demnächst auf große Vogeltour gehen, um dabei Wale zu beobachten, wurde dort ja nicht mal im Ansatz verstanden.

In Deutschland ist die Beziehung zur heimischen Vogelwelt vor allem dadurch geprägt, dass wir im Winter ein Vogelhaus aufbauen und im Baumarkt riesige Körnersäcke kaufen, mit denen wir unseren Amseln, Meisen und Spatzen dann über den Winter helfen.

Die Forschung hat mittlerweile zwar herausgefunden, dass dieses Vorgehen mit Blick auf die Vielfalt keine so gute Idee ist, manche Arten werden durch das Füttern stark bevorteilt, sodass sie sich über Gebühr ausbreiten und anderen den Platz wegnehmen, in der Breite ist das aber noch nicht ganz durchgedrungen, und daher gehört das Vogelhaus für viele Menschen auch weiterhin ebenso eindeutig zum Winter wie der Weihnachtsbaum.

In Großbritannien ist man da viel weiter. Dort ist Bird Watching ein ganz normales Hobby. Alle tun es. Es gibt Vereine, Aktionen, Zeitschriften, Blogs und Influencer, die Menschen meinen es ernst, sie interessieren sich, ohne jede Ironie, und mit über einer Million Mitgliedern ist die Königliche Gesellschaft zum Schutz der Vögel sogar die größte Naturschutzorganisation Europas.

Es wäre leicht, diese enorme Vogelbegeisterung nur darauf zu schieben, dass die sonstige Auswahl an Wildtieren vor Ort eher überschaubar ist. Großbritannien ist nicht Kanada. Aber darum geht es nicht. Wenn sich von unserer Gruppe auch nur halbwegs auf das restliche Großbritannien schließen lässt, ist es eher so, dass man dort einfach mit einer anderen Einstellung an die Sache herangeht: Man interessiert sich für das

Leben, das sich direkt vor der eigenen Haustür abspielt – und man versucht, es besser kennen und schätzen zu lernen.

Sich für das Große im Kleinen und das Abenteuer vor Ort zu begeistern, daran gibt es nichts zu belächeln. Eher zu beneiden. Die Faszination der Gruppe ist zuweilen rührend, und sie ist ebenso echt wie Theresas Freude, wenn sie ein paar Orcas sieht. Manchmal ist es mir fast zu intim, hier dabei zu sein, man möchte da eigentlich gar nicht stören.

Natürlich ist mir die Faszination für den Red Necked Phalarope komplett unerklärlich. Er ist weder besonders prächtig, in meiner Vogel-App sind mir auf Anhieb zahlreiche deutlich aufregendere Vögel aufgefallen, noch ist er besonders selten, zumindest wenn man das mal global betrachtet. Die anderen in unserer Gruppe betrachten das aber nicht global. Für sie ist der Red Necked Phalarope ein seltenes Ereignis, und die Shetlands sind die mit Abstand beste Adresse, ihn endlich mal mit eigenen Augen zu sehen: Jedes Jahr brütet er hier zwischen Ende Mai und Mitte Juli, und wirklich alle aus unserer Gruppe sind genau deshalb genau jetzt genau hier.

Da der Red Necked Phalarope zur Familie der Watvögel gehört und gern am Ufer kleiner Tümpel und Teiche herumwatet, um dort nach winzigen Insekten und Larven zu suchen, verbringen auch wir sehr viel Zeit in der Nähe von einschlägig bekannten Tümpeln und Teichen und halten leise und geduldig Ausschau. Und wir haben Glück, sehr viel Glück. Wir begegnen dem Red Necked Phalarope gleich am ersten Tag. Und am dritten. Und am vierten. Und am fünften. Wir sehen Red Necked Phalaropes allein, zu zweit, zu dritt, zu viert, am Teich, am Ufer, in der Luft und sogar im Meer, wo sie eigentlich überhaupt nicht hingehören und daher sichtlich mit der Brandung zu kämpfen haben.

Bei all diesen Begegnungen ist es überhaupt nicht notwendig, eine eigene Faszination zu entwickeln, es reicht vollkommen aus, die freudige Begeisterung der anderen zu beobachten, mehr ist gar nicht zu tun. Als wir allerdings am sechsten Tag schon wieder einen Red Necked Phalarope sehen, es leicht nieselt und die Orkney-Orcas so langsam doch etwas überfällig sind, bleibe auch ich lieber mal im Auto und schaue, was es Neues in der Orcagruppe gibt.

Bezüglich der Orcas hatte Theresa ihre drängendsten Fragen gleich nach unserer Ankunft direkt bei Hugh platziert. In erster Linie war es ihr wichtig gewesen, in Erfahrung zu bringen, ob in letzter Zeit bereits Orcas gesichtet wurden, ob Hugh es wirklich sofort mitbekommen würde, wenn sie irgendwo auftauchen, und ob wir uns im Falle einer Sichtung auch immer gleich auf den Weg machen würden, egal was sonst gerade so ansteht.

Hugh hatte Theresas Fragen mit »Ja, einige!«, »Ja, auf jeden Fall!« und »Hmm, kommt drauf an …« beantwortet, und vor allem Hughs »Hmm, kommt drauf an …« hatte aus Theresas Sicht anschließend noch ein paar Präzisierungen erfordert.

Hugh hatte daraufhin erklärt, dass wir es zwar immer und ausnahmslos mitbekommen würden, sobald irgendwo ein paar Orcas gesichtet werden, dass es gleichzeitig aber unbedingt auch darauf ankommen würde, dass die Küste, an der sie auftauchen, einigermaßen in Reichweite ist. Man weiß aus der Shetlands-Werbung, dass die nächste Küste hier niemals weiter entfernt ist als fünf Kilometer – allerdings ist das natürlich meist überhaupt nicht die, die man aus Orcasicht gerade braucht.

»Wenn wir zum Beispiel gerade ganz im Norden der Shetlands sind«, hatte Hugh vorgerechnet, »und die Orcas ganz im Süden auftauchen, dann kommen wir da unmöglich schnell genug hin, das sind über hundert Kilometer und mehrere Stunden Fahrt – zwischen den einzelnen Inseln brauchen wir außerdem Fähren und dabei dann immer auch Glück mit dem Fahrplan.«

Theresa hatte in den folgenden Tagen daher wiederholt den Vorschlag gemacht, vor allem in der Mitte der Shetlands nach Vögeln Ausschau zu halten, in bester Reichweite zu allen Küsten, allerdings hatte Hugh Theresas Wünsche bei der konkreten Tagesplanung nicht immer voll berücksichtigen können.

Als Hugh nun aber ankündigte, man würde am nächsten Tag die Puffinkolonie am Leuchtturm von Sumburgh Head ganz im Süden der Shetlands ansteuern, war Theresa vollkommen einverstanden. Ein ganzer Tag mit bestem Blick auf das Meer, und vielleicht würden sich die Orkney-Orcas ja doch noch blicken lassen, auch wenn das mit jedem weiteren Tag immer unwahrscheinlicher wurde.

Auch mir kamen die Klippen von Sumburgh Head sehr entgegen, denn die Puffinkolonien der Shetlands waren für mich von Anfang an der Hauptgrund dieser Reise gewesen. Jetzt kann ich es ja sagen.

Puffins sind kleine Seevögel, man kennt sie aus den sozialen Netzwerken. Mit ihrem leuchtend orangenen Riesenschnabel, den übergroßen Watschelfüßen, der bunten Clownsbemalung und dem melancholischen Denkerblick sind sie schon von Haus aus wahnsinnig fotogen – und weil sie außerdem eine Vorliebe für atemberaubende Landschaften haben und Menschen mit Kameras gegenüber mehr als aufgeschlossen sind, gehören sie zu den meistfotografierten Vögeln des Internets.

Bei der Verrichtung ihres Alltags erscheinen Puffins gelegentlich etwas unbeholfen, gleichzeitig jedoch wirken sie sehr bemüht, sich nichts anmerken zu lassen und einen möglichst souveränen Eindruck zu machen. Das klappt nicht immer, daher werden Puffins oft auch »die Clowns der Meere« genannt, und das ist ein Missverständnis, denn Puffins sind hoch kompetente Vögel, man bekommt das nur nicht immer gleich so mit.

Puffins sind wie gemacht für die rauen Bedingungen des weiten Ozeans, sie trotzen den heftigsten Stürmen, dem stärksten Seegang und dem unwirtlichsten Wetter. Sie mögen zart und zerbrechlich wirken, doch sie sind zäh und unverwüstlich, und wenn es draußen so richtig fies und grässlich wird, nehmen sie das unbeeindruckt zur Kenntnis und machen einfach weiter.

Puffins sind so gedacht, dass sie theoretisch gleich drei Elemente gleichzeitig beherrschen: Erde, Luft und Wasser. In der Praxis ist »beherrschen« allerdings nur im Fall des Wassers das richtige Wort, in der Luft ist es eher ein »klarkommen« und an Land allenfalls ein »durchwurschteln«.

Den größten Teil des Jahres bleiben Puffins daher einfach dort, wo sie sich am wohlsten fühlen: auf hoher See. Jeden Sommer jedoch begeben sie sich für ein paar Wochen an Land, um mit unermüdlichem Eifer kleine Erdhöhlen in die malerischsten Steilküsten des Atlantiks zu graben, in denen sie anschließend ihre Eier ausbrüten. Wacklig und unbeholfen watscheln, hopsen und flattern sie dort hektisch umeinander, während sie unaufhörlich kleine Fischchen für den Nachwuchs heranschleppen, fein säuberlich aufgereiht in ihren riesigen Schnäbeln.

An Land wirken Puffins immer ein bisschen so, als wollten sie das alles möglichst schnell hinter sich bringen, auch in der Luft sind sie nicht unbedingt zu Hause, sie kommen zurecht, das schon, besonders virtuos sieht das aber nicht aus, gerade beim Start und bei der Landung. Ohne jede Vorwarnung lassen sie sich von der Steilküste in die Tiefe fallen, mit viel Vertrauen in die Physik. In der Luft schwirren sie kreuz und quer herum, der Himmel surrt, brummt und flimmert, und manchmal knallt es auch, Kollisionen kommen vor. Für die Landung benötigen Puffins Wind zum Anlehnen, nicht zu wenig, nicht zu viel, sonst überschlagen sie sich oder geraten ins Trudeln.

Dass Puffins mit Land und Luft ein wenig fremdeln, liegt an ihrem Körperbau – ihre Knochen sind schwer, die Flügel schmal, das macht das Fliegen nicht gerade leicht, und wenn man von der Natur so riesige Füße bekommen hat, die so weit hinten am Körper angebracht sind, dann wird auch die Fortbewegung an Land zum wackligen Abenteuer.

Im Wasser jedoch sind Puffins eine Autorität. Ihre schweren Knochen vermindern den Auftrieb und werden so zu einer wichtigen Tauchhilfe, die schmalen Flügel bieten kaum Reibung und verwandeln sich in höchst flexible Flossen, die weit hinten liegenden Füße werden zu einem mächtigen Propeller, und in ihrem geräumigen Schnabel bringen sie wirklich allerhand unter.

Auf der Jagd nach Sandaalen, Sprotten und Wittlingen können Puffins gut siebzig Meter tief tauchen und knapp zwei Minuten lang die Luft anhalten, das ist eine unfassbare und irrwitzige Leistung, vor allem für einen solch zierlichen Vogel, der ja gerade mal auf die Größe einer Taube kommt. Puffins sind im Wasser zu Hause, es ist ihr Element, ihre Bestimmung, sie sind geboren, um zu tauchen.

Ein Tag in einer Puffinkolonie macht vor allem Freude, man schaut und lacht und vergisst die Zeit, dabei durchaus auch die Welt, und ehe man sich versieht, sind sechs, acht Stunden vorbei, einfach so, dabei war man doch gerade erst angekommen. Die Zeit fliegt, wenn man sich amüsiert, das ist bekannt, und vermutlich nirgendwo sonst fliegt sie so schön, wie in einer Puffinkolonie.

Es ist bei Puffins so, dass ihre Rollen in der Kolonie ein bisschen ungleich verteilt sind, und das wiederum trägt sehr zur besonderen Freude bei der Beobachtung bei.

Brütende Puffins haben gut zu tun, sie sind mit dem Alltag ausreichend ausgelastet – pro Tag muss jeder Elternteil über vierhundert Fischchen organisieren, da wird gestartet, getaucht, gejagt und gelandet, den ganzen Tag, in einem fort und mit emsiger Geschäftigkeit, es herrscht ein ordentlicher Betrieb. Bei jeder Ankunft stehen außerdem umfangreiche Begrüßungsrituale auf dem Programm, da werden Schnäbel gerieben und Verbeugungen gemacht, nebenbei muss die Höhle aufgeräumt und ausgebessert werden, und die ständigen Streitereien mit den ebenfalls latent gestressten Nachbarn erledigen sich auch nicht von allein.

Die meisten Puffins in der Kolonie sind allerdings nicht zum Brüten hier – sondern zum Lernen. Es sind junge Puffins, ein bis drei Jahre alt, ohne Plan und ohne Termine, sie haben rein gar nichts zu tun, ihren Alltag verbringen sie daher damit, staunend und unnütz in der Gegend herumzustehen und den armen brütenden Puffins interessiert dabei zuzuschauen, wie die sich den lieben langen Tag aufopferungsvoll abrackern. Und sobald irgendwo mal etwas passiert – Begrüßungen, Intimitäten, Streitereien – sind sie da, in kleinen Gruppen, neugierig, gespannt, aufgeregt und immer so nah dran wie möglich, um auch wirklich nichts zu verpassen.

Bei der Puffinbeobachtung ergeben sich daher phantastische Möglichkeiten – man kann einfach Puffins beobachten, nebenbei kann man aber auch Puffins beobachten, die Puffins beobachten, und unbedingt sollte man dabei immer auch die vielen Menschen beobachten, die immer fröhlicher und glücklicher werden, weil sie eben Puffins beobachten, die Puffins beobachten.

Dieses Glück ist beinahe greifbar, mit jeder Stunde in der Kolonie wird es größer, und das ist nicht nur bei mir so, sondern auch bei allen anderen in der Gruppe, man sieht das selbst von Weitem, da ist nichts als pure, naive, kindliche Freude, und auch Theresa steht schon lange nicht mehr am roten Nebelhorn des alten Leuchtturms, um nach Orcas zu suchen – sie sitzt lieber neben mir im Gras, um den Puffins zuzuschauen.

Ich glaube, Theresa weiß, dass das nichts mehr wird mit den Orcas und den Shetlands, uns gehen so langsam die Tage aus, und die Orkney-Orcas sind mittlerweile doch weit mehr als überfällig, vermutlich haben sie sich irgendwo unbemerkt an uns vorbeigeschlichen – aber wenn ich Theresas Blick richtig deute, ist das schon in Ordnung.

Unter uns tost die Brandung, die Sonne taucht die Klippen in goldenes Licht, die Strandnelken wiegen sich sanft im Wind, um uns herum watscheln, hopsen und flattern eifrige und emsige Puffins. Gleichmütig und unbeirrbar. Wie seit ewigen Zeiten.

»Wie die Wale in den endlosen Weiten
des offenen Ozeans navigieren,
ohne irgendeinen für uns erkennbaren
Orientierungspunkt, das ist eines
der großen, ewigen Rätsel der Meere.«
  – PHIL CLAPHAM, *Walforscher*

#6

Die letzte Wildnis

ÜBER DAS MEER –
UND WIE MAN SICH DARIN
ZURECHTFINDET

WAS MAN BEI DER WALBEOBACHTUNG vor allem macht, ist Warten. Warten und Suchen. Wenn es gut läuft, hat man auf einer vierstündigen Tour eine Viertelstunde lang ein, zwei Walen beim Auftauchen, Ausruhen und Abtauchen zugesehen. Netto. Die restliche Zeit guckt man aufs Wasser und hofft, dass was passiert.

Ich habe erst nach einer Weile verstanden, wie wichtig das ist – und was es dafür brauchte, war eine Tour, bei der man eben nicht aufs Wasser schaut.

Bevor Theresa und ich begonnen hatten, planmäßig an Orte zu fahren, an denen man Wale beobachten kann, hatten wir das schon eine ganze Weile eher zufällig und aus Versehen gemacht – wir waren irgendwo und haben vor Ort dann festgestellt, dass man dort auch Wale beobachten kann. Haben wir also Wale beobachtet.

Zum Beispiel in Kaikoura. Kaikoura ist ein hübsches kleines Örtchen auf der Südinsel Neuseelands, und wenn man von den Marlborough Sounds aus die Küstenstraße runter nach Süden fährt, kommt man da ganz automatisch durch. Man kennt Kaikoura entweder wegen der fürchterlichen Erdbeben, die hier immer wieder wüten – oder wegen der vielen

Fotos, die die Fluke eines abtauchenden Wals vor den form-schönen Spitzen der *Kaikoura Ranges* zeigen.

Kaikoura ist einer der meistbesuchten Walbeobachtungs-orte der Welt, direkt vor der Küste liegt ein gewaltiger Unter-wassercanyon, das ganze Gebiet ist voller Leben und Nahrung, und das wissen nicht nur die Wale, sondern auch die Men-schen, daher kommen sie in großer Zahl hierher, um die fas-zinierenden Tiere zu bestaunen, und vermutlich ist dieser enorme Andrang dafür verantwortlich, dass die Waltouren hier ein bisschen anders organisiert sind.

Gleich zu Beginn der Tour hatte man uns angewiesen, bitte ausschließlich drinnen Platz zu nehmen und von dort aus durch die großen Panoramafenster nach draußen zu schauen. Als wir trotzdem lieber an Deck wollten, wurden wir von der Crew aufgehalten, es ging um irgendwas mit »der Versiche-rung«, außerdem sei es ohnehin nicht nötig, selbst nach Wa-len zu schauen, das würde die Crew ja für uns übernehmen. Man hätte Hydrofone und Ferngläser, damit würde man die Wale schnell finden, anschließend würde man das Boot mög-lichst nahe neben ihnen parken, im Optimalfall natürlich so, dass man die *Kaikoura Ranges* wunderbar im Hintergrund hätte, und sobald dann alles perfekt angerichtet wäre, dürften also auch wir nach draußen kommen und die Natur bestau-nen. Bis dahin sollten wir aber nun bitte in diesen gemütli-chen Sesseln Platz nehmen, durch die Panoramafenster schauen und Geduld haben.

Mit großer Routine wurde daraufhin der erste Wal ausfin-dig gemacht, und insgesamt war es an diesem Tag so, dass wir auf einer vierstündigen Tour eine Viertelstunde lang zwei, drei Walen beim Auftauchen, Ausruhen und Abtauchen zu-gesehen haben. Die restliche Zeit haben wir in einem lounge-artigen Wartesaal gesessen und durch verschmierte Panora-mafenster aufs Wasser geschaut, und ich hatte insgesamt das

Gefühl, dass ich mir stattdessen auch gut eine Doku hätte ansehen können.

Obwohl diese Tour aus Walsicht eigentlich höchst erfreulich verlaufen war, hatte das Entscheidende gefehlt: das Warten, das Suchen, das Hoffen. Und ja, unbedingt auch: das Meer. Wie wichtig es ist, draußen an Deck zu stehen, habe ich erst gemerkt, als ich drinnen in einer Lounge sitzen musste.

Bei mir ist es so, dass ich mich auf dem Meer ziemlich klein fühle, auf eine sehr, sehr gute Art. Demut ist ein gutes Wort. Alles relativiert sich, bekommt Koordinaten, fügt sich ein, wird angenehm unwichtig. Rausfahren bedeutet los- und sich einlassen, und je weiter ich rausfahre, desto aufgeregter werde ich und desto mehr komme ich zur Ruhe – das ist kein Widerspruch, zumindest nicht auf dem Meer, da geht das schon gut zusammen.

Das Land ist die Regel, zumindest für uns, insgesamt allerdings ist es die Ausnahme, die Erde ist blau, sie wird zu beinahe drei Vierteln vom Meer bedeckt – das Meer ist die Norm, der Standard, die Ordnung, es ist der Ursprung und die Grundlage allen Lebens, das größte und wichtigste Ökosystem, ohne Meer geht es nicht, für niemanden, schon gar nicht für uns, und trotz dieser Bedeutung ist das Meer vor allem: ein ziemlich unbekannter Ort.

Die große, endlose Weite, wir lieben und fürchten sie gleichermaßen. Die endlose See ist eine Idee, eine Hoffnung, ein romantischer Ort, in der Realität jedoch findet sie kaum für uns statt. Wenn wir vom »Meer« sprechen, meinen wir meist nur einen winzig kleinen Teil davon – es ist der Bereich, den wir bequem überblicken und halbwegs verstehen, der Rest ist die große Wildnis, zumindest hätten wir das gern.

Das Meer ist voller Leben, das wir nicht kennen, voller Grenzen, die wir nicht sehen, es erfordert Sinne, über die wir nicht verfügen – und nirgendwo auf der Welt ist das Meer noch wild oder unberührt, nicht einmal an den tiefsten und entlegensten Stellen. Dafür ist es unerforscht, immer noch, und das sogar direkt vor unserer Nase. Und um dafür zumindest mal ein Gefühl zu bekommen, muss man nichts weiter tun, als nach draußen zu gehen. An Deck.

~

Während wir das Land in Wälder, Wiesen, Berge, Seen, Flüsse, Wüsten, Tundren, Steppen, Savannen und noch viele weitere Kategorien unterteilt haben, um uns darin besser zurechtzufinden, machen wir es uns beim Meer meist leicht – obwohl das Meer gut dreimal so viel Fläche einnimmt wie unser bisschen Land, sprechen wir beim Meer meist einfach nur vom: Meer. Ganz so, als wäre es ein Ort, an dem abgesehen vom Wetter überall alles immer gleich ist. Das Meer ist jedoch nicht EIN Ort. Sondern ziemlich viele.

Meer ist nicht gleich Meer, es gibt wichtige Unterschiede, auch wenn die Kategorien zunächst alle ähnlich klingen. Man kennt zum Beispiel Weltmeere, Binnenmeere, Mittelmeere und Randmeere, oft hört man aber auch von Haupt- und Nebenmeeren, gelegentlich ist außerdem von den Fünf oder gar Sieben Meeren die Rede, und manchmal ist es so, dass ein paar dieser Begriffe dasselbe meinen, manchmal aber auch nicht.

Einige Meere sind außerdem Ozeane, andere nur Teil eines Ozeans, und auch bei den Ozeanen muss man immer schauen, je nach Zählung verfügt unser Planet derzeit über drei, fünf oder sieben von ihnen, wobei es manchmal auch nur einer ist, der wiederum auch als »die See« bekannt ist, die ihrerseits zur Hoch- und Tiefsee wird, je nachdem, wie weit man hinausfährt und wie tief man da taucht.

Obwohl es sich auf den ersten Blick nur um eine größere Menge salzhaltigen Wassers handelt, ist die Sache mit den

Meeren, der See und den Ozeanen also einigermaßen kompliziert.

Insgesamt macht man nichts falsch, wenn man sämtliche zusammenhängenden Gewässer rund um die sieben Kontinente als »den Ozean« bezeichnet. Wer es genauer mag, unterteilt ihn in Atlantik, Pazifik und Indik und erhält so drei tadellose und selbstständige Ozeane, wer zusätzlich noch den Arktischen und Antarktischen Ozean hinzuzählt, hat sogar schon fünf.

Schwieriger wird es mit den Weltmeeren – braucht man lediglich drei oder fünf, kann man einfach die Ozeane nehmen, Weltmeere und Ozeane, das ist im Grunde dasselbe, allerdings braucht man bei den Weltmeeren ja meist eher sieben, die »Sieben Weltmeere« sind weltberühmt, man kennt sie aus Geschichte, Literatur und Film, und genau hier wird es unübersichtlich, denn die Sieben Weltmeere von heute haben mit denen von früher kaum noch etwas zu tun.

Zu Zeiten der großen Entdecker waren die Sieben Weltmeere vor allem die, die man bereits, nun ja, entdeckt und befahren hatte, auf der Karte fanden sich Atlantik, Pazifik und Indik, daneben das Mittelmeer, die Karibik, das Nordmeer und der Golf von Mexiko. Aus geologischer Sicht war das zwar eine wilde Mischung, allerdings war das zu vernachlässigen, weil es eine geologische Sicht damals noch gar nicht so wirklich gab.

Problematisch wurde dieses Vorgehen erst, als man in den folgenden Jahrhunderten ständig weitere Meere entdeckte und befuhr und trotzdem an der schönen Idee der »Sieben Weltmeere« festhalten wollte, diese Formulierung hatte sich nun mal durchgesetzt, auch wenn zunehmend unklar wurde, was damit eigentlich gemeint war.

Es traf sich dann ganz gut, dass Rudyard Kipling, der sich ja eigentlich vor allem mit dem Dschungel auskannte, nebenbei auch über das Meer schrieb: In seiner Gedichtsammlung »Die sieben Meere« nahm er 1896 die fünf Ozeane als Basis, teilte Atlantik und Pazifik ob ihrer Größe einfach in Nord und Süd – und erhielt so exakt sieben allseits bekannte Weltmeere, auf die man sich wunderbar einigen konnte.

Nach unten hin sind alle Meere gleich aufgebaut, zumindest theoretisch, man hat sich bei der vertikalen Struktur auf fünf Zonen geeinigt, sie sind verlässlich in Schichten übereinandergestapelt, und je tiefer man sich vorwagt, desto dunkler, kälter, bizarrer und unbekannter wird es.

Es gibt eine Webseite, auf der man von der Oberfläche einmal bis zum tiefsten Grund des Meeres scrollen kann, und während man so scrollt und scrollt und scrollt, wird es immer dunkler und dunkler und dunkler, und die Tiere, an denen man vorbeiscrollt, werden immer sonderbarer, und wenn man wirklich schon eine ganze Weile tapfer vor sich hin gescrollt hat und irgendwann an dem Punkt angelangt ist, an dem man sich fragt, wie lang das eigentlich noch so weitergehen soll, so langsam müsste man doch ENDLICH MAL UNTEN ANGEKOMMEN sein – da zeigt einem dieser mikroskopisch kleine Scrollbalken an der Seite, dass man es gerade mal bis zur Hälfte geschafft hat, dabei ist man, wenn man ehrlich ist, beim Scrollen schon seit Ewigkeiten keinen Tieren mehr begegnet, von denen man zumindest schon mal irgendwo irgendwas gehört hätte. So tief ist das Meer. Und so unbekannt. Schätzungen zufolge sind gut fünfundachtzig Prozent der Meere noch immer unerforscht, das sollte für viele Generationen zukünftiger Forschender reichen.

Uns am vertrautesten ist noch die erste Zone, wir nennen sie »Oberfläche«, man kennt sie aber auch als die lichtdurchflutete Zone, weil sie vom Licht der Sonne je nach Wellenlänge noch recht gut durchdrungen wird. Je tiefer man taucht, desto weniger Farben sind sichtbar, Rot verschwindet nach rund zehn Metern, Gelb nach gut dreißig und Grün nach ungefähr fünfzig, übrig bleibt nur Blau, das dann so lange schwächer wird, bis alles schwarz ist. Der größte Teil des bekannten marinen Lebens spielt sich in dieser Zone ab, dem *Epipelagial*, alles darunter ist bereits die Tiefsee, bei der wir im Grunde überhaupt gar keine Ahnung haben, was in ihr vorgeht.

Aus dem *Epipelagial* wird in zweihundert Metern das *Mesopelagial*, hier ist gelegentlich noch ein allerletzter Rest des blauen Spektrums zu sehen, insgesamt ist ohne Hilfsmittel aber eigentlich gar nichts mehr zu sehen, weshalb die meisten Lebewesen ab hier einfach ihre eigene Lichtquelle immer mit dabei haben – vermutlich können drei Viertel aller Tiefseebewohner auf irgendeine Form der Biolumineszenz zurückgreifen, das ist aber nur eine Schätzung, denn niemand weiß, wie man das überprüfen könnte.

Das Licht, das diese Tiere in der Tiefe produzieren, ist nicht nur extrem vielfältig, sondern auch wahnsinnig effizient: Biolumineszenz erzeugt ein kaltes Licht, und das ist praktisch, denn die Tiere würden sonst nicht nur wunderschön leuchten, sondern auch arg überhitzen, und während bei unseren alten Glühbirnen oft bis zu neunzig Prozent der Energie als Wärme verloren gehen, liegt die Effizienz der Biolumineszenz bei nahezu hundert Prozent.

Das *Mesopelagial* reicht bis in tausend Meter Tiefe, und es ist vermutlich ebenso reich an Leben wie das *Epipelagial*, allerdings kennen wir uns schon hier nicht einmal mehr halb so gut aus.

Das folgende *Bathypelagial* geht auf viertausend Metern in das *Abyssopelagial* über, das sich dann auf sechstausend Metern in das *Hadopelagial* verwandelt – das Meer wird hier für uns allerdings zunehmend theoretisch, denn in der Praxis haben sich bislang mehr Menschen im All aufgehalten als in solchen Tiefen.

In vielen Meeren wurden die tiefsten Zonen komplett und ersatzlos aus dem Programm genommen, es gibt sie dort gar nicht, denn der Ozean ist durchschnittlich gesehen lediglich knapp viertausend Meter tief, wobei man sich dieses »lediglich« am besten in großen Anführungszeichen vorstellt.

Üblicherweise werden die tieferen Zonen auf einer Waltour aber ohnehin nicht benötigt, man hält sich dabei stets im Bereich des *Epipelagials* auf, und dort kann man einfach warten, bis die Wale zwischen ihren Ausflügen ins *Meso-* und *Bathypelagial* eine Pause machen. Praktischerweise kommen die meisten Wale auch gern nah an die Küste, von allen Meeren sind ihnen Küstenmeere die liebsten.

Küstenmeere reichen ungefähr bis an den Rand des Kontinentalsockels, sie sind eher flach, können vom Licht gut durchdrungen und vom Wind stark durchmischt werden, sie sind reich an Nährstoffen und voller Leben und daher bei allen möglichen Meerestieren wahnsinnig beliebt. Um Wale zu beobachten, muss man daher gar nicht so weit rausfahren, sie kommen uns freiwillig entgegen, das offene Meer nutzen sie meist nur zur Durchreise.

Was im Zusammenhang mit dem Meer immer wieder lobend erwähnt wird, ist seine beneidenswerte Grenzenlosigkeit. Während an Land und im Leben alles immer irgendwie eingezäunt, beengt und getaktet ist, bietet das Meer einen endlosen Raum voller Möglichkeiten, der nur darauf wartet, gefüllt zu werden – mit Geschichten, mit Abenteuern, mit Leben, mit uns.

Da steckt viel Sehnsucht drin, womöglich auch Bedauern – Grenzenlosigkeit, wo gibt es so was noch –, allerdings verklären wir das Meer da ein bisschen, die meisten seiner Bewohner jedenfalls haben vom Konzept der Reisefreiheit noch nie etwas gehört. Während sich bei uns an Land Grenzen aus Holz, Beton oder Stacheldraht durchgesetzt haben, geht es im Meer zwar eher um Aspekte wie Salzgehalt, Temperatur und Druck, doch auch damit lassen sich überaus zwingende Ergebnisse erzielen.

Salz zum Beispiel. Die Meere sind salzig, das ist bekannt, im Mittel liegt der Salzgehalt der Ozeane bei rund dreieinhalb Prozent, aber eben nur im Mittel – jenseits des Kommas gibt es deutliche Schwankungen, sie richten sich nach Niederschlag, Verdunstung und Zufluss, uns Menschen kann das beim Baden zwar egal sein, für die meisten Meerestiere ist das aber ziemlich relevant.

Die meisten Organismen bestehen großteils aus Wasser, bei uns sind es je nach Alter und Verfassung zwischen siebzig und neunzig Prozent, und wenn wir mit all diesem Wasser zum Baden gehen, sorgt das Salz des Meeres dafür, dass wir ganz langsam austrocknen. Wir können dann einfach zurück zum Strand gehen und uns etwas zu trinken holen – wenn man allerdings nicht nur zum Baden im Meer ist, sondern weil man dort dauerhaft wohnt, muss man einen anderen Weg finden, das Salz auszutricksen.

Die Natur hat das wie gewohnt gut hinbekommen, Fische zum Beispiel haben sich einfach Zellen zugelegt, die Salz aufnehmen und einlagern können, zwischen Fisch und Meer steht es damit Unentschieden, und die Aufgabe des Fisches ist es nun, seinen eigenen Salzgehalt so an den des Meeres anzupassen, dass ihm das Salz im Meer nicht ständig das Wasser aus dem Körper zieht.

Die meisten Fische sind sogar in der Lage, sich an wechselnde Salzgehalte zu gewöhnen, allerdings kostet das Zeit und Energie, daher schätzen Fische es sehr, wenn der Salzgehalt einigermaßen stabil bleibt, und einigermaßen stabil bleibt er immer dann, wenn der Fisch ungefähr an Ort und

Stelle bleibt. Damit wird der Salzgehalt zur unsichtbaren Grenze.

Ähnlich ist es bei der Temperatur. Die meisten Meerestiere können ihre Temperatur nicht konstant halten, sie sind keine Warmblüter, stattdessen richten sie sich nach der Umgebung, die meisten Tiere haben Vorlieben entwickelt, sie sind auf eine Lieblingstemperatur festgelegt, gegenüber Schwankungen sind sie nicht besonders tolerant. Schon geringe Veränderungen können tödlich sein, und so wird für viele Lebewesen auch die Temperatur zur unüberwindbaren Grenze.

Je tiefer man taucht, desto stabiler werden die Verhältnisse, tief unten findet kaum noch Durchmischung statt, Salzgehalt und Temperatur bleiben weitgehend konstant, die Grenzen lösen sich auf, allerdings nur diese Grenzen, dafür kommt eine neue hinzu: Druck. Mit jedem Meter steigt der Druck auf den Körper, die meisten Tiere haben sich durch langwierige Umbaumaßnahmen auf eine bestimmte Zone festgelegt, die sie nicht einfach so verlassen können, ohne dabei gleich erdrückt zu werden oder zu zerplatzen. Auch Druck ist für die meisten Meeresbewohner eine unüberwindbare Grenze.

Die Grenzenlosigkeit der Ozeane ist vor allem ein schöner menschlicher Gedanke, für die meisten seiner Bewohner hat er mit der Realität aber nichts zu tun. Immerhin, es gibt Ausnahmen, für die Wale ist das alles kein Problem, sie können sich im Meer in jede Richtung frei bewegen, allerdings haben wir Menschen keine Ahnung, wie sie dabei den Überblick behalten.

Bartenwale unternehmen extreme saisonale Wanderungen, sie schwimmen ständig zwischen ihren polaren Jagd- und tropischen Paarungsgebieten hin und her – sie sind die einzigen uns bekannten Lebewesen, die so etwas tun. Viele Tiere wandern, ja, allerdings immer der Nahrung wegen, sie bleiben in Bewegung, um satt zu werden, das ist ihr vorrangiges Interesse. Die Wale dagegen VERLASSEN vollkommen absichtlich die Gebiete, in denen sie satt werden, um dafür anderswo zu hungern.

Zu Hunderten versammeln sie sich in den warmen, aber eben auch kargen Gewässern der Subtropen, wo sie sich paaren und ihre Jungen zur Welt bringen, während sie monatelang von ihren Fettreserven zehren. Es ist ihnen wirklich wichtig, dort zu sein, sie legen dafür viele Tausend Kilometer zurück, und gerade auf dem Rückweg wird es oft zäh, schließlich müssen die verbliebenen Reserven dann schon für zwei reichen.

Es ist nicht ganz klar, warum die Wale diese Mühen auf sich nehmen, vermutlich würden die Neugeborenen auch in den kühlen Gewässern der höheren Breiten gut klarkommen. Vielleicht wollen sie den Orcas aus dem Weg gehen, die sich zwar sehr für junge Bartenwale interessieren, nicht so sehr jedoch für warme Gewässer, das ist aber nur eine Theorie.

Ein noch größeres Rätsel ist die Frage, wie die Wale den Weg finden. Die Wanderungen der Buckelwale gehören zu den längsten der Welt, diese Tiere legen Strecken von vielen Zehntausend Kilometern zurück, trotzdem tauchen Jahr für Jahr dieselben Wale zur selben Zeit in denselben Buchten auf, man könnte die Uhr nach ihnen stellen. Sie navigieren so exakt von einer Seite des Ozeans zur anderen, als hätten sie einen Kompass an Bord.

Peilsender und Satelliten haben gezeigt, dass die Wale im offenen Ozean oftmals einer kerzengeraden Linie folgen, sie lassen sich weder von Strömungen noch von Stürmen aus dem Konzept bringen – manchmal beträgt die Abweichung bei tausend Kilometern nicht einmal ein Grad, das ist eine wahnsinnige Leistung. Wir wissen nicht, wie die Wale das machen und woran sie sich unterwegs orientieren – mit unseren eher dürftigen Sinnen wären wir dort draußen jedenfalls ziemlich aufgeschmissen.

Es kann sein, dass sich die Wale Topografie und Strömungen einprägen, vielleicht erinnern sie auch Salzgehalte und Temperaturen, eventuell nutzen sie das Magnetfeld der Erde, womöglich richten sie sich nach den Sternen, und vielleicht ist es auch alles zusammen, man weiß es nicht, das ist bei Walen nicht so leicht herauszufinden wie bei Seevögeln oder Meeresschildkröten – und selbst da war das alles nicht so einfach.

Die Schildkröten, denen wir vor Madeira begegnet waren, prägen sich noch im Ei die geomagnetische Signatur ihres Strandes ein, sodass sie später zur eigenen Eiablage genau dorthin zurückfinden. Kein anderer Strand auf der Welt wird sie dann interessieren, sie nehmen diesen oder keinen. Nach dem Schlüpfen orientieren sie sich am Mond, wenn ihre Mutter bei der Eiablage alles richtig gemacht hat, scheint der nämlich genau jetzt groß und hell als prächtiger Vollmond über dem Meer. Es ist möglich, dass sie zusätzlich auch die Brandung wahrnehmen, im Wasser jedenfalls können sie die Bewegungen der Wellen deuten, sie schwimmen nämlich immer orthogonal dagegen an, und zwar so lange, bis die Wellen immer weniger und schwächer werden und sie im offenen Meer angekommen sind. Ab da orientieren sie sich so lange am Magnetfeld der Erde, bis sie den Golfstrom erreicht haben, der sie dann in einer großen Schleife einmal im Uhrzeigersinn durch den Nordatlantik führt – von der Küste Floridas über die Sargassosee vor die Azoren, von dort über Madeira vor die Kanaren und ungefähr auf Höhe des Äquators wieder westwärts zum Golf von Mexiko. Diese Reise dauert mehrere Jahre, und unterwegs werden aus tapsigen kleinen Babys erfahrene Schildkröten, die nach gut fünfzehntausend Kilometern Wanderschaft schließlich den Strand ihrer Geburt ansteuern, um dieses wundersame Spiel wieder von vorn beginnen zu lassen.

Es brauchte viele Jahrzehnte der Schildkrötenforschung und unzählige resolute Schildkröten, denen man mit Magneten, Lichtquellen und Wassertanks zu Leibe rückte, um die vielen Theorien zu überprüfen. Auch die Sturmtaucher, die vor Madeira so elegant und anmutig neben dem Boot gesegelt waren, mussten einige unangenehme Experimente über sich ergehen lassen, bis man halbwegs verstanden hatte, wie sie sich auf dem offenen Ozean orientieren. Ihre Fähigkeiten sind kaum zu glauben.

Sturmtaucher legen jedes Jahr viele Zehntausend Kilometer zurück, und das mit einer irrsinnigen Präzision. Mit dem Flugzeug hat man Vögel aus einer britischen Kolonie an die amerikanische Ostküste gebracht, um zu schauen, ob sie von dort aus wieder nach Hause finden, in Amerika waren sie vorher ja noch nie gewesen. Solche Experimente sind gemein, natürlich, bislang hatte die Forschung aber noch keine gute Idee, wie ein etwas vogelfreundlicherer Versuchsaufbau aussehen könnte.

Der Test wurde bestanden, nach ein paar Wochen saßen die Sturmtaucher unversehrt in den Nestern ihrer britischen Kolonie, sie hatten über fünftausend Kilometer zurückgelegt und waren ohne jeden Bezugspunkt einmal über den Atlantik geflogen, und die Frage war nun also, wie sie das angestellt hatten. Die Experimente wurden daraufhin noch gemeiner, man flog die Sturmtaucher immer wieder nach Amerika – und mal setzte man sie am Tag aus, mal bei Nacht, mal bei Sonne, Wind, Regen oder Wolken, mal band man ihnen Magnete um, mal störte man ihren Geruchssinn. Forschung ist nicht immer schön.

Bis dahin war stets vermutet worden, dass sich die Vögel am Magnetfeld der Erde orientieren, deswegen die umgebundenen Magnete, in der Theorie hätten diese Vögel damit niemals zurückfinden können, in der Praxis saßen sie aber schon bald wieder entspannt und ausgeruht in ihren Nestern auf der anderen Seite des Atlantiks – dafür allerdings fehlten sämtliche Vögel, die man bei dichtem Wolkenhimmel ausgesetzt hatte.

Man schloss aus diesen Versuchen, dass Sturmtaucher den Stand und die Höhe der Sonne ermitteln können und diese Informationen dann mit einer inneren Uhr abgleichen, die unfassbar genau sein muss. Sturmtaucher nutzen die Sonne als Kompass, Norden ist für sie ein Gefühl, und das trägt sie sogar von Amerika nach Europa.

Es ist gut möglich, dass Bartenwale ganz ähnlich wie Sturmtaucher und Schildkröten navigieren, allerdings ist es bei ihnen noch komplizierter, das auch zu beweisen. Es ist schwierig, irgendwelche Gerätschaften an ihnen zu befestigen, und man kann sie auch nicht einfach so nach Amerika fliegen, um mal zu schauen, wie sie sich dort zurechtfinden, und solange niemand eine gute Idee für einen praktikablen Versuchsaufbau hat, werden die irrsinnigen Navigationsleistungen der Bartenwale auch weiterhin ein Mysterium bleiben.

Immerhin, der wichtigste Orientierungspunkt eines jeden neugeborenen Bartenwals ist ganz leicht zu ermitteln – es ist seine Mutter. Sie ist es, die ihm den Weg zu den Jagdgründen zeigt, und sie tut das nur ein einziges Mal – sobald sie dort angekommen sind, trennen sich ihre Wege, junge Bartenwale müssen schnell lernen, schon im nächsten Jahr gehen sie allein auf Wanderschaft. Den richtigen Weg kennen sie nur, weil er ihnen von ihrer Mutter gezeigt wurde.

*»Einfach hier so stehen und
ein Schneemann werden.«*
   – FLEUR DAUGEY, *30 Tage auf Grönland*

#7

Im Eismeer

MYSTISCHE EINHÖRNER
UND KATHEDRALEN AUS EIS –
SOMMER IN GRÖNLAND

»ALSO, WELCHER IST JETZT HIER noch mal der linke?«, frage ich, während ich zwei schwere Eisendinger mit spitzen Zacken in den Händen halte, die jetzt irgendwie unter meine Schuhe sollen. »Da, schau«, sagt Theresa, »dieser Steg da in der Mitte, der ist leicht gebogen, daran erkennst du's – das hier ist links, und das da ist rechts.« Ich schaue mir die Eisendinger noch mal an, und ja, tatsächlich, in der Mitte leicht gebogen, daran erkennt man's, ist ja eigentlich ganz einfach.

Wir stehen am Rand des grönländischen Eisschildes, und unser Guide Johannes hat gerade die Steigeisen ausgegeben. »Mit normalen Wanderschuhen kommen wir jetzt nicht mehr weiter«, hatte er gesagt und dabei fröhlich gelächelt, »ab hier brauchen wir Steigeisen, ich zeig euch, wie das geht, ist ganz einfach, keine Angst.« Dann hatte Johannes kurz gezeigt, wie das geht, und ja, das schaute ganz einfach aus, zumindest bei ihm.

Steigeisen bestehen vor allem aus Zacken und Riemen, die Zacken müssen nach unten, die Riemen um den Schuh, es sind sehr lange Riemen, sie müssen nacheinander durch zahlreiche Ösen und Laschen geführt werden, es ist daher wichtig, sich die richtige Reihenfolge gut einzuprägen – als Johannes mit dem Erklären fertig ist, habe ich die Hälfte aber schon wieder vergessen.

Ich schaue zu Theresa rüber, sie fummelt gut gelaunt an den Riemen herum, das sieht gut aus, der erste Schuh sitzt, gleich ist sie fertig, dann kann es losgehen, zumindest von ihrer Seite aus. Ich dagegen brauche vielleicht noch einen Moment.

»Und wo jetzt hier mit dem Riemen durch?«, frage ich Theresa, womöglich bereits mit ersten Anzeichen von Überforderung in der Stimme. »Da, du ziehst den da drüben an der Seite entlang und dann hier durch die Lasche an der Spitze«, antwortet sie mit ruhiger Stimme, weil sie weiß, dass es die jetzt braucht. »Ah, ich glaube, dann hab' ich's«, rufe ich erfreut, »und als Nächstes dann hier rüb...«, doch da muss Theresa noch mal eingreifen. »Nee, da noch nicht rüber«, sagt sie, »erst hier zurück, dann vorne über den Schuh und festziehen, dann hast du's.«

Es sind Momente wie dieser, in denen ich gelegentlich unsicher bin, ob ich bei der Reiseplanung womöglich zu optimistisch war – vielleicht hätte man das grönländische Eisschild doch auch lieber den Profis überlassen sollen. So euphorisch ich zu Hause mitunter bin, so plötzlich verlässt mich vor Ort manchmal der Mut, vielleicht auch das Können, oder beides, und es ist dann immer gut zu wissen, dass ich hier nicht allein unterwegs bin.

Wenn ich mit verknoteten Steigeisen und halb tauben Fingern hilflos und verloren im ewigen Eis herumstehe, ist es schließlich Theresa, die mir ruhig, aber bestimmt erklärt, dass man das bisschen Gletscherwandern hier wohl noch hinbekommen werde, das könne ja nicht so schwer sein, andere schaffen das ja auch – und meistens reicht das schon, dann geht es gleich wieder, etwas Anleitung ist manchmal schon alles, was es braucht. Ich bringe die Begeisterung, Theresa die

Robustheit, so ist das unterwegs immer, ich glaube, wir ergänzen uns ganz gut.

Den zweiten Schuh schaffe ich allein, es dauert zwar ein bisschen, aber bald kann es dann auch von meiner Seite aus losgehen. Was für ein phantastischer Tag für eine Gletscherwanderung!

Wenn man sich beim Reisen nach den Walen richtet, ist es so, dass einige Länder, die man früher immer gern bereist hat, plötzlich nicht mehr zur Verfügung stehen – der halbe Mittelmeerraum zum Beispiel ergibt mit einem solchen Hobby kaum noch Sinn, dort gibt es zwar viele Delfine, aber nur wenige Großwale, da braucht es schon wahnsinniges Glück, das ist wie auf den Shetlands, nur mit mehr Küste und ohne Hugh Harrop.

Auf der anderen Seite eröffnen sich aber auch völlig neue Möglichkeiten. Nach Grönland zum Beispiel wollte ich schon immer mal, seit dem Schüleraustausch nach Amerika – es waren die Neunziger, der erste Flug, ein Fensterplatz, und unterwegs hatte ich zufällig zum genau richtigen Zeitpunkt mal rausgeschaut und unter mir dieses irre Blau gesehen, diese gigantischen Eisberge, das endlose, ewige Eis. Andächtiges Staunen, das weiß ich noch genau, »Grönland, Wahnsinn!«, dachte ich, da müsste man mal hin.

Da ich keine Ahnung hatte, was vor Ort dann genau zu tun wäre, und ich insgesamt auch nicht sicher war, ob ich wirklich die Fähigkeiten mitbringe, die dort gefragt sein würden, ist das mit Grönland und mir aber nie so richtig konkret geworden.

Das änderte sich mit den Walen. Rund um Grönland kann man alle möglichen Arten beobachten, Buckelwale, Finnwale, Zwergwale, manchmal auch Blauwale, je nach Eissituation auch die arktischen Wale, Narwale, Belugas, Grönlandwale – wenn man sich für Wale interessiert, gibt es fast keine bessere

Adresse als Grönland, da waren Theresa und ich uns sofort einig.

Zwar sind Orcas rund um Grönland eher eine Seltenheit, allerdings hatte Theresa bereits festgestellt, dass es auch ihr einige Freude bereitet, allen möglichen Walarten bei der Verrichtung ihres Alltags zuzuschauen, vor allem die Buckelwale in Norwegen hatten sie sehr begeistert, und vermutlich würde die Situation ja nur besser werden, wenn die Wale bei Mitternachtssonne zwischen ein paar Eisbergen herumschwimmen.

Als ich mich über Grönland informiert hatte, war ich zufällig über eine Tour gestolpert, die zwei Tage lang durch das Inlandeis führte – man würde ein bisschen über den Gletschergürtel wandern, mit Steigeisen und Gepäckschlitten, nachts auf dem Eis zelten und die ganze Zeit hochkalorische Expeditionsnahrung zu sich nehmen, das klang nach einem tollen Abenteuer, zwei Tage Polarforschergefühl, ich hatte sofort gebucht.

Das grönländische Inlandeis ist ein mächtiger Eispanzer, der beinahe die gesamte Insel bedeckt. Nach der Antarktis ist er das größte Eisschild der Welt – zweitausendfünfhundert Kilometer lang, tausend Kilometer breit und in der Mitte bis zu drei Kilometer dick. Das ist ziemlich viel Eis, sollte es jemals schmelzen, würde sich der Meeresspiegel um vermutlich sieben Meter erhöhen – neben dem Mittelmeerraum stünden dann bis auf weiteres auch zahlreiche andere Orte als Reiseziel nicht mehr zur Verfügung.

Das Eisschild besteht aus unzähligen Gletschern, die sich langsam zum Meer schieben – große Teile des eigentlichen Grönlands liegen weit unterhalb des Meeresspiegels, das Eis ist so schwer, dass es die gesamte Insel nach unten drückt. Immer wieder ist zu lesen, dass man dem Klimawandel in Grönland eher optimistisch gegenüberstehe, sobald die Insel mal eisfrei wäre, ließe sich damit ja einiges anstellen. Hier ist allerdings zu beachten, dass weite Teile das Landes erst einmal vom Meer verschluckt werden würden, bevor die von der Eislast befreite Insel beginnen könnte, sich langsam zu heben – das würde vermutlich ein paar Tausend Jahre dauern, hier wäre also Geduld gefragt. Kurzfristig würde ein eisfreies Grönland erst einmal niemanden weiterbringen.

Der Erste, der das Inlandeis komplett durchquert, ist 1888 der Norweger Fridtjof Nansen, da ist er gerade mal siebenundzwanzig Jahre alt. Nansen ist ein vielversprechender Skifahrer, dem auf dem Weg zu einer Weltkarriere als Sportler allerdings Weltkarrieren als Neurologe, Ozeanograf, Polarforscher, Diplomat und Philanthrop dazwischen kommen, das Skifahren muss er daher ständig zurückstellen, manchmal lässt es sich aber auch gut mit seinen sonstigen Vorhaben verbinden, zum Beispiel in Grönland.

Nansen ist mehrfacher Landesmeister im Langlauf, an Weihnachten läuft er gern die Strecke zwischen Bergen und Oslo, das sind gut vierhundert Kilometer, mit Skiern braucht er ein paar Tage, mit dem Zug ist das heute eine der schönsten Panoramastrecken der Welt.

Als Nansen beschließt, Grönland zu durchqueren, wird er ausgelacht, das hatten schon ganz andere versucht, Nordenskiöld, Peary, sie waren nicht sehr weit gekommen. Nansen glaubt, dass das Eisschild im Inneren des Landes wunderbar eben und glatt sein müsste, dafür würde der viele Wind schon sorgen, auf Skiern müsste man dort gut vorankommen. Ihm schwebt eine kleine Gruppe wetterfester Langläufer vor, mit leichtem Gepäck, man würde ordentlich Strecke machen, mindestens dreißig Kilometer am Tag, aber dann müsste es schon gehen. Einfachheit, Schnelligkeit und Mobilität, für Nansen ist das der Schlüssel – und natürlich Mut.

Der Plan ist verwegen, mindestens, zu Nansens Zeit ist es üblich, die Polargebiete mit vielen Männern und noch mehr

Ausrüstung zu besiegen, zu erobern und niederzuwerfen, Expeditionen ins Eis sind wahre Materialschlachten, für kleine Gruppen mit leichtem Gepäck gibt es da nur Hohn.

Der junge Nansen ist ein Baum von einem Mann, voller Kraft, Tatendrang und Optimismus, er lässt sich nicht beirren, sammelt Geld und legt los. Das Material, das er benötigt, gibt es noch nicht, er erfindet es selbst. Ein Großteil der Ausrüstung, die heute ganz selbstverständlich in Polargebieten oder auch nur im Wintersport eingesetzt wird, geht auf die Ideen von Fridtjof Nansen zurück – Zwiebelprinzip, Windbreaker-Jacken, Bootsschlitten, Minikocher, von all diesen Dingen hatte man noch nie etwas gehört, und überhaupt, diese ganze leichte und dünne Kleidung, die robusten Schlafsäcke, das war doch alles ziemlich zweifelhaft, das konnte doch nichts werden.

Nansen und seine fünf Begleiter brauchen 49 Tage, dann ist es geschafft, sechshundert Kilometer von Ost nach West, Grönland der Breite nach, sie sind die Ersten. Das Schwierigste ist noch das Anlanden, man treibt wochenlang auf dem Packeis, auch das Überqueren des Gletschergürtels zieht sich, aber oben angekommen, auf dem Plateau, mit den Skiern, da geht es ganz wunderbar, an manchen Tagen macht es den Männern beinahe Spaß.

Sie erreichen die Westküste ein gutes Stück südlich der Diskobucht, da ist es fast Winter, auf das nächste Schiff nach Hause müssen sie sieben Monate warten. Sie machen das Beste daraus. Nansen studiert die Lebensweise der Inuit, er lernt in dieser Zeit alles, was er auf künftigen Expeditionen braucht – fünf Jahre später begibt er sich an Bord der »Fram«, um sich jahrelang im driftenden Eis des Nordmeers einschließen zu lassen und dabei vielleicht den Nordpol zu erreichen. Das ist bis heute die größte und wagemutigste Expedition aller Zeiten.

Bei unserer Tour bleiben wir die ganze Zeit im Gletschergürtel – bis zur endlosen Eisebene wären es gut vierzig Kilometer, zu weit für uns, und es hat ohnehin auch niemand
Skier dabei.

Der Gletschergürtel ist ein wild zerklüftetes, endloses La-
byrinth aus Weiß, Grau und Blau, ein eisiger Irrgarten voller
verschlungener Pfade und Sackgassen, überall scharfe Kan-
ten, schmale Kämme, überhängende Wände und klaffende
Abgründe, schon nach kurzer Zeit habe ich keinerlei Orientie-
rung mehr, der einzige Bezugspunkt ist Johannes, und der
kennt hier offenbar jeden Eisbrocken. Schön, dass er hier
heute dabei ist.

»Jetzt müsst ihr aufpassen«, sagt Johannes irgendwann,
»da kommen gleich ein paar Gletschermühlen, und nicht alle
sind gut sichtbar, also bitte langsam gehen und nicht reinfal-
len, sonst ist unsere Tour hier nämlich zu Ende.«

Ich war darauf vorbereitet, dass wir auf Gletscherspalten
aufpassen müssten, von Gletschermühlen allerdings habe ich
noch nie etwas gehört. Johannes klärt uns auf, und diesmal
merke ich mir jedes Wort. Gletschermühlen werden vom
Schmelzwasser geschaffen, das sich überall hier in kleinen
Bächen sammelt und dann unter dem Eis abfließt. Diese Rinn-
sale gluckern gemütlich vor sich hin, sobald das Wasser aber
unter dem Eis verschwindet, entstehen spiralförmige Hohl-
räume, die immer größer und breiter werden, manche sind
Hunderte Meter tief, andere reichen gar bis zum Grund des
Gletschers, oft verbinden sie sich dort zu reißenden Strömen –
und insgesamt muss man sich vor allem merken, dass man
üblicherweise nie wieder gesehen wird, wenn man aus Versehen in eine Gletschermühle gerät.

Ich wäre vermutlich auch so nicht auf die Idee gekommen,
mir diese vielen kleinen Wasserfälle im Eis aus nächster Nähe
anzuschauen, nach Johannes' Vortrag halte ich aber lieber

noch mal zwei, drei Schritte zusätzlichen Abstand. Es ist schon wirklich besser, hier nicht allein unterwegs zu sein.

Johannes führt uns sicher durch das knisternde Eis, über gefrorene Seen, durch schmale Schluchten, auf einsame Hügel, am Nachmittag taucht die Sonne das Eis in sanft goldenes Licht, diesen Anblick werden wir nie mehr vergessen. Abends sitzen wir im Zelt und erzählen uns Geschichten, nachts kriechen wir in zentnerschwere Schlafsäcke – und am nächsten Morgen verstehe ich endlich auch, warum in so vielen Expeditionsberichten davon erzählt wird, dass das Schwerste an der Polarforschung ist, morgens bei minus dreißig Grad aus dem Schlafsack zu steigen.

Eisberge, überall Eisberge, auch nach einer Woche verschlägt mir dieser Anblick noch immer die Sprache. Immer wieder, jeden Tag aufs Neue, das hört überhaupt nicht auf.

Den ganzen Tag sind sie hier zu sehen. Morgens, nach dem Aufstehen, wenn man aus dem Fenster schaut. Mittags, beim Einkaufen, wenn man durch den Ort schlendert. Abends, nach dem Essen, wenn man auf dem Weg nach Hause ist. Selbst nachts, wenn man aufwacht und kurz rausschaut. Immerzu sind sie da, die ganze Zeit, in einem fort treiben sie durch die Bucht, in allen Formen, Farben und Größen. Eisberge, das ist hier wirklich das Normalste auf der Welt, auch wenn ich nicht glauben kann, dass man sich daran jemals gewöhnt. Was für ein Anblick.

Es sind bizarre, surreale, groteske Formen, an manchen Tagen kriege ich mich überhaupt nicht mehr ein. Da sind gigantische Kästen, monumentale Wände, majestätische Türme, erhabene Kuppeln, verschnörkelte Bögen und dramatische Spitzen, viele sind groß wie ein Lastwagen, die meisten jedoch sind größer, viel, viel größer, eher wie ein Stadion, manche kommen gar auf das Ausmaß einer Kleinstadt. Das sind unfassbare Mengen Eis, dabei sieht man über Wasser nur den allerkleinsten Teil.

Theresa findet, dass ich mich eventuell etwas zu sehr begeistere, aber was soll ich machen, ich habe mir diese Dinger nicht ausgedacht – das sind Burgen, Paläste, Tempel und Kathedralen aus Eis, und sie schwimmen hier ständig vor unserer Nase herum, zu viel Begeisterung ist da gar nicht möglich.

Wir sind in Ilulissat, einem kleinen Örtchen an der Diskobucht, ganz im Westen Grönlands. »Ilulissat« ist grönländisch, wörtlich übersetzt heißt es »Eisberge«, und niemals zuvor ist ein Ort treffender benannt worden. Wir fahren Boot, wann immer es geht, nicht wegen der Wale, sondern wegen des Eises, anders als auf Madeira sind wir uns da gleich einig – stundenlang fahren wir um Eisberge herum, neben Eisbergen her und zwischen Eisbergen hindurch, ich könnte das wahrscheinlich wochen- und monatelang tun, mir würde da niemals langweilig.

Das Eis ist jeden Tag anders, das Licht, die Formen, die Stimmung, je nach Tageszeit, Sonne, Wind und Wetter erscheinen diese Berge leuchtend weiß, matt grau, schmutzig grün, blass blau, sanft rosa oder satt orange – und das sind nur die Farben, die wir an den ersten paar Tagen schon gesehen haben.

Auf dem Wasser klonkt und knarzt es, das sind die Eisklumpen, die ständig an unseren Bug klatschen. Vorsichtig bahnen wir uns den Weg hindurch, unser kleines Boot tuckert tapfer vor sich hin. Um uns herum ein endloses Knistern, alles schmilzt und taut, das Eis ist voller winziger Luftblasen, uralte Luft, jeder einzelne Eiskrümel hier war mal eine Schneeflocke, die auf das Eisschild gefallen ist und von den Gletschern zum

Meer getragen wurde. Für diese Reise hat sie viele Tausend Jahre gebraucht.

Zwischen dem Klonken, Knarzen und Knistern hören wir den vertrauten Blas der Buckelwale, er ist allerdings nicht halb so laut und eindrücklich wie damals in Norwegen, dafür ist hier einfach zu viel los. Die Wale schwimmen in kleinen Gruppen, gemeinsam tauchen sie auf und ab – »FLUKE!«, würde Dag jetzt rufen, und ich erinnere mich wieder, wie irre beeindruckt ich war, als er damals im Bergsfjord bei jedem Wal immer schon wusste, ob er gleich die Fluke hebt. Heute sehe ich das selbst ganz gut, auch aus größerer Entfernung wie hier.

»Näher können wir nicht ran«, sagt unser Kapitän, »das ist zu gefährlich, die Eisberge, wenn sie sich drehen oder auch nur kleinere Stücke abbrechen, da können enorme Flutwellen entstehen, voller Eisbrocken, da haben wir mit dem Boot keine Chance, noch rechtzeitig wegzukommen. Daher niemals zu nah ranfahren, man weiß nie, was das Eis macht.«

Ich habe mal gelesen, dass die Inuit die Stabilität eines Eisbergs auf den ersten Blick erkennen, sie können die Schatten und Risse deuten, auch das Knirschen und Knacken – sie fühlen es irgendwie, wenn das Eis zu brechen beginnt. Unser Kapitän allerdings gehört nicht zu den Inuit, er heißt Günther und kommt aus Mannheim. Günther ist Ingenieur, die Arbeit hat ihn hergebracht, ganz zufällig, irgendwann in den Neunzigern, seitdem ist er hier, er wollte nie mehr weg. Er hat umgeschult, ein kleines Boot gekauft, ein paar Bücher über Wale und Eisberge gelesen, und jetzt fährt er die Menschen hier durchs Eis und wirkt doch sehr zufrieden. Auch wenn er nicht so gern nah ranfährt.

Es ist bei Eisbergen so, dass man sich das meiste vorstellen muss, über Wasser sieht man nur den kleinsten Teil, die Spitze des Eisbergs, das ist bekannt. Wie viel das allerdings ist, was man sich da vorstellen muss, kommt immer drauf an. Es geht um die Luft, die im Eis eingeschlossen ist – je mehr kleine Bläschen, desto leichter der Berg, und je nachdem schaut oben dann eher ein Siebtel oder lediglich ein Zehntel heraus. Günther sagt, dass das Eis hier hart und schwer ist, da ist kaum Luft drin, bei jedem Eisberg müssen wir uns daher noch mal das Neunfache dazudenken. Ich finde das schwierig.

Verantwortlich für all diese Eisberge ist ein einziger Gletscher, der Jakobshavn Isbræ, die Inuit nennen ihn »Sermeq Kujalleq«, den »südlichen Gletscher«. Er arbeitet im Akkord, beinahe manisch, auf der gesamten Nordhalbkugel ist kein anderer Gletscher auch nur annähernd so produktiv. Jedes Jahr gelangen hier dreißig bis vierzig Milliarden Tonnen Eis ins Meer, Tendenz stark steigend, das ist ungefähr so viel wie fünfzehn bis zwanzig Berlins, das haben Forschende vor ein paar Jahren mal ausgerechnet.

Die Gletscherkante liegt weit im Landesinneren, seit vielen Jahrzehnten zieht sie sich immer schneller zurück, das ist bei fast allen Gletschern der Welt dasselbe. Über den Eisfjord gelangt das Eis ins offene Meer, das allerdings dauert mehr als ein Jahr, gegen Ende hin wird der Fjord flacher und flacher – zu viel Schutt, zu viel Geröll, zu viel Eis, eine natürliche Barriere, alles staut und stapelt sich, wird über-, in- und aufeinandergeschoben, da wird gedrückt und gedrängelt, mit urzeitlicher Kraft, der ganze Fjord rumpelt, donnert und grollt, es ist ein einziges eisiges Chaos.

Von der Diskobucht aus treibt das Eis über die Davisstraße in die Labradorsee, manche Eisberge schaffen es bis weit in den Nordatlantik hinein, so groß sind sie – selbst in St. John's in Neufundland kann man noch Bootstouren buchen, um diese Eisberge zu bestaunen, das ist gut zweitausendfünfhundert Kilometer weit weg. Vermutlich stammt auch der Eisberg, mit dem 1912 die Titanic kollidierte, von diesem Gletscher –

»Iceberg, right ahead!«, der berühmte Ruf des Ausgucks Frederick Fleet, hier passt er jeden Tag.

Überall zwischen den Eisbergen sehen wir den Blas der Buckelwale, das sind mächtige Dampfwolken, viele Meter hoch, zwischen dem Eis allerdings wirken sie beinahe mickrig. Bei der Walbeobachtung hat man auf dem Wasser meist keine Vorstellung, wie groß der Wal überhaupt ist. Es fehlt der Vergleich, die Referenz, der Maßstab. Im Internet gibt es Bilder von Buckelwalen, die direkt neben einem Boot abtauchen – und plötzlich erscheint ihre Fluke so gewaltig, dass das Boot eher wie Spielzeug aussieht. Hier, neben diesen turmhohen Eisklötzen, sind es nun allerdings die Wale, die wie Spielzeug wirken.

Bei den Anbietern von Waltouren ist der Buckelwal der mit Abstand beliebteste. Kein anderer Wal besitzt ein solches Talent, die Menschen zu unterhalten. Schon Melville nannte ihn den »merry whale«, den fröhlichen, lustigen, unbekümmerten Wal, und das trifft es ganz gut, zumindest von außen betrachtet. Buckelwale sind extrem neugierig, sie kommen nah an die Boote heran, sie heben den Kopf aus dem Wasser, rudern mit den Flossen an der Oberfläche herum, beim Abtauchen zeigen sie beinahe immer die Fluke – und vor allem lieben sie es zu springen. Immer und immer und immer wieder. In Australien haben wir mal ein Buckelwalbaby gesehen, das überhaupt nicht mehr aufhörte damit, das ging über eine Stunde so, es sprang und sprang und sprang, mit einer wahnsinnigen Energie und Freude.

Viele Wale springen, keiner jedoch hat ein solches Repertoire auf Lager wie der Buckelwal. Er ist der große Akrobat der Meere. Bei den meisten Walen ist es so, dass sie in der Luft ein bisschen klobig, plump oder gar wurstig aussehen, das ist nicht immer schön, sie klatschen einfach irgendwie aufs Wasser. Ganz anders der Buckelwal. Er springt vorwärts, rückwärts oder seitlich, in der Luft macht er halbe, ganze oder mehr Schrauben, dann schlägt er wuchtig auf dem Wasser auf, diesen Knall hört man kilometerweit – jeder Sprung ein Kunstwerk, aufwendig und elegant inszeniert.

Gegenüber anderen Walen hat der Buckelwal enorme technische Vorteile, seine Brustflossen sind unwahrscheinlich lang, bis zu fünf Meter, sie machen ihn agil und wendig. Der Buckelwal ist beweglich wie kaum ein anderer Koloss, er beherrscht schnelle Drehungen und abrupte Richtungswechsel, über und unter Wasser, völlig egal, und womöglich begeistert ihn das einfach auch selbst, manchmal sieht es zumindest so aus.

Es sind aber nicht nur die Kunststücke und die zur Schau gestellte Lebensfreude, die die Menschen so begeistern. Es ist auch das sonstige Betragen. Es gibt einige Geschichten, bei denen alles danach aussieht, dass der Buckelwal anderen Spezies in höchster Not zu Hilfe kommt, und gerade solche Dinge finden wir Menschen ja immer sehr sympathisch.

Man hat schon beobachtet, wie ein panischer Seelöwe, der von einer Horde hungriger Orcas verfolgt wurde, Zuflucht bei einem Buckelwal suchte – die der ihm dann auch gewährte. Er drehte sich auf den Rücken, ließ den Seelöwen auf seinen Bauch und schützte ihn mit seinen Brustflossen. Als die Orcas näher kamen, drückte der Wal seinen Rücken durch, sodass der Seelöwe nun auf dem Trockenen saß, und dort hielt er ihn sicher verwahrt, bis sich die Orcas einen anderen Seelöwen suchten.

Einen ausgewachsenen Buckelwal anzugreifen ist aus Sicht der Orcas keine gute Idee, seine Brustflossen sind übersät mit scharfen, spitzen und harten Seepocken – das sind gefährliche Waffen, ein gezielter Hieb damit kann tödlich sein.

Die Walforscherin Nan Hauser hat Ähnliches erlebt. Beim Tauchen im Südpazifik wurde sie mal energisch von einem

Buckelwal bedrängt, er schob und schubste sie herum, hob sie aus dem Wasser und legte seine Brustflossen um sie – Hauser war verwirrt, von so etwas hatte sie noch nie gehört. Irgendwann schaffte sie es zurück ins Boot, wo man sie dann fragte, ob sie eigentlich diesen vier Meter langen Tigerhai gesehen habe, der da doch bedrohlich nahe um sie herum geschwommen war. Hauser hatte ihn nicht bemerkt, der Wal aber offenbar schon – Hauser ist überzeugt, dass er sie beschützen wollte.

So verspielt und gutmütig Buckelwale in der Theorie auch scheinen, hier in der Praxis sind sie vor allem mit der Jagd beschäftigt. Sie schwimmen dicht am Eis, die ganze Zeit, denn dort gibt es Nahrung im Überfluss. Auf ihrer langen Reise mahlen sich die Gletscher durch den grönländischen Boden, dabei nehmen sie Unmengen an Erde, Staub und Schmutz auf – Nährstoffe und Mineralien, die im Meer die Algen erfreuen und mit ihnen die gesamte marine Nahrungskette: Plankton, Fische, Vögel, Robben, Wale, die Eisberge sind ein Fest für alle, und das liegt an winzigen Krebsen, die man »Krill« nennt.

Ich lebe seit vielen Jahren in München, und in München ist es üblich, dass man einen Stammtisch hat. Um die vielen Jahre, die ich zuvor nicht in München gelebt hatte, ein bisschen auszugleichen, habe ich sicherheitshalber sogar gleich zwei Stammtische, und normalerweise geht es dort um die Themen Musik, Sport, Politik und Erziehung, gelegentlich wird aber auch die Sache mit den Walen angesprochen, man möchte dann zum Beispiel wissen, welche Reise als Nächstes geplant ist oder was auf der vorherigen nun genau erlebt und gelernt wurde.

In diesem Zusammenhang fiel irgendwann, ganz nebenbei

und beiläufig, auch der Begriff »Krill«, und als ich gerade ausholen wollte, um irgendeine Geschichte um den Krill herum zu erzählen, wurde ich auch schon unterbrochen, denn einer der Anwesenden wollte erst einmal wissen: »Was ist denn bitte Krill!?«

Meine zwei Stammtische bestehen aus informierten und interessierten Leuten, die bei der Arbeit termingerecht ihre Projekte erledigen, zu Hause erfolgreich ihre Kinder großziehen und zwischendrin gut in der Welt und im Leben herumkommen. Die wissen schon Bescheid. Ich dachte daher zunächst, dass diese Frage ein Scherz sei, jedoch schienen plötzlich auch andere in der Runde überraschend gespannt auf eine Antwort zu warten.

In der Forschung gibt es Menschen, die Krill ganz ernsthaft als wichtigste Lebewesen dieses Planeten bezeichnen, denn ohne Krill würde im Prinzip alles zusammenbrechen, und mein Stammtisch hatte also noch nie von ihm gehört.

Ich erwähne das nicht, um meinen Stammtisch bloßzustellen, sondern weil es heutzutage eben so ist, dass es so viele wichtige Themen und so unterschiedliche Wege gibt, sich zu informieren, dass man einfach nicht mehr ständig alles bei allen voraussetzen kann. Wir leben auf vielen kleinen verstreuten Inseln in einem endlosen Ozean von möglichem Wissen, und immer wieder weiß irgendwer irgendwas nicht, das für andere bis dahin eigentlich total zentral und grundlegend war. Das ist wie mit den vielen angesagten Serien, da kann man auch nicht immer alle kennen.

Ich habe den Stammtisch daraufhin gefragt, ob womöglich »Plankton« ein Begriff ist, und die erfreute Antwort war, dass man davon natürlich schon oft in irgendwelchen Seemannsgeschichten und Piratenfilmen gehört habe, dass man gerade allerdings nicht erklären könne, um was es da genau ging – und wo man gerade so darüber nachdenke, könne es aber auch sein, dass man das nur mit den »Planken« verwechsele, über die die Meuterer und Halunken in den Geschichten immer ins Meer geworfen wurden. Wir haben also zunächst kurz über Plankton gesprochen.

Unter Plankton versteht man sämtliche Organismen, die frei schwebend im Meer herumtrudeln, es sind kleine, sehr kleine und mikroskopisch kleine Gesellen, die sich von den Strömungen treiben lassen. Die pflanzlichen Organismen nennt man Phytoplankton, die tierischen Zooplankton, zusammen bilden sie die beiden untersten Stufen der marinen Nahrungskette – und sie sind so wahnsinnig wichtig, dass ohne sie nicht nur die Ozeane, sondern gleich die ganze Welt nicht funktionieren würde.

Beim Phytoplankton geht es vor allem um verschiedene Algenarten, die sich immer wieder kleine, harte Kalkschalen bauen, die ihnen beim Wachsen dann allerdings schnell zu klein werden, sodass sie sie auf den Meeresboden fallen lassen, um sich neue zu bauen. Für den Bau und zum Leben benötigen sie Kohlendioxid, das sie aus der Luft filtern und zu Zucker verarbeiten, wobei sie als Nebenprodukt Sauerstoff herstellen, den sie selbst zwar nicht brauchen, dafür aber alle Lebewesen um sie herum.

Es gibt so viel Phytoplankton in den Meeren, dass es mehr Sauerstoff produziert und mehr Fläche bedeckt als alle Wälder der Erde zusammen. Im Vergleich mit den Wäldern ist das Phytoplankton außerdem viel fleißiger – während die Wälder Sonnenlicht benötigen, um Fotosynthese betreiben und Sauerstoff produzieren zu können, ist dem Phytoplankton die Tageszeit komplett egal, es kann rund um die Uhr produzieren. Die Forschung schätzt, dass wir mindestens jeden zweiten Atemzug unseres Lebens dem Phytoplankton zu verdanken haben.

Durch das ständige Abwerfen und Neubauen seiner Kalkschalen sorgt Phytoplankton außerdem dafür, dass Kohlendioxid im großen Stil aus der Luft gezogen und schließlich dort gelagert wird, wo es erst einmal niemanden stört: auf dem Meeresboden.

Phytoplankton begnügt sich allerdings nicht nur mit der unermüdlichen Produktion von Sauerstoff und der sachgemäßen Endlagerung von Kohlendioxid, es macht sich darüber hinaus auch noch als erstes und wichtigstes Glied der gesamten marinen Nahrungskette verdient, Phytoplankton ist nämlich nicht nur im Überfluss vorhanden sondern auch wahnsinnig nahrhaft – vor allem für Zooplankton.

Zooplankton bildet das zweite Glied der Nahrungskette, und es ist sogar noch zahlreicher vorhanden, als das Phytoplankton. Man versteht darunter alle möglichen Arten, die sich im Meer von den Strömungen treiben lassen – Quallen, Krebse, Würmer, Fischeier, Larven, sie alle gehören zum Zooplankton dazu, manche bleiben es ihr Leben lang, andere verabschieden sich aus der Gruppe, sobald sie groß genug sind und selbstständig reisen können.

Zooplankton wurde von der Natur mit zwei wichtigen und verantwortungsvollen Aufgaben betraut – zum einen muss es verhindern, dass das Phytoplankton überhandnimmt und die Meere dadurch zu einem riesigen Algensalat werden, zum anderen muss es das halbe Meer ernähren, Zooplankton ist nämlich für zahllose Meeresbewohner die mit Abstand wichtigste Nahrungsquelle.

Einer der häufigsten Vertreter des Zooplanktons ist nun: Krill. Krill ist eine Krebstierart, von der sich nicht nur die großen Bartenwale hauptsächlich ernähren, sondern im Grunde der halbe Ozean. In gigantischen Schwärmen treibt, rudert und wuselt er vor allem in den polaren Gewässern herum, immer nah am Eis. Krill ist winzig, manche Arten sind nur wenige Millimeter groß, andere bringen es auf ein paar Zentimeter, und was Krill an Größe fehlt, macht er durch seine schiere Masse mehrfach wett.

Die Schätzungen variieren, eine genaue Zählung ist schwierig, aber grob geht man davon aus, dass es auf diesem Planeten rein von der Biomasse her ungefähr so viel Krill gibt wie Menschen, vielleicht ist es aber auch deutlich mehr, und wenn man jedes einzelne Krebschen mal als Individuum betrachtet, kommt man auf ungefähr zwei- bis dreihundert Billionen Köpfe.

Da Krill als Nahrungsquelle so beliebt ist, macht er sich tagsüber möglichst rar. Die meiste Zeit verbringt er in den tieferen Schichten des Ozeans, erst gegen Abend begibt er sich auf den Weg an die Oberfläche, um sich dort über die Algen herzumachen, zusammen mit einer Armee anderer Ozeanbewohner. Diese Wanderung stellt alle anderen Tierwanderungen der Erde in den Schatten, selbst die der Gnus in der Serengeti oder die der Karibus in Nordamerika. Und sie findet jeden Tag statt. Man hat herausgefunden, dass diese Tiere allein durch ihre schiere Masse Auf- und Abwärtsströmungen erzeugen, die die Wassersäule über viele Meter hinweg durchmischen und dadurch Unmengen von Nährstoffen nach oben spülen.

Ohne Krill würden die Algen überhandnehmen, die meisten Meeresbewohner nicht satt und die Ozeane nicht ausreichend durchmischt werden – und da Krill sich von Phytoplankton ernährt, das sich wiederum vom Sonnenlicht ernährt, hört man immer wieder mal den wahnsinnig schönen Spruch, dass sich die Wale also beinahe von der Sonne selbst ernähren.

Wie schon auf den Shetlands mit den Puffins habe ich auch in Grönland einen heimlichen Reisewunsch: Narwale sehen. Allerdings ist eine Begegnung eher unwahrscheinlich, es bräuchte schon wahnsinniges Glück, ich hatte daher vor der Reise lieber mal etwas Erwartungsmanagement mit mir selbst betrieben, damit hatte ich auf Madeira ja ganz gute Erfahrungen gemacht.

Narwale werden oft auch als die »Einhörner der Meere« bezeichnet, weil sie über einen meterlangen, spiralförmigen Zahn aus Elfenbein verfügen, der zwar eigentlich ein etwas aus dem Ruder gelaufener Stoßzahn ist, in Europa aber für viele Jahrhunderte nur als Horn des legendären Einhorns firmierte. Zumindest im Meer gibt es diese mystischen Fabelwesen also wirklich, allerdings nur hier im arktischen Meer, und immer nur nah an der Eisgrenze, es ist daher nicht so leicht, sie zu Gesicht zu bekommen. Aber wenn man nun schon in Grönland ist, kann man es ja wenigstens mal versuchen.

Wahrscheinlich waren es die Wikinger, die den Zahn im 11. Jahrhundert erstmals nach Europa brachten, und natürlich waren sie gern bereit, ihn auf Wunsch auch als magisches Pferdehorn zu verkaufen, das brachte ohnehin viel mehr Geld.

Während Narwalzähne für die Wikinger ein Alltagsgegenstand waren, aus denen sie Griffe für Dolche oder Schwerter fertigten und Anhänger oder Spangen für ihre Frauen schnitzten, waren Einhornhörner für die Adligen und Reichen in Europa ein sündhaft teures und irre begehrtes Statussymbol – für ein einziges Horn mussten sie den Gegenwert einer ganzen Burg auf den Tisch legen, und vermutlich hat es den Wikingern einiges abverlangt, während dieser Geschäfte nicht zu lachen.

Auch sonst waren die Wikinger gut im Verkaufen. Der Name »Grønland« zum Beispiel geht auf das altnordische »Grænland« zurück, was »Grünland« bedeutet und natürlich Unsinn ist, mit der Realität vor Ort hat das rein gar nichts zu tun, das wusste auch Erik der Rote, der sich diesen Namen ursprünglich mal ausgedacht hat. Im 10. Jahrhundert war er gerade auf der Suche nach einem neuen Zuhause gewesen, nachdem er sich in Island etwas unbeliebt gemacht hatte. Im Westen war er nun auf eine unbewohnte, aber eben auch ziemlich eisige Insel gestoßen, und er war davon ausgegangen, dass es leichter sein würde, ein paar seiner Gefolgsleute zum Umzug zu bewegen, wenn am Ende der beschwerlichen Reise durch das Nordmeer also kein unwirtlicher Eisklotz wartete, sondern ein grünes Land: Grünland. Erik der Rote wusste, wie man Geschichten erzählt und Menschen begeistert; seinen Sohn Leif zog es später sogar noch weiter nach Westen – er entdeckte dort dann Amerika.

Die Sache mit den Einhörnern hielt sich beharrlich, im 17. Jahrhundert kam man zwar darauf, dass es sich bei den teuren Hörnern wohl eher um die sonderbaren Zähne eines seltenen Wals handelte – allerdings führte das nicht dazu, dass man in Europa nicht mehr an Einhörner glaubte. Im Gegenteil. Da man den unbekannten Wal fortan als »Einhorn der Meere« bezeichnete und der Zeitgeist verlangte, dass es für jedes Meerestier auch ein Pendant an Land geben musste, war der Zahn nun sogar der beste Beweis FÜR die Existenz des Einhorns – wenn es im Meer Einhörner gab, musste es sie auch an Land geben, das war ja nur logisch.

Auch heute noch ist dieser Zahn ein Mysterium, er lässt ausreichend Raum für alle möglichen Ideen. Theoretisch könnten alle Narwale in ihrem Oberkiefer zwei Stoßzähne ausbilden, praktisch tun es aber fast nur die Bullen und das beinahe immer auf der linken Seite – der Zahn stößt durch die Lippe und wächst und wächst und wächst. Die Forschung ging stets davon aus, dass es sich hier um ein sekundäres Geschlechtsmerkmal handelte, das vor allem dazu da ist, Kühe zu beeindrucken und Rivalen zu bekämpfen, vielleicht könnte der Zahn auch genutzt werden, das Eis aufzubrechen und Beute aufzuspießen – Vieles war denkbar.

Irgendwann bat man ein paar Zahnärzte, sich die Sache mal anzuschauen, und die kamen zu ganz anderen Ergebnissen. Der Narwalzahn ist höchst ungewöhnlich aufgebaut, er ist das genaue Gegenteil eines handelsüblichen Zahns – innen hart, starr und weitgehend taub, außen dagegen weich, flexibel und überaus sensitiv. Auch die vielen fein gewundenen Nervenbahnen in den äußeren Schichten hatte man so noch nicht gesehen. Als Stoßzahn war dieses Ding ganz sicher nicht zu gebrauchen, jede einzelne Berührung damit musste ziemlich schmerzhaft sein.

Diese Erkenntnisse führten zu der Theorie, dass es sich beim Zahn des Narwals womöglich auch um ein hoch sensibles sensorisches Organ handeln könnte, mit dem der Wal vielleicht Salzgehalt, Temperatur und Druck des Wassers ermitteln kann – was ziemlich praktisch wäre, wenn man sein ganzes Leben nah an der Eisgrenze verbringt und darauf angewiesen ist, immer wieder neue Löcher, Spalten und Pfade im umherdriftenden Eis ausfindig zu machen.

Narwale sind kleine, scheue Wale, sie wandern das ganze Jahr der Eisgrenze hinterher, das Eis bietet ihnen Schutz, niemand sonst wagt sich so weit hinein wie sie, niemand sonst kann sich dort so gut orientieren, niemand sonst hat so einen sensorischen Superzahn – das Eis ist ein gefährlicher Ort, die Narwale aber haben einen meterlangen Wettbewerbsvorteil.

Um Narwale zu finden, muss man also an den Rand des Eises, und je weiter der Sommer fortgeschritten ist, desto weiter nördlich liegt die Eisgrenze. Ich habe mal gelesen, dass man am äußersten Ende der Diskobucht vielleicht noch eine Chance hätte, vor Qeqertarsuaq zum Beispiel, manchmal würden die Wale den Sommer in den tiefen Fjorden der Diskoinsel verbringen.

Qeqertarsuaq besteht aus ein paar bunten Häuschen, die um den winzigen Hafen herum gebaut wurden, es gibt eine Kirche, die sehr nach der Villa Kunterbunt aussieht, ein Museum, in dem ein paar Walfangutensilien ausgestellt sind, einen Supermarkt, vor dem sich ein wesentlicher Teil des öffentlichen Lebens abspielt, und einen kleinen Kiosk, in dem wir jetzt mal fragen, wie es hier mit Narwalen aussieht und ob es jemanden gibt, der mit uns eine Bootstour machen will.

»Hmm, also für Narwale seid ihr ein bisschen zu spät«, sagt Lars, der den Kiosk betreibt und sich freut, dass mal jemand vorbeischaut. »Die beste Zeit ist das Frühjahr, kurz bevor das Eis aufbricht, da haben wir viele Narwale hier«, erklärt er, während er sein Handy rausholt und uns ein paar Bilder zeigt. »Jetzt ist es schwierig, aber man weiß ja nie, mein Vater fährt gern mit euch raus, ich rufe ihn gleich an, kommt in einer Stunde zum Hafen, er holt euch dort ab.«

Wir trinken noch einen Kaffee mit Lars und gehen dann am Strand spazieren. Schwarzer Sand, glitzernde Eisbrocken, dunkles Treibholz, marode Fischernetze, morsche Boote, die Bucht voller Eis – Sommer in Grönland. In der Ferne tauchen drei, vier Wale auf, vielleicht zweihundert Meter entfernt. Hoher Blas, langer Rücken, sichelförmige Finne: Finnwale! Ich habe mal gelesen, dass man sie hier in Qeqertarsuaq oft vom Strand aus beobachten kann. Langsam ziehen sie an den bunten Häuschen der Bucht vorbei – vom Wasser aus müsste das jetzt ziemlich toll aussehen.

Wir gehen zum Hafen. »Hoffentlich erkennt der uns«, sage ich. »Wir sind die einzigen, die hier auf irgendwas warten«, antwortet Theresa, »ich glaube, der kann uns kaum übersehen.« Wir warten. Nach einer Weile kämpft sich ein winziges Bötchen durch das Wasser, es ist so groß wie eine Badewanne, nur mit Motor, tapfer arbeitet es sich voran, und zwar genau in unsere Richtung. »Hoffentlich ist er das nicht«, sage ich,

»damit müsste ich jetzt nicht unbedingt zu den Walen fahren, das sieht doch arg wacklig aus.« – »Glaube ich nicht, viel zu klein«, sagt Theresa, »da würden wir ja kaum zu dritt reinpassen, das ist bestimmt nur ein Fischer.«

Während Theresa das sagt, winkt der Fischer uns fröhlich zu, immer wieder, ja, er meint uns, ganz eindeutig, das also ist Lars' Vater, und er holt uns jetzt ab. Wir winken zurück.

Lars' Vater ist ein kräftiger und kompakter Mann, vielleicht um die fünfzig, vielleicht auch weit über neunzig, unmöglich zu sagen, das ist wie bei Senhor Luís auf Madeira – die viele Zeit auf dem Wasser scheint den Leuten gutzutun, egal bei welcher Temperatur. Lars' Vater winkt, dann bittet er uns an Bord. Er kann ein paar Brocken Englisch, das reicht, den Rest lacht er einfach weg. Wir steigen ein. Man muss Vertrauen haben, dieses Ding wird ja nicht ausgerechnet heute kentern.

Theresa erzählt, dass wir am Strand gerade ein paar Finnwale gesehen haben, und zeigt in die Richtung, in die sie geschwommen sind. Lars' Vater ist überrascht, »Oooohhh, you know the whales!!!«, ruft er erfreut, dann lacht er herzlich und fährt los. Kein Wind, ruhige See, samtweiches Licht, was für ein phantastischer Tag für eine Bootstour!

Das Boot ist schneller als gedacht, es dauert nicht lang, bis wir die Finnwale sehen, sie schwimmen ruhig neben uns her, und wir kommen uns dabei vor wie Spielzeug. Nach den Blauwalen sind Finnwale die größten Tiere, die es auf diesem Planeten je gegeben hat, sie kommen auf fünfundzwanzig Meter und hundert Tonnen Gewicht – und von allen Walen sind sie es, die sich am wenigsten für Boote interessieren, das finde ich jetzt ganz angenehm. Im immer gleichen Rhythmus tauchen sie auf und ab, das ist beinahe beruhigend, wenn es nur nicht so laut wäre, PHHHOOOOOOMMMM, ein Atem wie ein Donnerschlag, zumindest aus dieser Nähe.

Nach einer Weile lassen wir sie ziehen, Lars' Vater hat ein

Stück hinter uns ein paar Buckelwale ausgemacht, da will er jetzt hin, er gibt Gas, mit vollem Tempo fährt er auf sie zu. Ich erzähle ihm, dass ich gerade bei Buckelwalen immer ein bisschen nervös bin, zumindest in einem so kleinen Boot wie unserem, weil Buckelwale so gerne springen, und gerade bei einem so kleinen Boot könne das ja schnell mal schiefgehen. Da lacht Lars' Vater herzlich und sagt, dass ihm das ganz genauso gehe – dann fährt er weiter fröhlich auf sie zu.

Die Wale tauchen ab, einer nach dem anderen, drei mächtige Fluken, jede einzelne weitaus größer als unser Boot, »hoffentlich wird das jetzt nicht zur Hand Gottes hier«, denke ich, während das Wasser mit irrem Getöse von diesen riesigen Schaufeln hinunterfließt, wie bei einem Wasserfall, und wir stehen fast direkt drunter. Nach ein paar Sekunden ist alles still, zurück bleibt der kreisrunde Abdruck der Fluken. Ich habe mal gelesen, dass die Inuit es scheuen, durch diese heilige Spur des Wals zu fahren, sie nennen sie »qaala«, für sie ist der Flukenabdruck die Spiegelung des Wals in unserer Welt – Lars' Vater hat das vermutlich aber nicht gelesen, jedenfalls fährt er da jetzt einfach durch.

Später zeigt er uns ein Video auf seinem Handy, ein Buckelwal, der keine fünf Meter neben seinem Boot urplötzlich aus dem Wasser schießt und mit LAUTEM KNALL auf die Oberfläche klatscht. Es gibt eine Flutwelle, das Boot schaukelt, das Video wackelt, und Lars' Vater lacht. »Die Wale wissen genau, was sie tun«, sagt er, »wir müssen Vertrauen haben.«

.

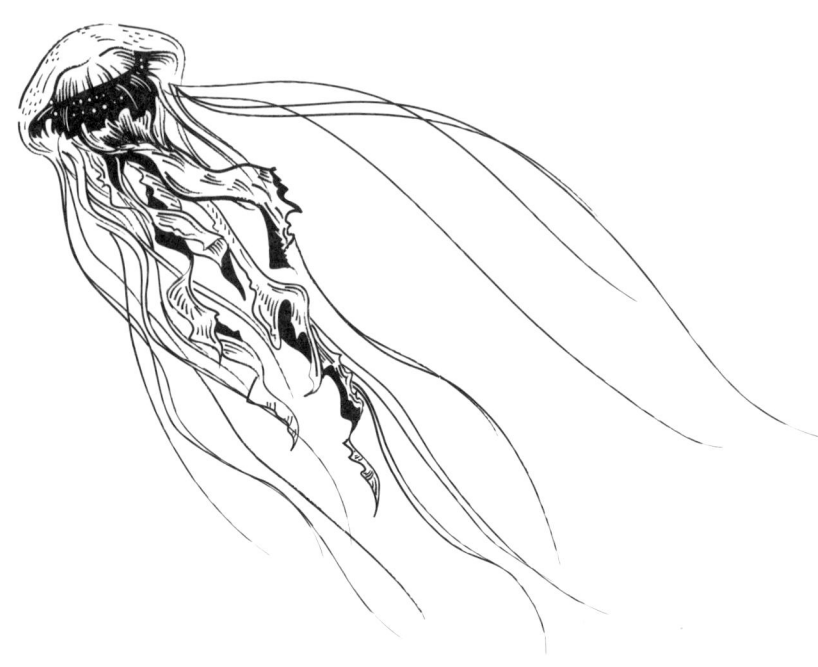

»Wir können – oder besser sollten –
nicht überleben, wenn wir nicht lernen,
andere Spezies zu schätzen und mit
ihnen im Einklang zu leben.«
  – PAUL WATSON, *Aktivist*

#8

Wesen wie wir

BEWUSSTSEIN, INTELLIGENZ, KULTUR – ÜBER UNSERE VERMEINTLICHE SONDERSTELLUNG

Auf Wale wäre Frank Watlington wohl nie gekommen. Er war Ingenieur, seit den Fünfzigern hatte er für das amerikanische Militär Unterwassermikrofone entwickelt, und eines schönen Morgens saß er in einer streng geheimen Station irgendwo in der Karibik, um das Meer nach russischen U-Booten abzuhören. Watlington ließ sein Mikrofon auf knapp fünfhundert Meter hinab – und hörte plötzlich merkwürdige und fremdartige Laute, die ihm beinahe unheimlich waren. Er hatte keine Ahnung, womit er es da zu tun haben könnte, aber gerade auch keine Zeit, sich weiter darum zu kümmern, die russischen U-Boote warteten. Watlington behielt die Aufnahmen erst mal für sich, sie waren schließlich nur störender Lärm, der das übertönte, wonach er eigentlich suchte. Später dann spielte er sie einheimischen Fischern vor – die kannten diese Laute längst und lachten nur. »Ach, das sind nur Wale«, sagten sie, »Buckelwale.«

Watlington gab seine Aufnahmen an den jungen Meeresbiologen Roger Payne weiter, der gerade zufällig in der Gegend war, um Buckelwale zu erforschen. Payne war begeistert. Er erkannte, wie einmalig und besonders diese Aufnahmen waren, so etwas hatte die Welt noch nicht gehört. Er ließ sie

173

auf Schallplatte pressen, 1970 erschienen die *Songs of the Humpback Whale*, sie wurden ein enormer kommerzieller Erfolg. Ein paar Jahre später wurden sie noch auf CD einer Ausgabe von *National Geographic* beigelegt – zehn Millionen Exemplare in fünfundzwanzig Ländern, eine solche Auflage hatte noch kein Album jemals zuvor erreicht.

Obwohl die Gesänge der Buckelwale seitdem umfassend und enthusiastisch erforscht werden, sind sie für alle Lebewesen, die nicht zufällig gerade selbst ein Buckelwal sind, noch immer ein ziemliches Rätsel. In der Buckelwalforschung ist nicht einmal abschließend geklärt, warum die Wale überhaupt singen – dafür sind immerhin Aufbau und Struktur ihrer Gesänge grob verstanden.

Das Lied eines Buckelwals kann bis zu dreißig Minuten dauern, die meisten Wale singen allerdings deutlich länger, meist über viele Stunden, gelegentlich auch einige Tage hinweg. Sie singen immer dasselbe Lied, in Dauerschleife, die ganze Zeit. Beim Singen stehen sie senkrecht im Wasser, meist mit dem Kopf nach unten, das sieht merkwürdig aus, ergibt aber Sinn, weil der Wal auf diese Weise den Meeresgrund als Resonanzfläche nutzen kann, seine Lieder können sich so viel besser entfalten.

Ein Lied besteht aus mehreren Themen, meist sind es sechs bis acht, sie sind in fester Reihenfolge angeordnet. Jedes Thema wiederum besteht aus zahlreichen Sätzen, wobei die Anzahl der Sätze von Thema zu Thema stark variieren kann – manchmal sind es zwei, manchmal auch zwanzig, und bei jeder Wiederholung kann es passieren, dass der Wal die Anzahl der Sätze verändert. Das macht die Analyse nicht unbedingt leichter.

Die Sätze wiederum enthalten einzelne Töne, die manchmal nur eine Zehntelsekunde lang sind, manchmal aber auch über sechs bis acht Sekunden gehalten werden. Sie bestehen in erster Linie aus verschiedenen Grunz-, Stöhn-, Seufz-, Rülps- und Quietschlauten, werden vom Wal aber aufwendig arrangiert und klingen gerade als Gesamtwerk wirklich sehr schön.

Bei der weiterführenden Liedanalyse hat man herausgefunden, dass die Wale sogar reimen. Viele Sätze enden mit denselben oder ähnlichen Tönen, einzelne Themen erhalten dadurch Muster, die sich über mehrere Themen hinweg wiederholen können. Auf diese Weise entstehen überaus ambitionierte Rhythmen und Strukturen. Es ist außerdem so, dass sich die Lieder mit der Zeit verändern, Themen werden weiterentwickelt, verworfen und ersetzt, Satztypen umgebaut, verfeinert und verschoben – die Wale erschaffen damit alle paar Jahre ein komplett neues Lied, und die Walgesangsforschung hat dadurch immer gut zu tun.

Mitte der Neunziger machte man vor der Küste von Australien die Entdeckung, dass die Wale nicht einfach nur so vor sich hin singen, sondern dass sie die Lieder anderer Wale Stück für Stück übernehmen – wie bei einem Hit, den plötzlich alle singen. Und alle Wale gemeinsam machten sich offenbar daran, diesen Hit weiterzuentwickeln: Man fand heraus, dass die Lieder wandern. Was zunächst nur an der Westküste gesungen wurde, hatte sich einige Zeit später auch an der Ostküste durchgesetzt, obwohl die Wale der Westküste niemals selbst an die Ostküste reisen. Im Lauf von ein paar Jahren schwappte der aktuelle Hit einmal durch den halben Pazifik – von Australien über Fidschi, Tonga, Amerikanisch-Samoa, die Cook-Inseln bis Französisch-Polynesien. So ist es auch im Atlantik. Die Lieder verbreiten sich über viele Tausend Kilometer, über Monate und Jahre hinweg springen sie von einem Wal zum nächsten, und während im Osten noch die Hits der Vorjahre gesungen werden, basteln die Wale im Westen bereits an den neuen. Und immer wandern die Lieder von West nach Ost, niemals in umgekehrter Richtung. Niemand weiß, warum.

Vermutlich singen nur die Bullen, es ist wahrscheinlich, dass ihre Lieder etwas mit der Partnersuche zu tun haben. Allerdings hat man noch nie eine Kuh dabei beobachtet, dass sie sich einem singenden Bullen nähert. Das könnte aber auch daran liegen, dass paarungswillige Bullen bereits ausreichend aufdringlich sind.

Vielleicht geht es den Bullen auch darum, Konkurrenten zu beeindrucken. Je länger ein Wal singen kann, desto länger muss er die Luft anhalten können und desto größer, gesünder und attraktiver muss er unterm Strich also sein. Mit dem Aufgreifen der Lieder versucht der Wal vielleicht nur, möglichst wenig Risiko einzugehen – ein Lied, das alle singen, wird schon gut sein und Erfolg bringen. Mit der Weiterentwicklung wiederum bringt der Wal seine eigene persönliche Note ein, die ihm einen Vorteil verschaffen soll.

Das ist auch bei uns Menschen eine gängige und beliebte Kulturtechnik – in der Popmusik nennen wir sie »Sample«, im Internet hat sie als »Meme« eine Weltkarriere hingelegt. Indem wir Samples und Memes verwenden, zeigen wir einerseits, dass wir komplett Bescheid wissen und immer auf der Höhe der Zeit sind, andererseits, dass wir irre kreativ und einzigartig sind.

Dass Tausende von Walen dasselbe Lied singen und über Jahre hinweg weiterentwickeln, während es einmal durch den gesamten Ozean wandert, lässt sich schlüssig nur damit erklären, dass die Wale einander zuhören, sich gegenseitig nachahmen und voneinander lernen. Damit sind ihre Lieder eines der wichtigsten Beweisstücke in der Verhandlung darüber, ob womöglich auch andere Spezies über so etwas wie »Kultur« verfügen.

Theresa vor dem Walmuseum in Húsavík, Island. Sie hatte gesagt, dass sie gern mal ein paar Orcas sehen würde. Seitdem haben wir nur noch Reisen unternommen, bei denen es um Wale geht. Das hat sich einfach so ergeben.

Die mächtige Fluke eines Buckelwals irgendwo vor der Küste von Qeqertarsuaq, Grönland. Vor unseren Walfahrten hatte ich von Qeqertarsuaq natürlich noch nie etwas gehört.

Ein Blauwal im Süden von Lajes, Azoren. Kurz zuvor hatte der Wal es für eine gute Idee gehalten, direkt unter unserem immer kleiner werdenden Schlauchboot hindurchzutauchen.

Ein Orca im dichten Schneegestöber des winterlichen Breiðafjörður.
Der Winter in Island ist eine Sensation. Er ist aber auch wirklich sehr,
sehr kalt. Und stürmisch.

Orcas im Nebel, ganz im Norden von Vancouver Island, Kanada.
Als Kind wollte Theresa eigentlich Orcaforscherin werden, irgendetwas kam
ihr aber leider immer dazwischen.

Später haben wir das mit der Walforschung einfach ein bisschen nachgeholt:
Bei Blauwalen ist es zum Beispiel so, dass man sie anhand ihrer Farbtupfer ganz
eindeutig identifizieren kann.

Pottwale vor der Küste von Andenes, Norwegen. Ich habe unterwegs
für mich herausgefunden, dass Pottwale wirklich unfassbar faszinierend sind.
Theresa allerdings findet sie ein bisschen langweilig.

*Auf einer Walfahrt kann man vielen interessanten Tieren begegnen,
zum Beispiel Schildkröten, Puffins, Grizzlys und Seebären. Vor manchen
hatte ich anfangs etwas Angst.*

Früher war ich eigentlich immer gern zuhause, mir hat dort nie etwas gefehlt. Für draußen bin ich eigentlich auch gar nicht gemacht. Dachte ich zumindest immer. Es ging dann aber doch ganz gut.

Ein junger Buckelwal springt vor der Küste von New South Wales, Australien. Dass er es mal auf ein Buchcover schaffen würde, hätte ich damals natürlich nicht gedacht.

Während die Lieder der Buckelwale zum ersten Mal um die Welt gingen, hatte die NASA gerade beschlossen, ein paar Sonden mit Informationen ins All zu schießen, von denen man Ende der Siebziger glaubte, dass sie vielleicht hilfreich wären, möglichen Außerirdischen einen guten ersten Eindruck von der Erde zu vermitteln. Das Programm hieß »Voyager«, die Sonden hörten auf den Namen »Voyager 1« und »Voyager 2«, und an Bord hatten sie jeweils ein Exemplar der sorgfältig kuratierten »Golden Record«.

Ein Abschnitt darauf enthielt typische Erdengeräusche – Wind, Vogelgesang, ein Kuss, solche Dinge; ein anderer bestand aus Musik – von Mozart über Chuck Berry bis zu den Liedern der Aborigines; ein dritter Bereich schließlich umfasste freundliche Grußworte in allen möglichen menschlichen Sprachen – und die Lieder der Buckelwale. Man hatte zwar keine Ahnung, was sie bedeuten, hielt sie aber doch für die Sprache einer intelligenten Spezies und packte sie daher lieber mit zu den Grußworten. Als einzige nichtmenschliche Laute.

Die Motivation des Voyager-Programms war, die menschliche Isolation im All zu beenden und endlich Kontakt zu einer anderen intelligenten Lebensform aufzunehmen. Die Suche dauert noch an, gefunden wurde bislang nichts, beide Sonden können aber um die vierzigtausend Jahre im All bleiben, es besteht also Hoffnung. Womöglich suchen wir allerdings am falschen Ort – nichts gegen den Weltraum, aber die Erde täte es vermutlich auch.

Man kann beim ewigen Versuch der Menschheit, Kontakt zu anderen intelligenten Lebensformen aufzunehmen, durchaus den Eindruck gewinnen, dass sie sich dabei nicht allzu intelligent anstellt – oder zumindest, dass sie es sich unnötig schwermacht. Wenn nicht alles täuscht, wimmelt es auf der Erde ja nur so vor intelligenten Lebensformen – die nach eigenem Ermessen intelligenteste unter ihnen tut sich allerdings überaus schwer damit, das auch anzuerkennen.

Obwohl die Menschheit mehr als offen für neue Bekanntschaften ist, hat sie immer auch sehr penibel darauf geachtet, möglichst unter sich zu bleiben. Das Bild vom Menschen als Krone der Schöpfung ist tief und fest in uns verankert – wir sprechen von »Mensch und Tier«, nicht von »Mensch, Vogel, Frosch und Fisch«, das ist kein Versehen, wir reihen uns da ganz bewusst nicht ein, wir sind keine Spezies unter vielen, wir sind etwas Besonderes, für uns gelten eigene Gesetze, das steht schon so in der Bibel, und außerdem wird es uns auch von klein auf so beigebracht.

Die jüngere Forschung bringt dieses wacklige Konstrukt seit einiger Zeit nun bedrohlich ins Wanken. Ständig stößt sie bei irgendwelchen Tieren auf Bewusstsein, Intelligenz oder Kultur – da können sich Elefanten im Spiegel erkennen, Kraken komplexe Pläne schmieden und Wale Dialekte etablieren, und selbst ganz normale Fische, Schweine oder Kühe verfügen plötzlich über Persönlichkeit und Tagesform.

Je gründlicher und umfangreicher andere Spezies erforscht wurden, desto mehr wurden dabei auch Eigenschaften gefunden, die wir Menschen bis dahin am liebsten bei uns selbst verortet hatten. Viele Forschende hat das dazu veranlasst, einfach noch mehr zu forschen. Andere hat es eher dazu bewogen, lieber die Kriterien für diese Eigenschaften immer wieder so anzupassen, dass wir sie auch weiterhin schön für uns allein haben.

Es ist eine Art Rückzugsgefecht, in dem sich die Menschheit da gerade befindet – eine einzigartige Eigenschaft nach der anderen muss sie sich plötzlich mit irgendwelchen anderen Arten teilen.

Das Erste, was in diesem Gefecht aufgegeben wurde, war das Bewusstsein. Für den französischen Denker René Descartes waren Tiere im 17. Jahrhundert in erster Linie Automaten. Ohne Bewusstsein, ohne Empfinden, ohne Seele. Das war praktisch, dadurch kamen sie dem Menschen nicht in die Quere, außerdem war es so auch total egal, wie man mit ihnen umging. Es waren ja nur Tiere, die fühlten ja nichts. Descartes war gern drinnen, er gilt nicht unbedingt als lebensnaher Praktiker, der richtigen Welt dort draußen hat er sich vor allem theoretisch angenähert, am liebsten vom Lesesessel oder Schreibtisch aus. Trotzdem und leider waren seine Ansichten sehr lange sehr prägend.

Wahrscheinlich verfügen viele Tierarten über ein Bewusstsein, wir können es ihnen nur nicht so gut nachweisen, das liegt allerdings an uns und unseren Methoden und nicht an den Tieren. Um herauszufinden, ob ein Individuum in der Lage ist, sich selbst wahrzunehmen, hat sich die Forschung zum Beispiel den »Spiegeltest« ausgedacht – dabei bringt man ein auffälliges Merkmal heimlich an einem zu testenden Individuum an, platziert es dann vor einem Spiegel und schaut, wie es reagiert. Setzt es sich mit dem Merkmal auseinander, gilt der Test als bestanden, setzt es sich mit dem Spiegel auseinander, eher nicht.

Dieser Versuchsaufbau ist je nach Spezies unterschiedlich herausfordernd. Bei Elefanten braucht es zum Beispiel sehr, sehr große Spiegel und davon meist auch einige, denn der Elefant versteht zwar sehr wohl, dass er das da im Spiegel ist – er begreift jedoch nicht, dass so ein Spiegel zerbrechlich ist und eines pfleglichen Umgangs bedarf. Bei Walen konnte der Test immerhin mit in Gefangenschaft lebenden Orcas und Delfinen durchgeführt werden, sie haben bestanden, bei frei lebenden Großwalen allerdings hatte noch niemand eine gute Idee für einen praktikablen Versuchsaufbau. Es ist kompliziert.

Descartes hätte vermutlich darauf bestanden, dass jede

einzelne Spezies erst einmal einen Spiegeltest besteht, bevor hier voreilig irgendwem ein Bewusstsein zugestanden wird. Glücklicherweise sind wir da heute etwas liberaler – nicht zuletzt, um Spiegel zu sparen, entscheiden wir im Zweifel gelegentlich sogar für die Angeklagten. Das ist ein Fortschritt.

Auch die Intelligenz ist großteils verloren. Wir wissen heute, dass es alle möglichen Arten von Intelligenz gibt, die sich bei allen möglichen Spezies nachweisen lassen – allerdings versuchen wir mit einem Trick, noch ein bisschen die Stellung zu halten.

Man geht davon aus, dass Intelligenz vor allem im Gehirn hergestellt wird, daher haben wir Menschen schon immer gern einige Zeit darauf verwendet, Gehirne zu wiegen, zu messen und zu vergleichen. Allerdings konnten dabei selbst Grundfragen noch nicht geklärt werden. Es herrscht zum Beispiel Uneinigkeit darüber, ob die Größe von Gehirnen nun eher objektiv oder relativ zu bewerten ist. Und das ist wichtig. Wale haben die mit Abstand größten Gehirne des Planeten, das menschliche ist um ein Vielfaches kleiner, und erst in Relation zum Körpergewicht gesehen liegen wir im Gehirn-Ranking klar an der Spitze – und natürlich ist das die Sichtweise, die wir favorisieren.

Die Forschung hat außerdem bestätigt, dass es zahlreiche Arten von Intelligenz gibt – aus dem Alltag kennt man emotionale, soziale oder logische Intelligenz und natürlich das, was beim letzten IQ-Test herausgekommen ist. Auch hier herrscht jedoch Uneinigkeit, bislang ist nicht abschließend geklärt, ob irgendeine Intelligenz besser oder wichtiger ist als eine andere, ob es womöglich Abstufungen gibt, ob es eher eine ganz bestimmte Kombination sein muss oder ob das alles völlig egal ist, weil es ja immer auch auf die jeweilige Umwelt ankommt. Aber natürlich gehen wir bis zur endgültigen Klärung dieser Fragen sicherheitshalber erst einmal davon aus, dass die menschliche Intelligenz auch weiterhin führend in der Welt ist.

Wenn man die Sache mit der Intelligenz etwas herunterbricht und vereinfacht, geht es eigentlich immer nur darum, Zusammenhänge zu erkennen und Probleme zu lösen, die von der jeweiligen Umwelt im Alltag eben so gestellt werden. Falls man gerade ein Gehirn zur Hand hat, kann man das gern mithilfe des Denkens erledigen, falls nicht, sind aber durchaus auch andere Wege möglich. Man bewegt sich mit diesem Ansatz in Richtung einer allgemeinen »Lebenstüchtigkeit«, und man lehnt sich sicher nicht zu weit aus dem Fenster, wenn man feststellt, dass der Mensch in diesem Bereich nicht unbedingt die Referenz ist.

Quallen zum Beispiel verfügen über eine beneidenswerte Lebenstüchtigkeit, sie kommen seit gut fünfhundert Millionen Jahren mit allen möglichen Umständen und Herausforderungen zurecht, sogar dem Klimawandel stehen sie durchaus aufgeschlossen gegenüber, Quallen sind eine der großen Erfolgsgeschichten der Evolution – allerdings würden sie wohl nicht einen einzigen IQ-Test bestehen, sie haben ja noch nicht einmal ein Gehirn.

Der derzeit wichtigste Schauplatz des menschlichen Rückzugsgefechts ist die Kultur. Sie ist eine der zentralen Eigenschaften des modernen Menschen – daher tun wir uns gerade bei ihr schwer, sie aus der Hand zu geben.

Ohne Kultur hätte sich die Menschheit nicht über den gesamten Erdball ausbreiten können, mit ihrer Hilfe können wir in der Wüste leben, im Eis, im Dschungel, sogar in der Stadt. Kultur umfasst so gut wie alles, was uns ausmacht – Sozialverhalten, Sprache, Religion, Ethik, Moral, Politik, Kunst, Technologie –, und in all diesen Bereichen geht es nicht nur darum, was wir da tun, sondern vor allem, wie wir es tun. Das Praktische an Kultur ist, dass sie lange haltbar bleibt und immer wieder aufs Neue an die nächste Generation weitergegeben werden kann. Dadurch muss man nicht immer wieder das Rad neu erfinden, und genau das schafft Zeit, um sich auch Gedanken über Flügel und Landebahnen zu machen, und nur so schafft man es von der Höhle bis zum Mond.

Es gibt keine Spezies in der Geschichte dieses Planeten, die in Sachen Kultur annähernd ähnliche Erfolge vorweisen kann wie der Mensch, das darf man ruhig mal sagen – allerdings bedeutet das nicht, dass nicht auch andere Spezies über Kultur verfügen.

Auch bei der Kultur muss man ein bisschen vereinfachen und herunterbrechen, um andere Lebenswelten und Herangehensweisen angemessen berücksichtigen zu können. Für die Walforscher Hal Whitehead und Luke Rendell zum Beispiel ist Kultur schlicht ein Verhalten oder Wissen, das Individuen von ihren Artgenossen über soziales Lernen erworben haben und innerhalb ihrer Gemeinschaft teilen. Und mit dieser angenehm pragmatischen Sichtweise gibt es dort draußen durchaus noch einiges zu entdecken.

Die Grundlage jeder Kultur ist soziales Lernen, allerdings führt soziales Lernen nicht zwangsläufig auch gleich zu Kultur. Wenn man nicht gerade den ganzen Tag allein zu Hause in der Ecke herumhockt, sondern gelegentlich auch mal unter die Leute geht, passiert soziales Lernen ganz automatisch und nebenbei. Bewusst und unbewusst lernen wir ständig von anderen, wir imitieren und experimentieren, manchmal bekommen wir auch aktiv etwas vorgemacht und beigebracht, manchmal sogar, ohne dass wir es merken, und all das ist soziales Lernen. Es ist eine enorm hilfreiche und effektive Methode, sie spart Unmengen an Zeit und Frust und ist obendrein auch noch gratis.

Viele Spezies nutzen soziales Lernen, um sich auf das Leben vorzubereiten, das ist keine Raketenwissenschaft, und im Gegensatz zur Kultur war die Menschheit beim sozialen Lernen auch noch nie versucht, irgendeine Exklusivität anzumelden. Zur Kultur wird soziales Lernen dann, wenn viele Individuen einer Gruppe so lange parallel voneinander lernen, dass das Verhalten der Gruppe immer homogener wird. Wenn es dann noch aktiv an die folgenden Generationen weitergegeben wird, ist es irgendwann charakteristisch für diese Gruppe. Und das ist dann Kultur.

Wenn also ein hungriger Orca zufällig herausgefunden hat, dass er diesen hektisch herumhuschenden Heringsschwarm nur erschrecken muss, damit der sich panisch zu einer dichten Kugel zusammendrängt, auf die der Orca dann nur noch mit seiner Schwanzflosse einschlagen muss, um einzelne Heringe bequem herauszulösen – dann ist das zunächst einmal nur eine gute Idee, zumindest aus der Sicht des hungrigen Orcas.

Wenn der Orca seine Idee nun mit anderen Orcas teilt, um gemeinsam noch größere Heringsschwärme erschrecken zu können, ist das die nächste gute Idee, denn jetzt kann sich der Orca sogar mal einen schlechten Tag erlauben, ohne gleich hungern zu müssen, die Gruppe ist ja jetzt für ihn da. Wenn daraufhin viele Orcas anfangen, sich diese tolle neue Jagdmethode gegenseitig beizubringen, wird die Idee schließlich zur Kultur – und ein paar Generationen später ist diese Gruppe von Orcas womöglich weithin für ihre ganze spezielle Jagdmethode bekannt.

Die Orcas, denen wir in den eisigen Fjorden Norwegens begegnet waren, haben genau das erreicht. Sie sind die einzigen auf der Welt, die sich auf diese Weise über Hering hermachen – überall sonst haben Orcas andere Vorlieben und Techniken entwickelt.

Orcas machen Jagd auf beinahe alles, was das Meer zu bieten hat, zu ihrer Beute gehören über hundert verschiedene Spezies. Was der Mensch an Land ist, sind die Orcas im Meer: die mit Abstand am weitesten verbreitete Säugetierart des Planeten. Orcas kommen überall zurecht, sie finden überall ihre Nische, und überall stehen sie unangefochten an der Spitze der lokalen Nahrungskette. Die meisten Populationen beanspruchen feste Territorien, in denen sie sich auf eine ganz bestimmte Beute spezialisiert haben, für die sie über Generationen hinweg ausgeklügelte Jagdmethoden entwickelt haben.

Diese Populationen werden Ökotypen genannt, sie lassen sich durchaus mit den menschlichen Kulturkreisen vergleichen – man gehört schon irgendwie zusammen, zumindest entfernt, das heißt aber noch lange nicht, dass man dieselbe Sprache spricht, ähnliche Werte teilt oder sich überhaupt gut leiden kann. Man ist schon auch verschieden und findet das auch wichtig, das kann schon gern so bleiben – so ist das bei uns Menschen, und so ist das auch bei den Orcas. Bislang sind zehn Ökotypen bekannt, die Sache ist aber in ständiger Bewegung.

Manche Ökotypen haben sich auf Fisch spezialisiert – je nach Gegend interessieren sie sich vor allem für Hering, Thunfisch, Heilbutt, Rochen oder verschiedene Lachsarten. Manche haben eine Vorliebe für Haie oder Pinguine entwickelt, andere haben es allein auf Säugetiere abgesehen, in ihrer Gegenwart leben je nach Gegend Robben, Delfine oder Wale gefährlich.

Man weiß außerdem von Populationen, die so gut wie alles jagen, was gerade verfügbar ist – und hier wäre es schon interessant herauszufinden, ob diese Orcas nur sehr hungrig und flexibel sind, oder ob sie sich womöglich kulturell nur noch nicht ganz festgelegt haben.

Eine der spektakulärsten Jagdmethoden haben die Orcas vor der argentinischen Halbinsel Valdés und den subantarktischen Crozetinseln entwickelt – sie warten in Ufernähe geduldig auf eine passende Welle, verstecken sich in der Brandung und stranden dann vollkommen absichtlich, um junge Seelöwen, die sich am Strand ja eigentlich in Sicherheit gewähnt hatten, völlig überraschend aus dem Hinterhalt zu packen. An Land winden, biegen und krümmen sie sich, bis sie parallel zum Meer liegen und von den heranrollenden Wellen langsam zurück ins Wasser gezogen werden. Diese Jagdmethode ist äußerst riskant, die Wale brauchen starke Nerven und viel Vertrauen, ein gestrandeter Wal ist meistens ein toter Wal. Trotzdem jagen die Orcas vor Patagonien schon seit Generationen auf diese Weise, und bislang waren dabei keinerlei Unfälle zu beobachten.

Etwas weiter südlich haben antarktische Orcas eine Technik entwickelt, mit der sie Robben von einer Eisscholle herunterspülen können – dabei schwimmen sie im Verbund erst auf die Scholle zu und dann unter ihr hindurch, wobei sie kurz vor dem Abtauchen kräftig mit der Fluke schlagen, um gemeinsam eine Welle zu erzeugen, die die wehrlose Robbe auf der anderen Seite ins Wasser schiebt. Sitzt die Robbe auf einer größeren Scholle, brechen die Orcas sie zunächst in kleine Teile, indem sie ihre Welle erst unter der Scholle erzeugen. Im Internet gibt es Videos, auf denen zu sehen ist, wie eine tapfere Robbe ein ums andere Mal von der Scholle gespült wird und immer wieder entwischen kann. Wenn man sich das anschaut, möchte man meinen, diese Jagdmethode sei nicht besonders effektiv, allerdings ist es so, dass die Orcas die Robbe absichtlich entkommen lassen – denn diese Videos zeigen sie nicht bei der Jagd, sondern beim Training.

Die Robben, auf die es diese antarktischen Orcas abgesehen haben, sind Weddellrobben, und das ist interessant, weil sie von allen Robbenarten der Antarktis mit Abstand am seltensten sind. Weddellrobben sind weder besonders groß, noch besonders träge, noch sonst irgendwie besonders auffällig, sie sind einfach nur besonders selten, und aus irgendeinem Grund machen diese Orcas ausschließlich Jagd auf sie. Wann immer einer von ihnen eine Robbe auf einer Scholle liegen sieht, lugt er erst mal vorsichtig aus dem Wasser, um sich zu vergewissern, dass es sich hier auch wirklich um die richtige Robbe handelt – wenn ja, kommt er wenig später mit Verstärkung zurück.

Viele Ökotypen sind extrem wählerisch, und manche schrammen dabei nur knapp an der Exzentrik vorbei. Nicht immer weiß die Forschung, warum. An der kanadischen Westküste zum Beispiel haben sich manche Orcas auf Lachs spezialisiert – dort gibt es noch Lachs, dort kann er noch wandern, zumindest halbwegs, je weiter der Mensch nach Westen kam, desto weniger Platz hatte ja der Lachs, das war schon immer so, deshalb kennen wir ihn in Europa heute fast nur noch als Farmfisch. Manche dieser Orcas haben sich nicht nur auf eine ganz bestimmte Lachsart namens Chinook spezialisiert, sie interessieren sich sogar ausschließlich für den Chinook, der im Fraser River von British Columbia laicht. Niemand weiß, warum.

Wie bedeutend Kultur für diese Tiere ist, zeigt sich im Vergleich mit dem Weißen Hai. Auch der steht an der Spitze der marinen Nahrungskette, allerdings nur so lange, bis er auf Orcas trifft. Vor Kalifornien hat man mehrere Angriffe beobachtet, sie dauerten nur ein paar Sekunden, die Haie hatten nicht den Hauch einer Chance. Nach dem Kampf trugen die Orcas den Hai wie eine Trophäe im Maul herum – dann fraßen sie seine Leber. Anschließend wurden über Monate keine

Haie mehr in dieser Gegend gesehen. Obwohl sie ähnlich groß, ähnlich schwer, ähnlich schnell und ähnlich gefährlich sind, haben selbst Weiße Haie gegen ein paar Orcas nichts zu melden. Haie sind Fische, keine Säugetiere, sie sind Kaltblüter und können sich keine großen Gehirne leisten, und während Orcas von klein auf in der Gruppe lernen, müssen sich Haie meist allein durchschlagen, ihnen wird da nicht viel mitgegeben, und das rächt sich später, wenn sie auf Orcas treffen, die sich auf Haie spezialisiert haben.

Die alten Seefahrer haben Orcas immer gefürchtet, weil sie so gnadenlos auf alles Jagd machen – selbst auf die größten aller Wale. Wenn es Orcas auf einen Finn- oder Blauwal abgesehen haben, verhalten sie sich wie ein Rudel Wölfe: Von allen Seiten bedrängen sie ihn, sie schwimmen neben ihm, unter ihm, über ihm, der Wal kann nicht entkommen, nicht verschnaufen und nicht atmen, und während er panisch flieht und dabei langsam ertrinkt, attackieren die Orcas ihn von allen Seiten. Es ist kein schöner Tod, die Sache zieht sich, die Orcas haben Geduld, und am Ende nehmen sie sich meist gerade mal die Zunge des Giganten, den Rest lassen sie einfach liegen, denn selbst für sie gibt es kaum ein Durchkommen durch diese irre dicke Speckschicht. Für die frühen Seefahrer, die ja so gern selbst Jagd auf diese Großwale gemacht hätten, war das eine schlimme Verschwendung, die sie kaum mitansehen konnten.

Obwohl es nicht immer schön ist, Orcas bei der Jagd zuzuschauen, sind sie die einzigen Top-Prädatoren auf diesem Planeten, von denen wir nichts zu befürchten haben. Tödliche Attacken gab es bislang nur in Aquarien, niemals jedoch im offenen Meer. Orcas interessieren sich für uns, das ist bestens dokumentiert, allerdings sehen sie uns wohl nicht als Beute – vielleicht eher als Zeitvertreib oder Forschungsobjekt.

Es gibt Forschende, die das für eine bemerkenswerte Form

von Intelligenz halten. Für sie ist es durchaus möglich, dass Orcas über eine Art Moral verfügen, die es ihnen verbietet, Menschen anzugreifen. Vielleicht ist diese Sicht aber auch etwas zu selbstbezogen, das kommt bei uns Menschen ja gelegentlich vor.

Die ausgeklügelten Jagdmethoden der Orcas gehören zu den am besten dokumentierten Fällen von Kultur in der Tierwelt. Allerdings basiert beinahe alles, was die Forschung in diesem Bereich herausgefunden hat, auf Beobachtungen. Das ist ein Problem.

Im Streit darum, ob auch andere Spezies über Kultur verfügen, ist das letzte Mittel oftmals die Frage nach wissenschaftlichen Standards, es geht um kontrollierte Bedingungen, standardisierte Experimente und objektive Wahrheiten, da zählt nur, was sich verifizieren oder falsifizieren lässt, alles andere sind Anekdoten. Man kann das natürlich so sehen, andererseits sind Charles Darwin und Jane Goodall auch nicht unbedingt aufgrund ihrer Zeit im Labor berühmt geworden. Man sollte gelegentlich schon auch mal rausgehen, und gerade bei Walen geht es gar nicht anders.

Und es ist auch nicht so, dass im Labor immer gleich alles perfekt wäre – gerade wenn der Mensch für längere Zeit mal nicht rauskommt, steht er sich damit ja durchaus auch selbst im Weg.

Der Primatenforscher Frans de Waal zum Beispiel hat von einem unter Topbedingungen durchgeführten Laborexperiment berichtet, in dem man herausfinden wollte, wie gut sich Menschenaffen eigentlich Gesichter merken können. Man zeigte ihnen also: Fotos. Die Affen schnitten nicht so gut ab, und man blieb auch wegen dieses Versuchs lange der Meinung, dass Affen gar nicht so schlau seien, wie immer angenommen wird. Später fiel jemandem auf, dass man den Affen Fotos von Menschen gezeigt hatte, nicht von Affen. Als darauf hingewiesen wurde, dass dies womöglich nicht der optimale Versuchsaufbau gewesen sein könnte, lautete die verblüffte Antwort allerdings, dass das schon alles seine Richtigkeit habe, schließlich würden Affengesichter ja alle gleich ausschauen, wohingegen Menschengesichter doch ganz wunderbar unterschiedlich seien. Man hätte es den Affen auf diese Weise ja nur noch leichter gemacht, und trotzdem wären sie durchgefallen, selbst unter diesen erleichterten Bedingungen.

Sicherheitshalber wiederholte man das Experiment trotzdem noch mal, und man zeigte den Affen nun also: Fotos von Affen – sie schnitten durch die Bank sehr gut ab, viele sogar weitaus besser als ihre menschliche Vergleichsgruppe.

Man sollte nun nicht zu viel in eine einzelne Anekdote hineininterpretieren, das gilt auf dem Meer wie im Labor, aber es ist schon so, dass wir Menschen hier ganz gut getroffen sind. So machen wir das, zumindest manchmal. Das muss nicht immer gleich Ignoranz sein, eine Prise Gedankenlosigkeit reicht schon auch, zumindest unbewusst gehen wir doch gern immer erst mal von uns aus, das ist nur allzu menschlich.

Die Fähigkeiten und Errungenschaften anderer Spezies jedoch lassen sich nicht so einfach mit unseren Maßstäben messen, wir können uns da nicht immer als Referenz aufspielen, wir müssen schon auch versuchen, uns mal ein bisschen außen vor zu lassen. Kultur ist ein Prinzip, kein Ergebnis, und jede Spezies hat ihre ureigenen Interessen, das muss man respektieren. Ja, wir sind die Einzigen, die es auf den Mond geschafft haben – wir sind vermutlich aber auch die Einzigen, denen das je wichtig war.

Auf dieselbe leicht schrullige Art, in der wir uns seit jeher mit anderen Spezies vergleichen, versuchen wir auch, mit ihnen in Kontakt zu treten. Auch Wale blieben da nicht verschont, vor allem Delfine mussten mit uns schon so einiges mitmachen.

Der amerikanische Biologe John C. Lilly zum Beispiel hatte in den Sechzigern eine Wohngemeinschaft in der Karibik gegründet, in der außer ihm und der Studentin Margaret Howe auch die drei Delfine Sissy, Pamela und Peter lebten. Die Räume waren geflutet und wasserdicht und damit für alle gut nutzbar, Lillys Plan war, sich im WG-Alltag möglichst nahe zu kommen, und gerade zwischen Margaret und Peter klappte das ganz gut – Howe berichtete später von einvernehmlichen erotischen Kontakten mit dem Delfin.

Für Lilly war es nur eine Frage der Zeit, bis Menschen und Delfine miteinander sprechen könnten, mit seinen Theorien und Methoden wurde er zum Star, natürlich war das alles etwas durchgeknallt, aber das passte wunderbar in die Zeit, New Age stand schon vor der Tür. Es gibt Fotos, auf denen Lilly neben den Hollywoodlegenden Burgess Meredith und Jeff Bridges zu sehen ist – Bridges mit Handtuch und Badehose, nachdem er gerade den von Lilly erfundenen Isolations- und Entspannungstank ausprobiert hatte. Man kannte sich. Später entdeckte Lilly dann LSD für sich, und ungefähr ab da verlor er sich ein bisschen in Bewusstseinswelten, in die ihm niemand mehr folgen konnte.

Finanziert wurden Lillys Forschungen inklusive des eigens errichteten Bungalows in der Karibik von der NASA. Lilly hatte sie davon überzeugt, dass Delfine ein ganz phantastisches Übungsobjekt wären, um für den sehnlichst erwarteten Erstkontakt mit Außerirdischen zu trainieren. Das ist wirklich wahr.

Heute ist fraglich, was sich aus Lillys Aktivitäten lernen lässt. Mit der Kommunikation zwischen Mensch und Delfin jedenfalls hat es nicht ganz geklappt – Lilly war hier zwar entschieden anderer Meinung, womöglich war da aber bereits LSD im Spiel, und LSD ist mit wissenschaftlichen Standards, kontrollierten Bedingungen und objektiven Wahrheiten vielleicht nicht immer so ganz in Einklang zu bringen.

Lilly hatte immer versucht, Delfinen Englisch beizubringen. Er war davon überzeugt, dass sie weit intelligenter seien als Menschen, daher erschien es ihm nur logisch, dass sie seine Sprache lernten und nicht er ihre. Daran hat sich im Grunde bis heute nichts geändert. Zwar gehen wir nicht mehr davon aus, dass Delfine intelligenter sind als wir, trotzdem versuchen wir noch immer, ihnen unsere Sprache und unser Denken näherzubringen.

Es gibt zum Beispiel Experimente, bei denen Delfinen Dinge gezeigt werden, die wir interessant finden – wir halten ihnen dabei ein Bild von einem Ball hin und hoffen, dass sie einerseits verstehen, was ein Ball ist, und sich andererseits so verhalten, dass wir verstehen, dass sie verstehen. Eher selten fragen wir uns dabei, ob es für Delfine eigentlich relevant ist, solche Dinge zu verstehen. Und noch seltener fragen wir uns, wie Delfine überhaupt ganz allgemein über Dinge denken.

In unserer Welt sind Dinge wahnsinnig wichtig, wir haben zehn Finger, um auf sie zu zeigen, und Zigtausende Wörter, um sie zu benennen. In der menschlichen Sprache geht es um Gegenstände und Sachverhalte, wir erklären und deuten, die ganze Zeit, überall auf der Welt. Bei Delfinen ist das vermutlich anders. Delfine verfügen über die Fähigkeit der Echolokation, sie können Bilder ihrer Umwelt erzeugen und mit anderen teilen, ihre Echos sind Allgemeingut, Delfine können gemeinschaftlich sehen.

Tauscht man sich über Dinge aus, wenn man über eine solche Fähigkeit verfügt? Oder würde es dann nicht eher um Emotionen und Beziehungen gehen? Zumal, wenn man in einer zumeist ja weiten, leeren und einsamen Wasserwüste lebt?

Im Streit um Kultur bei anderen Spezies wird immer wieder auch die Sprache bemüht. Es stimmt, niemand sonst in der Welt hat jemals eine solch komplexe Kommunikation entwickelt wie wir. Allerdings ist es durchaus möglich, dass andere Spezies unter Sprache gar nicht dasselbe verstehen wie wir – und auch, dass sie sie mit einer völlig anderen Intention einsetzen.

Und zumindest kurz sollte man auch mal in Betracht ziehen, dass es für Wale und Delfine womöglich langweilig sein könnte, sich mit einer Spezies auszutauschen, die immer nur über Dinge sprechen möchte, nie aber mal über Beziehungen. Komische Frage, aber: Was könnte ein Wal an uns interessant finden?

»Klick-Klick-Klick-Pause-Klick.«
   »Klick-Klick-Klick-Klick-Klick-Klick.«
   »Klick-Klick-Pause-Klick.«
   »Klick-Pause-Klick-Klick-Klick.«
   »Klick-Klick-Klick.«
   »Klick-Pause-Klick-Klick.«
   »Klick-Klick-Pause-Klick-Klick-Klick-Klick.«
   »Klick-Klick-Klick-Klick-Klick.«
Neben den Dialekten der Orcas, die seit Mitte der Siebziger an der nordamerikanischen Westküste studiert werden, gehören die Klicks der Pottwale zu den am besten erforschten Kommunikationsformen der Walwelt. Während andere Zahnwale die Klicks ihrer Echolokation zur Jagd nutzen und ihre Alltagsunterhaltungen über ein breites Repertoire an Pfeif- und Quietschtönen abwickeln, erledigen Pottwale alles in einem Aufwasch. Die Evolution hat ihnen das mit Abstand

größte und stärkste Sonar des Planeten geschenkt – sie nutzen es so breit wie möglich.

Pottwale kommunizieren über ein Set an Klick-Folgen, die von der Forschung »Codas« genannt werden – bislang hat man dreißig von ihnen entdeckt, sie bestehen ausschließlich aus Klicks und Pausen. Um sie zu unterscheiden, muss man einfach schauen, wie groß die Abstände zwischen den einzelnen Klicks sind, an welcher Stelle eine Pause erfolgt und wie lange diese Pausen jeweils dauern. Die meisten Codas bestehen aus drei bis zwanzig Klicks und dauern zwischen 0,2 und fünf Sekunden – in der Coda-Forschung ist es daher durchaus von Vorteil, wenn man es spannend findet, viel Zeit mit der Auswertung von Spektogrammen zu verbringen.

Man kann sich Codas so vorstellen wie Morsezeichen, bei denen nur noch niemand herausgefunden hat, was sie genau bedeuten. Die gute Nachricht ist: Man arbeitet daran, und zwar fieberhaft, und das seit vielen Jahrzehnten. Die Tatsache, dass es beim Pottwal ähnlich viele Codas gibt wie beim Menschen Buchstaben, ist spannend und vor allem verführerisch – lassen sich mit Codas womöglich komplexe Sprachen aufbauen?

Vermutlich ist das bereits die falsche Frage, schließlich geht sie davon aus, dass unsere Sprache in jeder Hinsicht der Maßstab ist und dass es für andere Spezies gleichermaßen erstrebenswert wäre, sie zu beherrschen. Und das ist zumindest fraglich.

Pottwale haben einen ziemlich einzigartigen Lebensstil, selbst im Vergleich mit anderen Walen. Wie die Orcas leben sie in Gemeinschaften, die von den ältesten Kühen angeführt werden. Während die Orcas allerdings ein Leben lang zusammenbleiben, schicken die alten Pottwalkühe die jungen Pottwalbullen relativ bald in die polaren Gewässer der höheren Breiten, wo sie so lange nach Riesenkalmaren jagen, bis sie groß und stark sind. Die Kühe warten derweil samt Nachwuchs in den warmen Gewässern der Subtropen, bleiben dort aber ständig auf Wanderschaft.

Pottwale führen ein nomadisches Leben, ihre wichtigsten Referenzpunkte sind immer sie selbst, allerdings verteilen sich die Mitglieder ihrer Familien oft über den halben Ozean. Um hier den Überblick zu behalten, nutzen Pottwale schließlich Codas. Man hat herausgefunden, dass sie sich immer wieder zu losen Gruppen zusammenfinden, gelegentlich lassen sich Hunderte und Tausende von ihnen auf einem Fleck beobachten, und innerhalb dieser Gruppen ist es so, dass manche Wale am liebsten »Vier-Klick-Codas« nutzen, während andere lieber »Sechs-Klick-Codas« verwenden – Codas funktionieren wie Dialekte, über die sich Gruppen abgrenzen und über große Distanzen finden können.

Während andere Wale ihre Gemeinschaft immer auch über räumliche Nähe definieren, festigen Pottwale ihre Zusammengehörigkeit vor allem über ihre Sprache, die Forschung spricht daher auch von »vokalen Clans« – sie können aus Tausenden Mitgliedern bestehen, die permanent über den halben Ozean verstreut sind. Die hierfür einzig sinnvolle Erklärung ist Kultur. Von ihrer Mutter lernen die Jungen nicht nur Verhaltensweisen und Jagdtechniken, sondern auch die Dialekte, die sie benötigen, um auf ihren Wanderungen immer zu wissen, wo und wer ihr Zuhause ist.

Ob Wale das Konzept eines »Zuhauses« kennen, ist übrigens unklar, das ist eine Vermenschlichung, das machen wir oft, wir beschreiben andere Lebewesen, als wären sie Menschen. Das wird gern kritisiert – andererseits ist es so, dass uns für akkuratere Beschreibungen oft schlicht das Vokabular und der Horizont fehlen. Um andere Spezies zu verstehen, müssen wir uns in sie hineinversetzen. Das ist allerdings kaum möglich.

In seinem berühmten Fledermaus-Essay hat der amerikanische Philosoph Thomas Nagel Mitte der Siebziger auf dieses
Problem hingewiesen – wir können uns vorstellen, wie es
wohl wäre, sich als Mensch wie eine Fledermaus zu verhalten,
wir können uns jedoch nicht vorstellen, wie es ist, wirklich
eine Fledermaus ZU SEIN. Dafür müssten wir auf ein Bewusstsein zurückgreifen, das wir nicht besitzen – auf Merkmale,
über die wir nicht verfügen; Eigenschaften, die wir nicht haben; Erfahrungen, die wir nicht machen. Wir können es noch
so sehr versuchen, und doch können wir mit unseren Augen
und Ohren niemals nachempfinden, wie es sich wohl anfühlt,
die Welt mithilfe von Echoortung wahrzunehmen.

Wir können nicht raus aus unserer Haut, und auch nicht
rein in eine andere, dieses Problem steht uns immer wieder
im Weg – sosehr wir uns auch bemühen, am Ende landen wir
bei uns selbst.

»Orcas symbolisieren die Wildheit der Natur,
die großen Mysterien des Meeres –
und das Gefühl, dass alles möglich ist,
sobald man dort draußen auf dem Wasser ist.«
– ERICH HOYT, *Walforscher*

#9

Orcas im Nebel

DIE WIEGE DER WALFORSCHUNG –
UNTERWEGS AN DER
KANADISCHEN WESTKÜSTE

»›HOME OF THE KILLER WHALE‹, schau mal«, sagt Theresa, als unser Boot in Alert Bay anlegt und wir auf das Willkommenstor am Hafen zugehen: ein hölzerner Bogen mit kunstvoll geschnitztem Orca – leuchtende Farben, ausladende Formen, das ikonische Design der First Nations der nordamerikanischen Westküste. Mit in den Wal eingearbeitet: der Schriftzug, dass dies hier nun also sein Zuhause ist – Alert Bay, British Columbia, Kanada. »Hier sind wir richtig«, sagt Theresa und geht durch das Tor. Strahlen, Vorfreude, Orcablick. Ja, eindeutig: Hier sind wir richtig.

Alert Bay ist ein Dörfchen an der Johnstone Strait, ganz im Norden von Vancouver Island. Nach der ersten Orcatour vor ein paar Jahren waren wir immer wieder auf diese raue und wilde Insel zurückgekehrt, dabei hatten wir uns jedes Mal weiter nach Norden vorgewagt, immer war es dabei noch rauer und wilder geworden, und so langsam waren wir nun also durch, viel weiter ging es nicht mehr, beim nächsten Besuch bliebe nur noch das Schiff, immer die Küste entlang, bis hoch nach Alaska, die *scenic route*, fünfzehn Stunden, einfache Fahrt.

In Alert Bay leben um die tausend Menschen, die meisten

von ihnen gehören den First Nations der Kwakwaka'wakw an – den Stämmen der pazifischen Nordwestküste, die noch Kwak'wala sprechen. Überall hier sind ihre traditionellen Kunstwerke zu sehen, die die ungezähmte Wildnis ihrer Heimat aufgreifen, da sind Adler, Bären, Wölfe und Orcas, vor allem Orcas, überall, in jeder Größe, sie zieren die Wände, Tore und Schilder, sind allgegenwärtig – Alert Bay, ›Home of the Killer Whale‹.

Die Totempfähle und Artefakte der Kwakwaka'wakw sind weltberühmt, allerdings sind viele von ihnen gar nicht mehr hier, sie wurden den Menschen von europäischen Ethnologen wie Franz Boas schon vor langer Zeit abgekauft, abgeschwatzt und abgenommen, heute stehen sie in Museen überall auf der Welt, und die Kwakwaka'wakw haben alle Hände voll zu tun, sie Stück für Stück wieder dorthin zurückzubringen, wo sie hingehören.

Die Kunstwerke der Kwakwaka'wakw verraten viel über ihr Selbstverständnis, über ihre Beziehung zur Natur und ihre Rolle im ewigen Lauf der Welt – und insgesamt ist es so, dass für diese Menschen viele Dinge, über die wir gelegentlich doch etwas angestrengt diskutieren, ziemlich klar auf der Hand liegen. Man weiß hier zum Beispiel, dass der Mensch nur ein kleiner Teil der Natur ist, die er aber niemals beherrschen kann – Mensch und Tier sind eng verwandt und verbunden, voneinander abhängig und aufeinander angewiesen, sie stehen in ständiger Beziehung, haben dasselbe Recht zu leben und teilen dasselbe Schicksal.

Ein besonders enges Band besteht zwischen Mensch und Orca, es ist eine starke spirituelle Verbindung, seit Jahrtausenden schon werden dazu wunderschöne Geschichten weitergegeben, mündlich, in der Sprache der Alten, von einer Generation zur nächsten. Es geht um glückliche Häuptlingssöhne, die bei der Jagd verloren gingen und von Orcas gerettet wurden, um mutige Häuptlingstöchter, die aufs Meer hinaus fuhren und einen Orcakönig heirateten, und, ganz allgemein, um die Natur und die Welt und wie man seinen Platz in ihr findet – es sind kraftvolle und moralische Erzählungen voller Anspielungen und Bedeutungen, die sich vollständig nur denen erschließen, die Kwak'wala verstehen.

In den Überlieferungen der Kwakwaka̱'wakw gibt es den einen Schöpfer, der alles erschaffen hat – und neben ihm eine Reihe von übernatürlichen, höheren Wesen, die die Menschen mit den Reichtümern der Natur beschenken. Diese Wesen sind Tiere, Totemtiere – Raben, Adler, Bären, Orcas –, die in parallelen Welten herrschen, zwischen denen sie frei hin und her wandeln.

Unter diesen Tieren sind die Orcas die mächtigsten, die Kwakwaka̱'wakw nennen sie »Max'inuxw«, sie sind die unangefochtenen Herrscher der Meere, in den alten Geschichten kommen sie gleich nach Gott. Sie leben in unterseeischen Städten, in denen sie ihre Orcagewänder ablegen und sich wie Menschen fortbewegen, erst im Wasser werden sie zu Orcas – bis sie wieder an Land gehen und sich in Menschen verwandeln.

So waren vor Urzeiten auch die ersten Menschen entstanden, es waren Orcas, die an Land gingen, sich dort verwandelten und dann einfach vergaßen, zurück ins Meer zu gehen. Heute ist es so, dass Menschen, die bei der Jagd auf See umkommen, von den Orcas aufgenommen werden, um fortan als einer der Ihren zu leben.

In den Kunstwerken der Kwakwaka̱'wakw tauchen Orcas mit menschlichen Zügen ebenso selbstverständlich auf wie Menschen mit gewaltigen Finnen – und wenn man erst mal weiß, dass es parallele Welten gibt, zwischen denen sich die Orcas frei bewegen können, ist die Bezeichnung ›Home of the Killer Whale‹ noch etwas wahrer, als man beim ersten

Betreten des kleinen Hafens von Alert Bay zunächst vielleicht glauben mag.

Mit voller Wucht kracht der tosende Pazifik auf die zerklüftete
Küste, an endlosen Stränden stapelt sich meterhoch das glatt
geschmirgelte Treibholz, wabernde Gischt hüllt die weiten
Buchten und dicht bewaldeten Inseln in ewigen Nebel, aus
tiefen Fjorden ragt ein massives Gebirge steil und schroff in
den Himmel, darunter wuchert ein urzeitlicher Regenwald,
durchzogen nur von den uralten Pfaden der Lachse, im Unterholz Wölfe, Bären und Pumas, am Himmel die Adler, im
dunklen Wasser Seelöwen, Otter und Wale – das ist, in einem
Satz, Vancouver Island.

Auf dieser Insel kommt alles zusammen, das Schöne, das
Wilde, das Mystische, das Ungewisse, das Bedrohliche. Schon
beim ersten Besuch stand für mich fest, dass dies die schönste
und aufregendste Gegend der Welt sein müsste, an dieser
Meinung hat sich nie etwas geändert. Natürlich habe ich bislang noch nicht halb so viele Inseln betreten wie die Insel-
sammlerin Jenny, die wir auf den Shetlands getroffen hatten –
ich kann mich in dieser Frage aber trotzdem gern schon
festlegen.

Was mich an Vancouver Island immer wieder fasziniert
und begeistert: diese wilden und unwirklichen Wälder. Als
ich dort das erste Mal wandern war, habe ich überlegt, ob ich
überhaupt jemals in einem richtigen, echten Wald war – oder
doch immer nur in diesen ordentlich hergerichteten An-
sammlungen von Bäumen, die uns zu Hause immer als Wald
verkauft werden.

Das ist kein bisschen übertrieben, ich habe mal ein Inter-
view mit einem Waldforscher gelesen, der sich sein ganzes
Leben lang mit Wald beschäftigt hat – und selbst der konnte

die richtigen Wälder, in denen er schon war, an einer Hand abzählen.

Was ein Wald braucht, um ein prächtiger Wald zu werden, sind Zeit und Ruhe, das ist schon alles, mehr nicht, Zeit und Ruhe, dann wird das schon – allerdings ist bereits das meist zu viel verlangt, und das liegt daran, dass Mensch und Natur nicht immer einer Meinung sind.

Junge Bäume produzieren deutlich schneller Zellulose als alte, das ist normal und gewollt, sie müssen wachsen, und das schneller als die Konkurrenz, sonst bekommen sie kaum Licht – alte Bäume dagegen sind ausgewachsen, sie müssen nur noch Ruhe bewahren und abwarten, irgendwann schließlich umfallen oder in sich zusammenbrechen, dadurch oben Platz machen und unten dann langsam verrotten, damit aus ihnen Neues entstehen kann.

Das ist der Lauf der Dinge, aus Sicht der Forstwirtschaft ist der allerdings ineffizient, daher holzt man die uralten Wälder überall auf der Welt einfach ab, um Platz für junge Bäume zu schaffen. Auch auf Vancouver Island sieht man überall schwere Trucks, vollgepackt mit Baumstämmen, auf dem Wasser treibt das Holz flussabwärts, und wenn man mal über die Insel fliegt, sind da doch bedenklich große Lücken – selbst hier steht nur der kleinste Teil des Waldes unter Schutz.

Die Forschung hat das meiste, was einen Wald ausmacht, bislang nicht mal ansatzweise verstanden, man hat im Grunde gar keine Ahnung, wie Boden, Wasser, Luft, Pflanzen, Pilze und Organismen da genau zusammenarbeiten, um so einen richtigen, schönen Wald hinzubekommen, man weiß eben nur, das es Zeit und Ruhe braucht, am besten viel davon, und möglichst wenig Forstwirtschaft.

In der Theorie werden die Wälder der nordamerikanischen Westküste als »gemäßigte Küstenregenwälder« bezeichnet, in der Praxis ist das allerdings Unsinn, das sieht man auf den ersten Blick. Nichts an diesen Wäldern ist gemäßigt, hier herrscht totales Chaos, pure Anarchie, es gibt keine Ordnung, keine Regeln, kein Durchkommen, diese Wälder sind unwirtliche und undurchdringliche Dickichte, alles ist eins, wächst wie von Sinnen vor sich hin, ineinander, übereinander, durcheinander, ein wild mäandernder Organismus, ohne Anfang, ohne Ende.

Der Boden – kaum mehr sichtbar vor lauter Farnen, wildem Gestrüpp und langsam vor sich hin rottendem Holz, ungestüm übereinandergestapelt und zu unüberwindbaren Schichten aufgetürmt, aus denen unaufhörlich neues Leben erwächst. Die Bäume – uralte, knorrige Riesen, verwittert und verwachsen, grotesk überladen mit bizarren Moosen und Flechten, die verloren und geisterhaft im Wind baumeln. Der Himmel – nur mehr eine ferne Idee, ein Gerücht, verdeckt vom dichten Geäst der Kronen, ein verzweigtes Gewirr aus allen möglichen Grüntönen.

Man kann wochenlang in diesen Wäldern herumirren, ohne darin etwas zu finden, das auch nur annähernd gemäßigt erscheint – allerdings tragen sie ihren Namen ja nicht aufgrund der chaotischen Zustände in ihrem Inneren, sondern wegen der überaus geordneten klimatischen Verhältnisse drumherum, die sie so dringend benötigen, um das Chaos überhaupt erst herstellen zu können.

Wälder wie diese gibt es nur hier – sie schätzen es, wenn es immer schön hell, halbwegs kühl und angenehm feucht ist, und das bitte ohne große Schwankungen, daher sind sie nur in direkter Nähe zur Küste zu finden, vom Norden Kaliforniens bis zum Golf von Alaska. Und nirgendwo sonst auf der Welt.

Hier wachsen mächtige Douglasien und Lebensbäume, weiter im Süden auch urzeitliche Mammutbäume, es sind Wälder wie Kathedralen, mit meterdicken Stämmen, die beinahe bis zum Himmel reichen. Sie wirken wie aus der Zeit gefallen, dabei sind sie gar nicht so alt, vermutlich sind die meisten erst nach der letzten Eiszeit entstanden. Sie haben gelernt, alle notwendigen Nährstoffe direkt aus der immerfeuchten und nebligen Luft zu ziehen – ohne das Meer können diese Bäume nicht leben.

British Columbia wird auch »The Land of Plenty« genannt, »Das Land des Überflusses«, und womöglich trifft das auf keinen Ort mehr zu als auf Vancouver Island. Der Grund für den Überfluss ist die enge Verbindung, die Meer, Land, Wetter und Leben hier auf engstem Raum eingehen, alles hängt mit allem zusammen, befruchtet sich gegenseitig, wächst gemeinsam über sich hinaus.

Der Nordostwind sorgt dafür, dass an der Küste warmes Oberflächenwasser weit auf den Ozean geschoben wird, sodass kaltes Tiefenwasser aufsteigen und verdunsten kann. Je nach Jahreszeit entstehen so Nebel oder Regen, beide halten die Wälder immer schön feucht, und nebenbei spülen sie Unmengen an Mineralien aus den Böden, die über ein feines Netz an Bächen ins Meer gelangen. Unterstützt von günstigen Strömungen, die für eine enorme Durchmischung des Wassers sorgen, entsteht eines der arten- und fischreichsten Gewässer der Welt – es gibt hier allein über siebzig verschiedene Seesternarten. Das Meer ernährt Tausende Seevögel, Adler, Bären und Wölfe, die dann wiederum die Küsten und Wälder düngen. Eine besondere Rolle in der engen Verbindung von Wasser und Land spielt der Lachs. Über unzählige Ströme dringt er tief in die Wälder ein, bis hinauf zu den Gewässern seiner Geburt, wo er schließlich laicht und stirbt. Nach einem Leben auf See kehrt er zurück an Land, wird dort eins mit dem Boden, er bringt Nährstoffe, aus denen neuer Wald erwächst, neues Leben. So geht das seit Urzeiten.

Die Menschen hier geben sich Mühe, sich in dieser Wildnis

einzurichten, vor allem im Westen und im Norden, die Wildnis war zuerst da, man schätzt und respektiert sich. In manchen Orten braucht es keine zehn Schritte, schon steht man vor einem Schild, auf dem ein Bär, ein Wolf und ein Puma zu sehen sind, verbunden mit dem Hinweis, dass man sich AB HIER im Territorium dieser Tiere befinde und dort nach ihren Regeln zu verhalten habe. Beim Wandern habe ich dieses Schild immer im Kopf.

»Und hier an dieser Ecke müsst ihr vorsichtig sein«, sagt die freundliche Rangerin, als sie uns auf unserer kleinen Faltkarte den weiteren Weg für den Tag erklärt, »da wurde gestern ein Bär gesehen – am besten schaut ihr einfach, dass ihr euch immer gut bemerkbar macht, damit der Bär euch kommen hört.« Während die freundliche Rangerin das erklärt, nickt und lacht Theresa, sie ist in Wanderstimmung, ganz eindeutig, ich dagegen bin mir da gerade nicht mehr so sicher, vielleicht wäre heute auch ein guter Tag, um es sich zu Hause gemütlich zu machen. Da ist es doch auch immer schön.

Die Rangerin erklärt noch ein paar andere Sachen, was es unterwegs zu sehen gibt, was da besonders interessant ist, worauf vor allem zu achten ist – allerdings bin ich nicht mehr ganz bei der Sache, ich bin beim Bären, mein Blick bleibt fixiert auf die Stelle, an der er gestern gesehen wurde und an der wir uns heute bemerkbar machen sollen, damit er uns auch kommen hört. Ich versuche, mir diese Stelle gut einzuprägen, und vermutlich sieht das die Rangerin, denn sie nimmt jetzt einen Stift und kritzelt ein Kreuz auf die Karte und schreibt »bear« daneben, mit ganz dickem Ausrufezeichen, damit ich es unterwegs auch immer gut sehe.

Dann wünscht uns die freundliche Rangerin noch eine ganz phantastische Zeit und viel Spaß auf unserer Wanderung, heute sei ja wirklich super Wetter und ein richtig toller Tag, sie wünschte, sie müsste nicht arbeiten, dann würde sie diese wunderbare Wanderung bestimmt auch noch mal machen.

Zumindest von meiner Seite aus spräche da nichts gegen, diese Rangerin ist ja überaus freundlich, sie kennt sich bestens aus, und ganz sicher weiß sie genau, was zu tun ist, wenn unterwegs der Bär wartet – mein Wissen in diesem Bereich ist vor allem theoretisch, ich habe mich eingelesen, natürlich, aber man weiß ja nie, was davon im Ernstfall noch übrig ist.

Wir verabschieden uns, die freundliche Rangerin darf drinnen bleiben und weiter arbeiten – wir dagegen müssen jetzt wandern gehen. Draußen kramt Theresa noch in ihrem Rucksack herum, dann zuppelt sie sich die Wanderschuhe zurecht, dann kann es losgehen, entspannt schlendert sie in Richtung des Weges, und wenigstens sicherheitshalber frage ich noch mal nach:

»Du willst doch da jetzt nicht lang, oder?!«

»Wieso denn bitte nicht?«

»Äh, wegen dem Bären? Die hat doch ges ...«

»Aber der ist doch da nicht mehr!«

»Ja, aber dann ist er halt irgendwo anders.«

»Quatsch, der ist längst über alle Berge.«

»Oder gleich hinter der nächsten Ecke!«

»Wir sind in Kanada, da gibt es Bären, das wusstest du doch.«

»Aber wenn die das schon so explizit sagt?!«

»Die hat uns genauso explizit auch ›viel Spaß‹ gewünscht!«

»Komisches Verständnis von Spaß hat die ...«

»Ach, Oliver. Komm jetzt, das wird super!«

»Hmmm, ich weiß nicht, bist du sicher?«

»Ja, natürlich! Außerdem bist du doch vorbereitet.«

Auf einer Walfahrt geht es natürlich nicht die ganze Zeit

nur um Wale, vor Ort sind auch viele andere interessante
Tiere zu sehen, bei den meisten macht es mir große Freude,
sie zu beobachten, manche machen mir aber auch ein bisschen Angst. Ich muss mich dann immer erst überwinden, und
das ist für Theresa gelegentlich anstrengend.

Ich bin nicht so gut im Überwinden, dafür ziemlich gut im
Vorbereiten, daher ist es meist so, dass ich mich zu Hause auf
dem Sofa immer schon informiere und dabei alle möglichen
Szenarien durchspiele, damit im Ernstfall vor Ort dann auch
jede Entscheidung und jeder Handgriff sitzt. Vorbereitung ist
wichtig, auch ohne Wale, das habe ich gelernt.

Beim Wandern in den Bayerischen Alpen sind wir vor Jahren mal von einer Kuh angegriffen worden, so einer ganz normalen Almkuh mit Almkuhglocke um den Hals, bildschön,
wirklich, wie aus der Alpenwerbung. Sie hatte zunächst ganz
friedlich und gemütlich auf ihrer Wiese herumgestanden, als
wir uns ihr allerdings näherten, weil unser Weg nun mal an
ihrer Wiese vorbei führte, war ihr das irgendwie nicht recht
gewesen, erst hatte sie nur böse geschaut, danach gemuht
und geblökt, zunächst etwas unmotiviert, dann aber doch immer bestimmter und lauter, und schließlich war da durchaus
Wut herauszuhören. Wir jedoch sind immer weiter gegangen,
stur und unbeirrbar, wir mussten da nun mal lang, es half ja
nichts, und irgendwann hatte die Kuh es also satt, sie kam zu
uns rüber, erst langsam, dann immer schneller, und schließlich rannte sie, direkt auf uns zu und wütend, ja, das war jetzt
wirklich gut zu sehen. Wir beeilten uns also auch, erst langsam, dann immer schneller, und irgendwann rannten wir
schließlich alle, Theresa und ich vorneweg, die Kuh hinter uns
her, und anfangs lachten wir noch, nach einer Weile jedoch
fehlte dafür die Luft, Kühe sind überraschend schnell und
ausdauernd, das meint man gar nicht, wenn man sie immer
so friedlich auf der Wiese stehen sieht. Wir rannten also und

rannten, es ging einmal über die halbe Alm, und ich hoffe, niemand hat uns dabei gesehen, so was kann man ja keinem erzählen. Wir haben überlebt. Irgendwann kam ein Gatter, wir passten hindurch, die Kuh nicht, sie sah das gleich ein und trottete zufrieden zurück auf ihre Wiese.

»Wow, was für eine komische Kuh!«, hat Theresa damals gesagt, ich glaube im Nachhinein allerdings, dass das Problem nicht die Kuh war – das waren schon wir und unsere fehlende Vorbereitung.

Wir waren an diesem Tag von einer leichten Sommerwanderung in ungefährlichem Terrain ausgegangen, man würde die Aussicht genießen, die gute Bergluft atmen, ein paar Höhenmeter machen, unterwegs Kühe streicheln und Murmeltiere beobachten und schließlich irgendwo in einer Hütte einkehren, vielleicht auf einen Kaiserschmarrn, und sich dann langsam wieder auf den Weg ins Tal machen und dort noch in den See hüpfen.

Mit etwas mehr Vorbereitung allerdings hätten wir gewusst, dass es in den Bergen regelmäßig zu ernsten und tödlichen Unfällen mit Kühen kommt, das passiert wirklich, selten zwar, aber es passiert, und wenn man irgendwo unbedarft wandert und von einer Kuh immer ernster und lauter und energischer angemuht wird, dann ist es womöglich eine gute Idee, das ernst zu nehmen und zu überlegen, ob es eventuell auch einen anderen Weg gibt, da oben sind schließlich alle Wege schön, warum also eine schlecht gelaunte Kuh provozieren, nur weil man hier auf sein Wegerecht pocht. Wir aber sind einfach weitergegangen, weil wir dachten, dass alle Kühe immer friedlich und freundlich sind und nie mal einen schlechten Tag haben.

Man kann das naiv finden, ist es auch, trotzdem ist es kein Einzelfall. Solche Dinge passieren, jedes Jahr wieder.

Seitdem bereite ich mich also vor, und die gute Nachricht

ist, dass es statistisch gesehen weitaus wahrscheinlicher ist, beim Wandern durch eine Kuh umzukommen als durch einen Bären. Allerdings, und das ist die schlechte Nachricht, funktioniert das menschliche Gehirn nicht so, dass es sich von solchen Statistiken beruhigen lässt – im Gegenteil, die Forschung hat gezeigt, dass sich Menschen UMSO MEHR vor dem Angriff eines wilden Tieres fürchten, je mehr man ihnen mit Statistiken zu Leibe rückt, die ihnen erzählen wollen, dass eigentlich alles in Ordnung ist. Sobald ein Gehirn also gesagt bekommt, dass es statistisch gesehen weitaus wahrscheinlicher ist, beim Wandern durch eine Kuh zu sterben als durch einen Bären, merkt sich das Gehirn vor allem zwei Worte – »Bär« und »sterben«.

Was laut Forschung allerdings ganz phantastisch hilft, ist Vorbereitung. Sobald man ein Tier halbwegs kennt, versteht und einordnen kann, macht es einem gleich viel weniger Angst. Theresa belächelt mich zwar manchmal, wenn sich bei mir mal wieder die Bücher über Wölfe und Bären stapeln – unterwegs kommt das dann natürlich aber auch ihr zugute.

Nun ist es in Kanada so, dass man beim Wandern Schwarz- und Braunbären begegnen kann, und das Problem ist, dass die Handhabung dieser beiden Arten durchaus unterschiedlich, die Unterscheidung allerdings nicht so einfach ist.

Der Schwarzbär ist ein eher schüchternes Tier, bei einer Begegnung ist es daher ratsam, ihm von Anfang klarzumachen, dass man selbst hier das Sagen hat und dass er sich nun gefälligst verziehen soll. Dabei macht man sich möglichst groß und breit, ein selbstbewusstes Auftreten sorgt beim Schwarzbären meist für einigen Eindruck. Der Braunbär dagegen ist ein beeindruckend selbstbewusstes Tier, bei einer Begegnung ist es daher unbedingt erforderlich, ihm von Anfang an klarzumachen, dass man selbst nur ein armseliges Würstchen ist, dass sich hier nun unverzüglich verzogen wird. Dabei macht man sich möglichst klein und schmal und hofft darauf, dass das schüchterne Auftreten beim Braunbären noch ein paar Punkte bringt.

Es ist beim Wandern also entscheidend, beide Bären auf den ersten Blick sicher unterscheiden zu können, und das hatte ich Theresa im Zuge meiner Vorbereitung ausführlich erklärt. »Das wird ja wohl nicht so schwer sein, die auseinanderzuhalten«, hatte Theresa daraufhin aber gesagt, »Schwarzbären sind schwarz, Braunbären braun, sonst würden die ja wohl nicht so heißen«, und genau hier zeigt sich, wie gut es ist, sich vorzubereiten, denn das ist leider komplett falsch.

Braunbären sind meist braun, das stimmt, manchmal allerdings sind sie auch blond oder grau, gelegentlich sogar schwarz, und hier beginnt das Problem, denn Schwarzbären wiederum sind nur gelegentlich schwarz, während sie irritierend oft auch braun, blond oder grau sind – ganz selten sind sie sogar weiß, dann heißen sie aber Geisterbären, und die sind irre selten, es gibt sie nur in manchen Wäldern, das ist beim Wandern zu vernachlässigen. In Nordamerika heißen die Braunbären zudem Grizzlys, weil ihr Fell oft so krisselig ist, aber auch das ist allenfalls als Faustregel gedacht.

Im Prinzip ergibt es also überhaupt keinen Sinn, sich bei einer Begegnung mit einem Bären auch nur eine Sekunde lang mit der Farbe oder Beschaffenheit seines Fells aufzuhalten.

Auf Vancouver Island gibt es vor allem Schwarzbären, vermutlich leben in den dichten Wäldern mehrere Zehntausend von ihnen, allerdings werden im Norden der Insel immer wieder auch Grizzlys gesehen, die über die vielen kleinen Inselchen vom Festland herüberwandern. Es ist zwar unwahrscheinlich, einem von ihnen zu begegnen, aber das ist natürlich wie bei den Statistiken – beim Wandern blendet das Gehirn so etwas aus.

Ich habe Theresa daher ein paar Möglichkeiten vorgestellt, beide Arten auseinanderzuhalten, allerdings bin ich nicht sicher, wie praxistauglich sie jeweils sind.

Grizzlys sind ordentliche Brocken, sie kommen auf hundertdreißig bis vierhundert Kilo, Schwarzbären wirken da im Vergleich fast leichtfüßig, sie bringen gerade mal neunzig bis zweihundertfünfzig Kilo auf die Waage, aber wann hat man beim Wandern schon mal eine Waage dabei. Durchaus lohnend ist ein Blick ins Gesicht, beim Grizzly ist es eher gemütlich, mit kleinen, rundlichen Öhrchen und einer stark vorstehenden Schnauze, beim Schwarzbär ist das alles schnittiger, mit großen, länglichen Ohren und spitz zulaufendem Maul. Aber natürlich sind das bestenfalls Details, die nur dann etwas bringen, wenn man bereits im optimalen Winkel zum Bären steht, und gerade das lässt sich ja nicht so richtig beeinflussen.

Theoretisch sehr eindeutig wird es bei den Krallen – beim Grizzly sind sie lang und hell, beim Schwarzbär kurz und dunkel, oft sind sie auch gar nicht zu sehen, so kurz sind sie, allerdings ist es doch eine sehr individuelle Entscheidung, ob man einem Bären nun so nahe kommen möchte, dass man bequem seine Krallen untersuchen kann. Ich für mich lehne das ab.

Noch am ehesten lassen sich beide Arten über ihre Form unterscheiden – der Grizzly wühlt und gräbt gern in der Erde herum, daher die langen Krallen, bei ihm kommt die ganze Kraft aus der Schulter, das sieht man gleich, er hat einen ziemlich beeindruckenden Buckel, selbst in jungen Jahren. Der Schwarzbär dagegen ist ein bisschen pummelig, sein Schwerpunkt liegt doch klar am Heck, er hat einen recht dicken Hintern, und von kräftigen Schultern hat er noch nie etwas gehört.

Die freundliche Rangerin hatte von all diesen Dingen übrigens nichts gesagt, vermutlich, weil sie uns nicht unnötig verwirren wollte. Manchmal ist man ja auch überinformiert, und wenn es dann drauf ankommt, steht man auf dem Schlauch. Die wichtigste Regel hatte die freundliche Rangerin ohnehin erwähnt – es ist entscheidend, einen Bären nicht zu überraschen, das mögen sie alle nicht, egal, welche Farbe nun ihr Fell hat.

Es ist daher unbedingt von Vorteil, wenn man sich beim Wandern etwas zu erzählen hat, dann wissen die Bären immer gleich Bescheid, und meist gehen sie den Menschen dann einfach aus dem Weg. Bären sind nämlich überaus friedliebende Tiere, die überhaupt gar kein Interesse an Streit haben – da sind sie fast ein bisschen wie Kühe.

So aufregend das Wandern und die mögliche Begegnung mit dem Bären auch sind – insgesamt sind wir natürlich wegen der Wale hier. Vancouver Island gilt als Wiege der Walforschung, hier hat vor ein paar Jahrzehnten alles angefangen, mit den Orcas der Johnstone Strait und einem Mann namens Michael Bigg.

Als Michael Bigg beginnt, Wale zu erforschen, funktioniert Walforschung im Wesentlichen so, dass man die Wale tötet und schaut, was sie im Magen haben. Manchmal untersucht man noch ihr Gewebe. Aber wirklich nur manchmal. Es sind die Siebziger, Walforschung ist allenfalls eine Idee, kein ernst zu nehmender Beruf – dazu braucht es erst Menschen wie Michael Bigg.

Bigg, 1939 in London geboren, kommt als kleiner Junge nach British Columbia, die raue, wilde Natur fasziniert ihn sofort. Er studiert Biologie, spezialisiert sich auf Seehunde und arbeitet später für die kanadische Fischereibehörde. Sein Büro liegt im beschaulichen Hafenörtchen Nanaimo, mit bestem Blick auf die Strait of Georgia. Im Sommer 1971 bekommt er den Auftrag, doch bitte in Erfahrung zu bringen, wie viele Orcas sich eigentlich in den Gewässern rund um Vancouver Island aufhalten, man habe da nämlich keinerlei Überblick.

Vancouver Island ist gut vierhundertfünfzig Kilometer lang und hundert Kilometer breit, da kommt an Küstenlänge schon was zusammen, doch Michael Bigg hat eine Idee, wie man all diese Küsten und Orcas gleichzeitig im Blick behält, zumindest für einen Moment.

Er startet einen Aufruf – die Menschen mögen am 26. Juli doch bitte sämtliche Orcas zählen, die ihnen an diesem Tag über den Weg schwimmen, dabei möglichst auch die genaue Zeit und grobe Schwimmrichtung notieren und das Ganze dann bitte also ihm, Bigg, mitteilen, er würde das dann auswerten. Da es damals noch kein Internet gibt, veröffentlicht Bigg seinen Aufruf auf Papier, er macht Aushänge in Häfen, Restaurants und Bäckereien, außerdem schreibt er alle möglichen Seeleute an, die das Meer schon aus beruflichen Gründen ja immer gut im Blick haben.

Insgesamt verschickt Bigg 16.500 Fragebögen, knapp fünfhundert bekommt er ausgefüllt zurück, in den nächsten beiden Jahren wiederholt er diese Zählung, dann präsentiert er ein erstes Ergebnis. Bigg kommt auf gerade mal zweihundert bis zweihundertfünfzig Orcas, die sich dauerhaft an den Küsten von British Columbia aufhalten – das ist eine Überraschung, man war immer von vielen Tausend ausgegangen. Gut zwei Drittel der Orcas leben im Norden zwischen der Johnstone Strait und der Strait of Georgia, ein Drittel in der Salish Sea im Süden. Mehr sind es nicht, wer hätte das gedacht.

Bigg forscht weiter, bislang hat er ja nichts als eine Zahl, er beginnt nun, einzelne Orcas genauer zu beobachten. Man hat damals noch keine Ahnung, wie sie leben, wie sich ihre Gruppen zusammensetzen, wer sie anführt, eigentlich weiß man gar nichts über sie, Orcas sind fremde, unbekannte Wesen, und der Erste, der sie etwas näher kennenlernen will, ist Michael Bigg.

Um herauszufinden, was die Orcas den ganzen Tag so tun, muss Bigg zunächst einzelne Tiere identifizieren – es hat aber niemand eine gute Idee, wie das gehen soll. Bigg fängt an zu fotografieren, er macht Tausende Fotos, das ist mühsam, aufwändig und kostspielig, jeder Film muss entwickelt werden, Digitalfotos gibt es noch nicht. Bigg fotografiert in Schwarz-Weiß und mit großem Objektiv, er versucht möglichst nah ranzukommen, er braucht Details – er sucht Unterschiede, und als er schließlich irgendwann mal wieder stundenlang über den Bergen von Fotos brütet, findet er sie.

Bigg fällt auf, dass sich die Rückenfinnen der Orcas unterscheiden, ganz leicht nur, aber wenn man erst mal ein paar Tausend davon nebeneinander legt, dann sind die Unterschiede doch eindeutig – manche Finnen sind senkrechter als andere, manche stärker gebogen, manche spitzer, manche haben auch kleine Narben und Kratzer. Bigg vergleicht und vergleicht, und irgendwann ist er sicher: Keine Finne gleicht der anderen. Beinahe nebenbei fällt ihm auf, dass sich auch die weißen Schlieren und Flächen unterhalb der Finnen zwar ähneln, aber eben nicht gleichen – auch hier gibt es Unterschiede, das ist auf den Schwarz-Weiß-Fotos ganz eindeutig zu erkennen.

Bigg ist jetzt in der Lage, jeden einzelnen Orca zu identifizieren, und er muss ihn dafür nicht mal erschießen, er braucht nur ein paar Fotos, das ist schon alles. Anfangs wird er dafür belächelt, Fotos, das kann nicht gehen – heute allerdings ist Biggs Methode die Grundlage jeglicher Forschung im Feld, und das nicht nur bei Walen, sondern bei allen Tieren. Diese Methode ist heute als Fotoidentifikation bekannt, erfunden hat sie Michael Bigg mithilfe der Orcas.

In den folgenden Jahren findet Bigg heraus, dass sich die kanadischen Orcas in festen Gruppen organisieren, die ein Leben lang zusammenbleiben, jede Familie wird von der ältesten und weisesten Kuh angeführt, sie ist das Oberhaupt – Orcas sind in Matrilinien organisiert, diese Entdeckung ist sensationell, bislang war man stets davon ausgegangen, dass die Familien von den großen Bullen geführt werden. Wie es immer so ist.

Bigg erkennt außerdem, dass sich die Orcas rund um Vancouver Island unterscheiden, es sind zwei separate Ökotypen, die sich genetisch vor mehreren Hunderttausend Jahren voneinander abgespalten haben, lange bevor es überhaupt den modernen Menschen gab. Heute kennt man sie als *Northern* und *Southern Residents*.

Bigg macht auch noch eine dritte Gruppe von Orcas aus, die in diesen Gewässern nur gelegentlich vorbeischaut und ansonsten lieber weit draußen im offenen Ozean lebt – Bigg nennt sie »Transients«, diese Tiere sind ganz anders als die örtlichen Orcas, irgendwie eindrucksvoller, unnahbarer und ernsthafter, sie ernähren sich von Säugetieren, und bei der Jagd geben sie keinen Mucks von sich. Vielen Menschen hier sind diese Wale bis heute nicht ganz geheuer.

Die Orcas, die wir vor Jahren bei unserer ersten Orcatour in Kanada gesehen hatten, waren Transients, das hatte unser Guide damals gleich gesagt, »Bigg's killer whales« nannte er sie, ich wusste nur nicht, was das bedeutet.

Im Lauf der Jahre erstellt Michael Bigg den ersten Orcastammbaum der Welt, er benennt jede Familie, jeden einzelnen Wal – und bis heute schätzen und verfolgen die Menschen auf Vancouver Island »ihre« Wale, man interessiert sich für ihr Leben, als wären es gute Freunde. Jede Geburt wird bejubelt, jeder Tod betrauert, die Orcas gehören hier fest zur Familie – und das ist vor allem Michael Bigg zu verdanken. Er ist es, der den Tieren eine Identität gibt, eine Geschichte, und ja, auch ein Leben, an dem die Menschen ab jetzt teilhaben wollen.

Als Bigg an Leukämie erkrankt, stürzt er sich in die Arbeit, seinen Abschlussbericht über die Orcas von British Columbia liest er noch im Krankenhaus ein letztes Mal gegen, ein paar Tage später stirbt er, mit gerade mal fünfzig Jahren. Biggs Asche wird in der Johnstone Strait verstreut. Von den Menschen hier hören wir immer wieder die Geschichte, dass sich während der Zeremonie auch die Orcas in der Nähe eingefunden haben.

»Theresa and Oliver from Munich, please!«, ruft Captain Wayne fröhlich und schaut suchend in die Menge, »would you please come on board?« Der Mann meint uns, das ist eindeutig, wir schlängeln uns durch die wartende Menge und stehen kurz darauf vor Captain Wayne und seinem Klemmbrett.

»Good morning, Sir«, sagen wir schüchtern, da macht Captain Wayne auch schon seinen Witz, und die Leute lachen. Ich weiß nicht mehr, worum es ging in dem Witz, ich war aufgeregt, so wie bei Captain Wayne bin ich noch nie irgendwo an Bord einer Waltour gegangen – vermutlich ging es um Bier, es geht im Ausland ja immer um Bier, sobald jemand weiß, dass man aus München kommt.

»Welcome on board!«, sagt Captain Wayne also und nickt uns freundlich zu, dann tritt er lächelnd zur Seite, und schon geht es weiter – mit strengem Blick schaut er wieder auf sein Klemmbrett, dann bittet er einen James und eine Linda aus Chicago nach vorn, auch sie schlängeln sich durch die Menge, auch sie kassieren einen Witz, auch ihnen wünscht er einen schönen Tag, und so geht das eine ganze Weile weiter.

Wir stehen im kleinen Hafen von Telegraph Cove, das ist

schräg gegenüber von Alert Bay, allerdings ist »Hafen« vielleicht auch zu viel gesagt, es ist doch eher ein Pier mit ein paar Häuschen drumrum, die irgendwo an den Rand des Urwalds gebaut wurden, und von hier aus soll es jetzt also losgehen – wir fahren raus zu den Orcas.

Vorher jedoch müssen erst mal alle an Captain Wayne vorbei, er führt hier heute durch das Programm. Ein bisschen sieht er aus wie Leslie Nielsen, nur mit Vollbart, es ist dieselbe ulkige Kombination aus großväterlicher Souveränität und kindlicher Albernheit – Captain Wayne ist ein Entertainer, dieser Auftritt vor den wartenden Gästen bereitet ihm sichtlich Freude.

Die meisten Waltouren gehen schon lange vor dem eigentlichen Beginn los. Meist trifft man sich am Hafen, und während man dort steht und wartet, begutachtet man das Boot und überlegt, wo wohl die besten Plätze sind. Das passiert ganz automatisch, man kann nichts dagegen tun. Sobald man sich auf irgendeinen Bereich festgelegt hat, versucht man, sich unauffällig und gleichzeitig strategisch günstig in der wartenden Menge zu postieren, sodass man möglichst früh an Bord gelangt und bei der Platzwahl alle Optionen hat.

Das ist insgesamt natürlich Unsinn, ich bin mittlerweile bestimmt hundert Mal an Bord eines solchen Walbootes gegangen und kann immer noch nicht sagen, ob es dort überhaupt so etwas wie »beste Plätze« gibt, das kommt ja immer auch auf die Wale an. Trotzdem ist die Stimmung am Hafen meist leicht angespannt, das ist überall auf der Welt dasselbe, zumindest bei den Touren, die nicht von Captain Wayne geleitet werden.

Captain Wayne ist es komplett egal, wer sich wo und wie in der Menge postiert hat, bei ihm geht es nach Klemmbrett. Er hat eine Liste mit allen Gästen, und die ruft er auf, und zwar in genau der Reihenfolge, auf die er gerade Lust hat. Er geht weder alphabetisch vor, noch nach Nationen oder sonst irgendeinem erkennbaren System, vermutlich nimmt er einfach die Leute, zu deren Namen oder Herkunftsort ihm gerade irgendwas einfällt. Bei allen Gästen macht Captain Wayne eine Bemerkung, meist launig, immer freundlich und sympathisch – wie gesagt, Leslie Nielsen, vielleicht sind sie ja verwandt.

So entspannt, heiter und ausgeruht wie der Gang an Bord ist später auch die gesamte Tour. Bei der ersten Orcatour vor ein paar Jahren war ich noch einigermaßen nervös, im Schlauchboot im arktischen Norwegen war da immerhin noch Respekt, und auf den Shetlands später war es die große Ungewissheit. Hier nun ist es nichts als Ruhe, es fühlt sich an wie ein Sonntagsausflug zu ein paar alten Freunden, die man lange nicht gesehen hat.

So ist es dann auch tatsächlich.

Diese Wale hier sind wirklich alte Freunde.

Man muss im Norden von Vancouver Island nicht erst lang suchen, es reicht schon, wenn man ein bisschen mit dem Boot zwischen den vielen schönen Inselchen herumtuckert, über kurz oder lang schwimmen einem die Orcas dabei ganz automatisch über den Weg. Und so ist es auch an diesem Tag.

»DA!! DA HINTEN! ORCAS!! GANZ VIELE!«, ruft jemand, der die Sache mit den Uhrzeiten offenbar ebenso wenig verinnerlicht hat wie ich damals auf Madeira – alle schauen jetzt also zu ihm statt zu den Walen, das ist unangenehm, das kenne ich gut, aber beim nächsten Mal, da kann er's dann.

Die Orcas sind noch ein gutes Stück entfernt, sie schwimmen genau in unsere Richtung, wir können hier auf sie warten, Captain Wayne macht den Motor aus. Es ist eine kleine Gruppe, sieben, acht Wale vielleicht, so genau lässt sich das nicht erkennen, zumindest nicht für mich. »Das sind die A30 s«, ruft Alison erfreut, sie ist die Biologin an Bord, sie weiß Bescheid, allerdings habe ich keine Ahnung, wie sie das aus dieser Entfernung hinkriegt. Ich sehe da nur winzige, schwarze Punkte.

»Die A30 s gehören zu den meistgesichteten Walen hier«, sagt Alison, »ihre Familie besteht aus derzeit elf Tieren, und wie alle Orcafamilien sind sie immer gemeinsam unterwegs.« Während die Wale in gemütlichem Reisetempo auf uns zukommen, klärt uns Alison jetzt erst mal über ihre Familienverhältnisse auf.

Ursprünglich hießen die A30 s mal A2 s, weil sie lange Zeit von einer altehrwürdigen, weisen Orcadame namens A2 angeführt wurden, die den Menschen hier aber vor allem als »Nicola« bekannt war. Diesen Namen hatte man ihr gegeben, weil ihre Finne eine so deutliche Kerbe hatte, dass man sie schon von Weitem erkennen konnte – Kerbe heißt im Englischen »nick«. Nicola führte ihre Familie bis 1989; als sie starb, übernahm ihre älteste Tochter Tsitika (A30) die Führung, nach der dann auch die Familie umbenannt wurde. Die Sache mit den Familiennamen funktioniert bei den Orcas etwas anders als bei uns.

»Tsitika hat sechs Nachkommen geboren«, sagt Alison, »von denen heute aber nur noch zwei am Leben sind – Clio (A50) und Blinkhorn (A54)«, und während Alison das alles erklärt, kramt sie eine Tafel hervor, auf der der gesamte Stammbaum der A30 s abgebildet ist. Es ist ein handelsüblicher Stammbaum, wie bei uns, mit Namen, Daten, Linien und Fotos – nur dass auf den Fotos keine Gesichter zu sehen sind, sondern Finnen.

Mittlerweile sind die Wale ungefähr auf Höhe des Bootes angekommen, sie sind auf der Durchreise, das ist eindeutig, ganz ruhig und gleichmäßig atmend schwimmen sie an uns vorbei.

»Phhhhuuuhhh!«

»Phhhooooooohh!«

»Phhuuhh!!«

»Phhooohhh!«

»Phhhhuuhhh!«

»Dort drüben, das ist Clio«, sagt Alison, »sie taucht gerade auf«, und während sie hinüberzeigt zu dem Orca, der die Gruppe anführt und hier nun gerade auftaucht, staune ich, wie Alison das so schnell erkennt – ich sehe viele Finnen, die hintereinander auf- und abtauchen, und sie sehen doch alle ziemlich ähnlich aus. »Und das da hinter ihr«, sagt Alison, »das ist Clios Schwester, Blinkhorn, da, jetzt taucht sie ab.«

Ich versuche, die Finnen auf der Tafel den Finnen vor uns im Wasser zuzuordnen, das ist aber nicht so einfach. Auf den Fotos erkenne ich durchaus Unterschiede, ja, das schon – die Fotos schwimmen hier aber auch nicht wild in der Gegend herum. »Achtet mal genau auf die Finnen«, sagt Alison jetzt, »bei Clio ist die viel schmaler und spitzer, außerdem ist bei ihr der weiße Fleck darunter viel heller, bei Blinkhorn ist der ganz verwaschen, das kann man von hier aus richtig gut sehen.«

Ich schaue mir den Stammbaum an. Clio ist gerade mal so alt wie Theresa – allerdings ist sie bereits vierfache Mutter und seit kurzer Zeit auch schon Großmutter. Vor zwei Jahren hat ihre Tochter Bend (A72) ein Junges zur Welt gebracht, bislang ist aber noch nicht klar, ob Clio da nun eine Enkelin oder einen Enkel bekommen hat – da muss man bei Orcas Geduld haben, die stattliche Finne der Bullen braucht Zeit. Auch auf einen sprechenden Namen muss A108 noch warten, die ersten Jahre sind kritisch, die muss es erst überstehen. Außerdem brauchen auch die Menschen hier etwas Zeit, um das Neugeborene besser kennenzulernen – sie versuchen nämlich, einen charakteristischen und gut passenden Namen zu finden. Zu jedem Wal hier gibt es eine Geschichte.

Neben dem Stammbaum der A30 s liegen noch ein paar andere Stammbäume herum, ich blättere ein bisschen durch. Die A30 s sind eine von drei Familien im A1 Pod, und der wiederum ist einer von zehn Pods im A-Clan, und neben dem A-Clan gibt es hier noch den G-Clan mit vier Pods und den R-Clan mit zwei Pods, insgesamt sind das über dreißig Orca-familien, in sechzehn Pods und drei Clans, alle zusammen sind die *Northern Residents* – und ich bin sicher, dass Alison jede einzelne Familie sofort erkennt.

Diese Orcas gehören zu den am besten erforschten Walen der Welt, seit Jahrzehnten studiert man ihre Dialekte, Sozial-strukturen und Verhaltensweisen, nirgendwo geht das so gut wie hier, Forschende aus allen Teilen der Welt kommen hierher, und viele von ihnen bleiben gleich für immer, sie wohnen in einfachen Holzhütten auf den Klippen, mit unverbaubarem Blick auf die Orcas.

Nach ein paar Minuten sind die A30 s irgendwo zwischen den kleinen Inseln verschwunden, ganz schnell geht das, es ist nichts mehr von ihnen zu sehen. Captain Wayne startet den Motor, wir fahren weiter – der halbe Tag liegt noch vor uns.

Auf unserer Wanderung sehen wir keinen Bären, zumindest nicht an der Stelle, die die freundliche Rangerin für uns auf der Karte markiert hatte. Dafür sehen wir sie an vielen anderen Tagen – manchmal vom Boot aus, wenn sie bei Ebbe nach Muscheln suchen, mehrfach aus dem Auto heraus, wenn sie gemütlich die Straße überqueren, und einmal auch einfach so, beim Wandern, aus respektvoller und für beide Seiten angenehmer Entfernung. Fast immer sind es Schwarzbären, und fast immer sind sie schwarz – einer ist aber tatsächlich braun. Einmal begegnen wir auch einem Grizzly, allerdings bei einer geführten Tour mit erfahrenen Biologen, und das ist uns ziemlich recht so.

Es gibt wenige Tiere, vor denen wir Menschen uns so sehr fürchten wie Bären. Bei uns zu Hause in den Bayerischen Alpen ist vor einer Weile mal ein Braunbär aufgetaucht, er hatte sich vermutlich verfranst, und es dauerte nicht lang, da nannte ihn jemand aus der Politik auch schon »Problembär«, weil er hier und da ein paar Schafe riss oder sich ein paar Bienenstöcke schmecken ließ – er machte, was Bären eben so tun, und die Menschen waren darauf nicht vorbereitet.

Der letzte Besuch eines Bären in den Bayerischen Alpen lag damals gut hundertsiebzig Jahre zurück, und anstatt sich zu freuen und vielleicht mit den Versicherungen zu besprechen, wer nun für die Schafe und Bienenstöcke aufkommt, war der Ton doch schnell gesetzt, dieser Bär war ein Problem, er musste weg, so ging das nicht, man gab ihn zum Abschuss frei. Es wurde protestiert, natürlich, zwischendrin versuchte man auch mal, ihn zu fangen, das funktionierte aber alles nicht.

Heute steht der Bär ausgestopft in einem Münchner Museum, und viele Menschen freuen sich, ihn dort zu besuchen.

Es gibt Forschende, die Bären nicht einmal als Raubtiere bezeichnen würden. Zum allergrößten Teil ernähren sie sich vegetarisch, im Grunde sind sie den ganzen Tag damit beschäftigt, Wurzeln auszugraben, Beeren zu sammeln und Blumen zu beschnuppern – ein ausgewachsener Grizzly kann am Tag über hunderttausend Beeren verdrücken. Nur zehn bis fünfzehn Prozent der Nahrung bestehen überhaupt aus Fisch oder Fleisch, der ganze Rest sind Pflanzen, gemischt mit ein paar Insekten.

Bären versuchen so sehr, Ärger zu vermeiden, dass sie die meiste Zeit sogar ihren eigenen Artgenossen aus dem Weg gehen – man trifft sich nur zur Paarung und an einschlägig bekannten Futterstellen. Bären brauchen daher viel Platz, und der ist heutzutage rar geworden. Das macht es kompliziert. Das Leben mit wilden Tieren ist anstrengend, es braucht einige Vorkehrungen, viel Information und durchaus auch Rücksicht – aber es ist möglich, wenn man es denn will.

Alle Menschen, mit denen wir uns auf Vancouver Island unterhalten, haben eine gute Bärengeschichte auf Lager. Alle erzählen sie mit leuchtenden Augen. Da ist nirgendwo Angst oder Unbehagen, nur Respekt, und den braucht es auch. Die Bären gehören hier dazu, ebenso wie die Orcas, im Gegensatz zu den Orcas stehen sie gelegentlich halt mal im Vorgarten, da muss man dann schauen, insgesamt aber sind die Menschen hier vor allem stolz. Stolz auf ihre wilde, raue Natur. Und stolz darauf, dass es geht, auf so engem Raum zusammenzuleben, man arrangiert sich, kommt gut zurecht, und alles, was es braucht, sind ein bisschen Rücksicht und Respekt.

Während wir uns mit den Menschen über Bären unterhalten, erzählen sie uns immer auch etwas von den Pumas, die sind ein Thema hier, und das überrascht mich, ich hatte sie bei der Vorbereitung ja immer etwas vernachlässigt, Pumas sind große Katzen, dachte ich, was soll da schon passieren – und das ist derselbe Fehler, den ich auch bei den Kühen schon gemacht hatte, das geht wirklich ganz schön schnell.

Beinahe alle hier haben eine gute Pumageschichte parat, allerdings erzählen sie die doch mit einigem Ernst – bei den Pumas, da müsse man aufpassen, nirgendwo sonst würden so viele von ihnen auf so engem Raum leben wie hier, das seien höchst eindrucksvolle Tiere, ja, unbedingt, und meist bekomme man sie gar nicht zu Gesicht, aber wenn man sie doch mal sehe, dann eben nur, weil die Menschen mit irgendetwas ihr Interesse oder gar ihren Jagdtrieb geweckt hätten, und das sei meistens nicht so gut, das könne schnell brenzlig werden.

Das empfohlene Verhalten im Fall einer Begegnung mit einem Puma ist leicht zu merken, es gibt nichts weiter zu beachten, ein Puma greift entweder an oder nicht, und wenn er angreift, wird dringend geraten, sich mit allem zu wehren, was man hat, das steht auch so in den Broschüren – »if animal attacks: fight back!« Ich habe mir zu Hause Videos angeschaut, es ist vor allem wichtig, nicht zu Boden zu gehen.

Ich bin ganz froh, dass wir die Sache mit den Pumas erst erfahren, als wir sämtliche Wanderungen bereits hinter uns haben. Und für den nächsten Besuch hier habe ich mir inzwischen schon ein paar Bücher über Pumas besorgt.

»Mehr als uns vielleicht klar ist,
wurde die moderne Welt
auf dem Rücken des Wals errichtet.«
   – PHILIP HOARE, *Leviathan oder Der Wal*

#10

Tausend Jahre Krieg

MENSCH UND WAL – EIN DUNKLES KAPITEL ALS SYMBOL FÜR DEN NEUANFANG

WENN MAN SICH MIT WALEN BESCHÄFTIGT, kommt man nicht umhin, sich auch die Sache mit dem Walfang noch mal anzuschauen, es ist ein wahnsinnig dunkles Kapitel, irre bedrückend und deprimierend, aber da muss man durch, es geht nicht anders, es gehört dazu, und immerhin ist es möglich, auch ein paar positive Dinge darin zu finden, die vielleicht sogar Mut und Hoffnung machen – allerdings erst ganz zum Schluss.

Dass dem Wal Sympathie, Zuneigung und Ehrfurcht entgegengebracht werden, ist eine relativ neue Entwicklung, das gibt es so erst seit ein paar Jahrzehnten – davor ist es für über tausend Jahre allgemein üblich, den Wal bei möglichst jeder Gelegenheit zu töten. Dabei richtet man sich in erster Linie einfach danach, was technisch gerade machbar ist, ohne sich aber allzu sehr mit moralischen Fragen zu belasten.

Die Ersten, die kommerziell an die Sache herangehen, sind die Basken. Seit dem frühen Mittelalter jagen sie nicht mehr für den Eigengebrauch, sondern für Geld. Bis dahin ist der Walfang ein eher zufälliges Unterfangen, man freut sich, wenn irgendwo mal einer strandet, manchmal treibt man ihn in enge Buchten, gelegentlich verfolgt man ihn mit kleinen

Booten, das ist aber alles überschaubar. Das ändert sich mit den Basken, der Wal wird zur Ware, und dieses Problem wird er nie wieder los.

Man hat es vor allem auf den Glattwal abgesehen, einen gemütlichen Sechzigtonner mit garagengroßem Maul, der in Zeitlupe durch die Meere paddelt, um mit seinen meterlangen Barten kleine Krebse und Fische aus dem Wasser zu sieben.

Bis zum 16. Jahrhundert sind weite Teile des Atlantiks erschlossen, die Jagdgründe reichen von der Biskaya bis ins Nordmeer, von der Grönland- bis in die Labradorsee, man kommt ganz gut voran, und das geht nicht lange gut. Die Spezialisierung auf den Glattwal macht den Tieren schwer zu schaffen, sie werden immer weniger und kommen mit der Fortpflanzung kaum noch hinterher. Die Basken sind gründlich, sobald ein Gebiet leergefischt ist, ziehen sie weiter – bis heute sind im Ostatlantik keine Glattwale zu sehen.

Im Englischen hört der Glattwal auf den Namen *right whale*, diesen Namen bekommt er, weil er »der richtige Wal« für die Jagd ist, er ist nicht nur der gemütlichste und langsamste aller Wale, sondern auch der mit der dicksten Speckschicht und den längsten Barten, und genau darum geht es. In einer Zeit, in der man von Erdöl und Kunststoff noch nichts weiß, hält man sich an den Wal, er wird zum wichtigsten Rohstoff der Welt.

Die Barten des Wals bestehen aus Keratin, einem faserigen Eiweiß, aus dem auch unsere Fingernägel und Haare hergestellt werden. Es kann überaus hart werden, dabei aber wunderbar flexibel bleiben, es ist eine natürliche Version unseres heutigen Kunststoffs, beim Wal nennt man es »Fischbein«. Man macht daraus Korsetts, Kämme, Schirme, Peitschen und unzählige andere Produkte des täglichen Bedarfs. Den Speck des Wals zerkocht man zu einem Öl, das man »Waltran«

nennt, man braucht es für Lampen und Kerzen, Lichtschalter gibt es noch nicht, und irgendwie muss man die vielen neuen und schnell wachsenden Städte ja beleuchten, damit dort in der nächtlichen Dunkelheit nicht immer so viel gestohlen und gemordet wird.

Zwar hatte man Lampen und Kerzen schon lange Zeit durchaus erfolgreich auch mit allen möglichen natürlichen Ölen, Fetten und Wachsen betrieben, die Basken können den Wal aber nun in solchen Mengen und derart günstig liefern, dass der Gebrauch von Waltran einfach praktischer ist – auch im Mittelalter legt man bereits Wert auf *convenience*.

Wie in jedem boomenden Markt gibt es bald Konkurrenz, auch Niederländer, Briten und Dänen stechen nun in See. Ende des 16. Jahrhunderts entdeckt Willem Barents ein neues Meer, der eisige Norden wird zum wichtigsten Jagdgebiet, schon bald entstehen dort die ersten Walfangstationen. Während die Glattwale im Atlantik kaum noch zu finden sind, schwimmen rund um die Arktis unvorstellbare Mengen ihrer nördlichen Verwandten herum. Auch hier wird ein Gebiet nach dem anderen leergefischt, man ist wieder gründlich, niemand kommt auf die Idee, dass man dauerhaften Schaden anrichtet – und selbst wenn, wen hätte es gekümmert?

Als der Glattwal gut hundert Jahre später auch im Arktischen Ozean immer seltener zu sehen ist, beginnt man sich in den britischen Kolonien der amerikanischen Ostküste für den Pottwal zu interessieren. Zwar gilt der als das größte und gefährlichste Raubtier des Planeten, allerdings ist es gerade in Amerika nun wirklich nicht so, dass es dort an Mut oder Tatendrang fehlt.

Im Kopf des Pottwals entdeckt man Walrat, und man lernt schnell, wie sich daraus die feinsten Öle, Fette und Schmiermittel herstellen lassen – die kann man nicht nur bestens für Kerzen, Salben und Seifen gebrauchen, sondern auch für alle möglichen mechanischen Geräte, die der technische Fortschritt plötzlich so mit sich gebracht hat.

Man konzentriert sich jetzt auf den Pottwal, das Zentrum des weltweiten Walfangs verlagert sich an die amerikanische Ostküste, die Zeit des *Yankee Whalings* beginnt. Gegen Ende des 18. Jahrhunderts haben die Walfänger aus Nantucket und New Bedford sämtliche Meere erschlossen, auf ihren mehrjährigen Fahrten verfolgen sie den Pottwal bis weit in den Pazifik hinein, auch wenn sie dafür erst Kap Hoorn mit all seinen Stürmen, Strömungen und Untiefen umrunden müssen.

Gejagt wird in kleinen Ruderbooten, mit grobschlächtigen Harpunen, die von Hand geworfen werden – der Walfang wird zum Abenteuer, zur Mutprobe, oft auch zum viel zu frühen Grab.

Die Harpunen sind mit massivem Eisen beschlagen, ein guter Harpunier kann sie vielleicht zwanzig Meter weit werfen – es ist ein Kampf von Angesicht zu Angesicht. Die Harpune ist an einem langen Seil befestigt, das sich abspult, sobald der Wal getroffen ist und die Flucht ergreift – das ist der kritische Moment. Wer sich im Seil verheddert, ist verloren. Der Wal zieht und zerrt mit solcher Macht, dass es keine Chance gibt, sich zu befreien. Wer Glück hat, verliert nur ein paar Gliedmaßen, alle anderen verschwinden binnen Sekunden in der Tiefe.

Durch das Seil kann ein festgemachter Wal kaum mehr entkommen, sein Tod ist nur eine Frage der Zeit. Mit jedem Auftauchen wird er schwächer und schwächer, und die Walfänger kommen immer näher heran, sobald sie in Schlagdistanz sind, stechen sie mit langen Lanzen auf ihn ein, es ist ein fürchterliches Gehacke, bis irgendwann endlich Blut aus dem Atemloch quillt – es ist das untrügliche Zeichen, dass Herz oder Lungen durchbohrt sind. Der Wal ist endlich erlöst.

Dann wird er zum Schiff gerudert, längsseits festgemacht und über ein Gerüst wie eine riesige Orange geschält. Der Speck wird noch an Bord zerkocht und in Fässer gepackt, das ist die revolutionäre Neuerung – man hat die Kessel auf den Schiffen installiert, jetzt kann man jahrelang auf See bleiben, ohne irgendwelche Häfen anzulaufen. Brennmaterial gibt es genug, man nimmt dazu einfach die Teile des Wals, die man ohnehin nicht benötigt. Die Tiere verbrennen sich jetzt quasi selbst.

Als die Amerikaner am 4. Juli 1776 ihre Unabhängigkeit von Großbritannien erklären, sind sie im Walfang unangefochtener Weltmarktführer. Allerdings werden die Pottwale immer weniger.

Die Idee von Amerika ist immer schon auf der Eroberung und Unterwerfung der Natur aufgebaut. Die Geschichte der *frontiers* und ihres stetigen Vordringens in den Westen ist bald auserzählt, es braucht neue Grenzen, neue Ziele, neue Helden – der Walfang kommt da wie gerufen. Es sind vor allem junge Männer, die in See stechen, um ihr Glück zu suchen.

Schon damals zeigt sich das enorme Talent dieser noch jungen Nation, große Geschichten zu erzählen, der Walfang wird heillos romantisiert, verklärt und überfrachtet, mit der Wahrheit an Bord hat das allerdings nicht immer etwas zu tun.

Ohne literarische Verdichtung ist der Walfang bestenfalls stinklangweilig, oft passiert über Wochen nichts, kein Wind, kein Wal, nirgendwo, das drückt auf die Stimmung, zumal die Seeleute nach Erfolg bezahlt werden, und das meist nicht einmal gut. Viele vertreiben sich die Zeit mit Schnitzereien – mit Messern und Nägeln ritzen sie Jagdszenen und Meerjungfrauen in die nutzlos herumliegenden Pottwalzähne, dann reiben sie Asche in die Kerben, »Scrimshaw« nennt sich das, es ist eine neue Kunstform, knapp zweihundert Jahre später hat selbst John F. Kennedy so einen Zahn auf seinem Schreibtisch stehen.

Die Situation an Bord ist alles andere als idyllisch. Die Bedingungen sind katastrophal, unter Deck steht die Luft, es ist dunkel, beengt, beklemmend, niemand hat auch nur ein paar Zentimeter für sich, man hockt aufeinander, die ganze Zeit, es wird geschwitzt, gestunken und gefurzt, allein die Arbeit schafft Ablenkung, ohne Wale vegetiert man so vor sich hin. Unter Deck gilt das Recht des Stärkeren, es herrschen raue Sitten, bewaffnete Konflikte sind normal, Übergriffe aller Art sicherlich auch, man weiß davon nur wenig.

Sobald endlich irgendwo Wale in Sicht sind, wird geschuftet, manchmal tagelang, ohne jede Pause. Und die Arbeit ist gefährlich. An Deck stehen die Männer bis zu den Knöcheln in einer Suppe aus Blut, Fett und Schmutz, im Wasser warten schon die Haie. Scharfe Messer, Beile und Äxte fliegen nur so umher, manchmal auch schwere Walbrocken. Und überall kocht das Öl. Wer sich an Bord eines Walfängers verletzt, hat verloren.

Trotzdem zieht der Walfang Tausende geradezu magisch an. Der junge Herman Melville sticht im Januar 1841 mit der »Acushnet« in See. Die Bedingungen an Bord schockieren ihn dermaßen, dass er bei der erstbesten Gelegenheit abhaut – lieber schlägt er sich auf einer unbekannten Kannibaleninsel im Pazifik durch den Dschungel, als weiter auf diesem Schiff auszuharren. Seine Geschichte verarbeitet er später zu einem Abenteuerroman, *Typee* wird 1846 veröffentlicht und sein erster großer Erfolg.

Als fünf Jahre später *Moby-Dick* erscheint, ist der amerikanische Walfang auf dem Zenit. Atlantik und Pazifik sind erobert, allerdings werden die Fahrten immer länger und langweiliger, Pottwale sind kaum noch zu sehen – das Zeitalter des

Yankee Whalings geht seinem Ende entgegen, die jungen Abenteurer an Bord wissen es nur noch nicht.

⤳

Am 27. August 1859 stößt Edwin L. Drake auf einer Farm in Titusville, Pennsylvania, auf Erdöl. Es ist die erste Ölquelle auf amerikanischem Boden, ein paar Jahre nach dem großen Goldrausch beginnt in Amerika ein neuer Boom, die Suche nach dem Öl verlagert sich vom Meer zurück aufs Land.

Drake hatte monatelang wie ein Wahnsinniger in der Erde herumgegraben und an seiner Ausrüstung getüftelt, ständig gab es Rückschläge, die Bohrköpfe funktionierten nicht, Schächte stürzten ein, Wasser drang durch, und das Öl tröpfelte lustlos vor sich hin, für eine wirtschaftliche Ausbeutung reichte es hinten und vorne nicht. Im Ort machte man sich schon über ihn lustig, seine Geldgeber wurden langsam ungeduldig, schließlich ließen sie ihn fallen, es sah alles gar nicht gut aus, aber da war Öl, ganz eindeutig. Drake wusste das, er blieb jetzt dran.

Er experimentiert weiter, schraubt an den Bohrköpfen herum, kauft sich eine Dampfmaschine, errichtet einen Bohrturm und lässt sich einige eigens von ihm konzipierte Gerätschaften anfertigen. Das kostet Geld, viel Geld, Drake leiht es sich von Freunden. Er glaubt an sich, vielleicht ist er auch ein bisschen stur, außerdem hat er ja gerade sonst nichts zu tun.

Drake war auf dem Land groß geworden, er hatte auf Schiffen gearbeitet, in Hotels, als Verkäufer und bei der Bahn, und als er schließlich irgendwie zum Öl kommt und die Erde von Pennsylvania umgräbt, da ist er bereits pensioniert. Drake ist nicht der Erste, der im Boden nach Öl sucht, und er ist nicht der Erste, der etwas zutage fördert – allerdings ist er derjenige, bei dem alles irgendwie zusammenpasst: die richtige Zeit, eine ergiebige Quelle und die richtige Technik.

Mit Drake startet der amerikanische Ölboom, seine Methoden werden direkt kopiert, bald gibt es in der Umgebung Tausende Bohrlöcher, Drake selbst hat jedoch nichts davon, er ist ein lausiger Geschäftsmann, und seine Vorrichtung lässt sich nicht patentieren. Ein paar Jahre später verzockt er sich bei Spekulationsgeschäften und verliert seine Ersparnisse, der Staat springt ein und zahlt ihm in Anerkennung seiner Verdienste eine jährliche Rente von tausendfünfhundert Dollar, das ist damals viel Geld.

Der Walfang hätte in diesem Moment enden können. In den Meeren gibt es immer weniger zu holen, Pott- und Glattwale sind zur Seltenheit geworden, auch die Grau- und Buckelwale, auf die man notgedrungen ausgewichen war, werden immer weniger – der Durst nach Öl allerdings wird immer nur größer, und an Land hat man nun endlich herausgefunden, wie man ihn eben auch stillen kann: mit Bohrtürmen. Aus Rohöl lässt sich alles herstellen, was man so braucht, Petroleum, Paraffin, Schmierstoffe, Lösungsmittel, man hat das eingehend untersucht, Rohöl ist die Zukunft, Walfang die Vergangenheit. Die Preise für Walöl sind im Keller.

Für die Wale ist es dann überaus tragisch, dass sich der Fortschritt auch auf der anderen Seite des Atlantiks einfach nicht aufhalten lässt – hier arbeitet er allerdings nicht für, sondern gegen sie, und zwar in Gestalt des norwegischen Walfängers Svend Foyn. Als Drake in Titusville unbeirrbar an seinen Bohrtürmen schraubt, experimentiert Foyn in Tønsberg nämlich ebenso hartnäckig mit der Granatharpune.

Svend Foyn ist ein findiger und ehrgeiziger Mann, mal ist er so gut wie bankrott, mal befehligt er ganze Flotten. Er hat bereits viel Zeit mit dem Töten von Walen verbracht, es geht ihm alles nicht schnell genug. Der Walfang ist mühselig, riskant, wenig effektiv und lange nicht so lukrativ, wie er sein könnte. Foyn will das endlich ändern. Er experimentiert mit Gift, Elektrizität und Raketen, verliert dabei ein paar Finger und landet am Ende bei Harpunen, die man mit Sprengstoff bestücken kann. Diese Erfindung ändert alles.

Foyn kommt 1809 zur Welt, der Vater stirbt früh, die Mutter hält die Familie so gut es geht über Wasser, Foyn will und muss es zu etwas bringen, mit Mitte zwanzig ist er Kapitän. Er fährt ins Eismeer, jagt erst Robben und später dann Wale. Es macht ihn wahnsinnig, dass der Glattwal immer seltener wird, während direkt vor seiner Nase unzählige Blau- und Finnwale herumschwimmen, die aber viel zu schnell sind, um sie zu erwischen. Kein Schiff kann es mit diesen Giganten aufnehmen.

Foyn ist ein tief religiöser Mann – er ist aufrichtig der Ansicht, dass Gott die Wale zum Nutzen des Menschen erschaffen hat, es ist ihm ein ernstes und heiliges Anliegen, die Tiere nicht ungenutzt im Meer zu lassen. Anfang der Achtzehnsechziger unternimmt er erste Jagden auf Blau- und Finnwale, in Amerika schießen zu dieser Zeit die Bohrtürme wie Pilze aus dem Boden. Wie Drake ist Foyn weder der Erste noch der Einzige, der in seinem Gebiet forscht. Er ist nur der, bei dem schließlich alles zusammenpasst. Wie bei Drake.

Schon seit hundert Jahren hatte man mit Harpunenkanonen herumexperimentiert, anfangs ließen sie sich nicht vom Ruderboot aus abfeuern, später reichte der Druck nicht aus, um die Wale mit einem Schuss zu töten – man brauchte mehr Durchschlagskraft. Die Lösung hieß Sprengstoff, allerdings ließen sich die ersten Bomben nur an Lanzen befestigen, die mit der Hand geworfen wurden. Sie explodierten schon beim Aufprall, und die Wale starben einfach nicht. Foyns Idee ist nun, Harpunenkanone und Bombenlanze zu kombinieren. Man probiert herum, zunächst mit durchwachsenem Erfolg –

manchmal zerrt der Wal das Boot stundenlang hinter sich her, während er unaufhörlich mit Bomben beschossen wird, ohne dass etwas vorangeht.

Im Sommer 1865 sticht Foyn mit einem nach seinen Vorgaben gefertigten Walfangschiff in See. Es ist das erste seiner Art. Foyn hatte einen Prototypen seiner Granatharpune am Bug installieren lassen, die will er nun testen. Als der erste große Wal gesichtet wird, feuert Foyn die Harpune ab – und verheddert sich, wie Ahab, in der Leine. Der Wal ist getroffen, schwimmt davon, die Leine reißt Foyn ins Wasser, der Wal zieht ihn hinter sich her. Wie Ahab. Nach kurzer Zeit taucht der Wal auf, er wird langsamer, die Leine entspannt sich – und Foyn kann sich befreien. Er schafft es zurück zum Schiff, anders als Ahab. Auch hier hätte der Walfang vielleicht enden können.

Anfang der Achtzehnsiebziger ist Foyn dann so weit: Seine Kanone kann eine mit Sprengstoff bestückte Harpune abfeuern, die erst explodiert, wenn sie tief im Inneren des Wals eingeschlagen ist. Das Seil der Harpune ist außerdem an einer neuartigen mechanischen Winde befestigt. Mit einem einzigen guten Schuss kann der Wal nun getötet, festgemacht und beigeholt werden. Das ist eine Sensation. Eine grausame Sensation.

Foyn erfindet mit seiner Kanone nicht nur eine Methode, den Wal schneller und effektiver zu töten – mit der Winde gelingt ihm auch der Durchbruch im Beiholen des Wals. Diese Neuerungen sind die Grundlage für die nächste, finstere Stufe des Walfangs: die Industrialisierung. Auch in anderen Bereichen gibt es Fortschritte, und auch hier stets zu Ungunsten der Wale.

Mit der Entwicklung des Dampfantriebs werden aus altehrwürdigen Segelschiffen plötzlich unaufhaltsam stampfende Ozeanriesen, niemand braucht jetzt noch Wind, die unbezwingbare und endlose See ist damit ebenso Geschichte wie der ehemals Wilde Westen. Gleichzeitig entstehen neue Verfahren zur Fettverarbeitung, flüssiger Waltran kann nun in festes Speisefett verwandelt werden, das leicht und lange gelagert werden kann, ohne immer gleich zu verderben. Das eröffnet völlig neue Möglichkeiten – man kann aus Walen jetzt endlich Margarine machen!

Durch neue chemische Verfahren lässt sich Walspeck jetzt außerdem auch zu Farben, Lacken und Düngern verarbeiten, man kann ihn sogar für Tierfutter und Lebensmittel verwenden. Anfang des 20. Jahrhunderts sind Produkte aus Walspeck im Alltag so präsent, wie wir das heute nur von Kunststoffen kennen, aus dem Wal lässt sich nun beinahe alles herstellen. Mit einem Mal ist es vollkommen egal, dass Edwin Drake irgendwo auf Erdöl gestoßen ist. Man verwendet den Wal jetzt nicht mehr zur Beleuchtung von Wohnungen und Straßen – sondern für alles andere.

Wie es eben oft mit dem Fortschritt ist. Mehrere parallele Entwicklungen, die ursprünglich wenig miteinander zu tun haben, lassen sich plötzlich in ungeahnter Weise kombinieren, die Möglichkeiten addieren sich nicht nur, sie vervielfachen sich, und ehe man sich versieht, ist eine neue gefräßige Industrie entstanden, die in einem fort gefüttert werden will.

Es ist der Fortschritt, der die weitere Jagd überhaupt erst möglich macht. Ohne ihn hätte der Walfang womöglich ein schleichendes Ende gefunden, die Jagd war schon lange nicht mehr rentabel, doch dank des Fortschritts geht es jetzt erst so richtig los. Der Wal wird zum Billigprodukt, und als die Preise immer weiter fallen, fängt man einfach noch mehr Wale.

Spätestens jetzt ist der Walfang kein ehrbares, würdevolles Handwerk mehr, kein romantisches, heldenhaftes Abenteuer – der Walfang wird nun endgültig zu einer jegliche

Moral, jedes Gewissen und alle Menschlichkeit verachten-
den Industrie.

Die meisten Berichte über den modernen Walfang sind eine
monströse, wahnwitzige und surreale Zahlenschlacht. Da
wird gezählt und gezählt – Wale, Schiffe, Ölfässer, Jagdgründe,
Verarbeitungszeiten, Anwendungsgebiete –, und immerzu
wird verdoppelt und verdreifacht, irgendwann reicht das aber
nicht mehr, also wird verfünffacht, verzehnfacht, verzwanzig-
facht, alles in immer kürzeren Abständen, die Zahlen fliegen,
die Wale sterben, und unterwegs wird man erst ein bisschen
wirr, dann irgendwie stumpf, schließlich komplett gleichgül-
tig – zumindest geht das mir so, womöglich sind Zahlen-
schlachten nicht der beste Weg, sich dem wahren Ausmaß
dieser Katastrophe zu nähern.

Der moderne Walfang beginnt mit dem Dampfschiff und
der Granatharpune – und der Entdeckung der unfassbar reichen Jagdgründe im Südpolarmeer. Schon seit Urzeiten sind
die Wale dort zu Hause, beinahe alle Spezies sind in diesen
Gewässern zu finden, und das in unerhörter Zahl. Das Südpolarmeer war für die Wale lange Zeit das letzte Rückzugsge-
biet, wenigstens hierher hatten ihnen die Walfänger nicht
folgen können. Das ändert sich zu Beginn des 20. Jahrhunderts allerdings grundlegend.

Wie schon zuvor im hohen Norden errichtet man auch im
Süden Walfangstationen, das neue Zentrum des weltweiten
Walfangs liegt nun auf Südgeorgien und heißt Grytviken, die
führende Nation ist jetzt Norwegen, sonst bleibt alles beim
Alten – man konzentriert sich auf eine Spezies, zieht von
Küste zu Küste, schießt alles kurz und klein, und sobald man
nichts mehr zum Erschießen findet, geht man zur nächsten
Spezies über.

Die technischen Möglichkeiten entwickeln sich nicht rasant, sondern exponentiell – die Wale allerdings vermehren sich im gleichen Tempo wie eh und je. Das kann nicht funktionieren.

Man hat jetzt Fabrikschiffe und eine ganze Flotte von Fangbooten, jedes einzelne von ihnen weit größer als die längsten Walfänger der früheren Jahrhunderte. Die Fabrikschiffe sind umgebaute Supertanker, man hat Radar an Bord und Unterstützung aus der Luft – man zieht jetzt richtig in den Krieg. Und man ist gründlich. Die Gebiete werden sauber kartiert und sorgfältig durchpflügt. Tote Wale werden mit Kompressoren aufgepumpt, damit sie nicht sinken, während man sich um den Rest der Gruppe kümmert. Am Heck der Schiffe befinden sich riesige Rampen, über die die Wale mit einer gigantischen Klaue an Deck gezogen werden. Dort braucht man nicht mal mehr eine Viertelstunde, um sie zu zerstückeln, in Hochdruckkochern aufzulösen und in Kühlhäuser zu verfrachten.

Zu Zeiten des *Yankee Whalings* hatten die Wale immerhin eine Chance. Mensch gegen Wal, das war ein offener Kampf, alles war möglich, und meist gewann tatsächlich der Wal. Jetzt allerdings wird nur noch geerntet. Keine andere Spezies wird jemals so gründlich verfolgt, der Walfang wird zum Monster, er ist eine nimmersatte und seelenlose Vernichtungsmaschine.

Nicht nur die Wale leiden. Rund um die Walfangstationen wirft man Pinguine ins Feuer, lebendig, sie sind ein angenehm zutraulicher Brennstoff, und es sind ja genügend da. Bislang waren diese Tiere vielleicht mal ein paar schrulligen Polarforschern begegnet, und die waren meist ganz freundlich. Interessiert und unbekümmert watscheln sie nun in ihr Verderben. Im Walfang ist irgendwann einfach alles egal.

Während sich frühere Walfänger noch Mühe gaben, sich

leise an die Wale heranzuschleichen, um sie ja nicht zu verschrecken, sind die neuen Schiffe so schnell und überlegen, dass man auf überhaupt gar nichts mehr achten muss. Kein Wal kann noch entkommen. Man fährt so lange hinter ihnen her, bis sie erschöpft und wehrlos an der Oberfläche liegen und nur noch darauf warten, dass es endlich vorbei ist. Irgendwann beginnt man, sie absichtlich aufzuscheuchen, weil sie dann noch panischer fliehen und dabei weiter aus dem Wasser ragen, um besser Luft zu bekommen. Panische Wale sind leichtere Ziele. Schließlich findet man heraus, dass erwachsene Wale ihrem verwundeten Nachwuchs stets zu Hilfe kommen. Von da an schießt man zuerst auf die Jungtiere.

Manchmal werden die Wale so schnell getötet, dass man mit der Verarbeitung kaum hinterherkommt. Man nimmt dann die besten Stücke und versenkt den Rest im Meer. Immer wieder stapeln sich die Tiere so lange vor den Stationen, dass sie verrotten und verfaulen und nicht einmal mehr zum Zerkochen zu gebrauchen sind. Es kommt auch vor, dass man frisch getötete Wale einfach liegen lässt, weil am Horizont ein noch größerer Wal gesichtet wird. Es ist eine barbarische Verschwendung.

Im Ersten Weltkrieg wird der Wal auch noch kriegswichtig, man braucht ihn jetzt zum Bombenbauen, aus Walspeck lässt sich Glycerin gewinnen, der wichtigste Grundstoff für Nitroglycerin, ab jetzt sprengt sich der Wal also selbst in die Luft. Mit Ende des Zweiten Weltkriegs muss der Wal außerdem ausgehungerte Völker ernähren, mit gewaltigen Flotten pulverisieren Japan und die Sowjetunion nun alle Rekorde. Schon die offiziellen Zahlen sind atemberaubend, später stellt sich heraus, dass selbst sie noch frisiert sind, die Wahrheit ist viel, viel schlimmer.

Im modernen Walfang wird nicht ein einziges Mal zumindest erwogen, eine neue Waffe NICHT gegen den Wal einzusetzen. Bei allen Überlegungen und Berechnungen entscheidet man stets zu seinen Ungunsten, man lässt ihm nicht mal mehr eine theoretische Chance. Man kann tage- und wochenlang in diesen Berichten lesen, und nicht ein Mal wird man dabei auch nur einen winzigen Hauch von Anstand, Mitgefühl und Menschlichkeit finden. Da gibt es immer nur Habgier, Gleichgültigkeit und Exzess.

Es gibt nur eine einzige Zahl, die man sich aus dieser Zeit merken muss – am Ende sind von den einstmals stolzen Beständen der antarktischen Blauwale noch 0,1 Prozent übrig. Null Komma Eins. Das sind ein paar Hundert Tiere – es wäre nicht wirtschaftlich gewesen, auch sie noch ausfindig zu machen. Der Mensch hat den Blauwal nur deshalb nicht ausgerottet, weil es sich finanziell für ihn nicht lohnte.

Natürlich wissen die Walfänger, dass es so nicht ewig weitergehen kann. Die Wale werden immer weniger, immer kleiner, man muss immer weiter hinausfahren und immer länger suchen, und dieses Mal kann auch der Fortschritt nicht helfen, es gibt keine weiteren Spezies und keine anderen Gegenden mehr, es ist jetzt einfach Schluss, es fehlt an Walen, man hat sie verbraucht, als gäbe es kein Morgen – und jetzt gibt es ihn aber doch.

Man sorgt sich, sehr sogar, aber natürlich nicht um die Wale, sondern um die Industrie. Dass der Wal aussterben könnte, interessiert niemanden, man hält es für unwahrscheinlich, schließlich würde die Jagd lange vorher unrentabel werden, dadurch würden die Wale doch von ganz allein unter Schutz gestellt, da bräuchte es nicht noch irgendwelche Regeln. Es ist die Sorge um ihren Beruf, die die Walfänger umtreibt. Die Schiffe, die Männer, die Kredite – das musste alles weitergehen.

Ohne Wale kein Walfang, das versteht auch der geldgierigste Walfänger, die Branche berät also, wie man die Bestände wenigstens so weit aufrechterhält, dass man sie auch weiterhin ausbeuten kann. Man versucht, sich selbst zu regulieren, und natürlich ist das zu kolossalem Scheitern verurteilt. Wann hatte man sich je zuvor mal mäßigen können? Man versucht es mit Quoten, Verboten und Schutzzonen, in der Theorie klingt das wunderbar, in der Praxis wird man kreativ.

Als man Quoten festlegt, phantasiert man sich die passenden Bestände herbei; als man Arten unter Schutz stellt, erfindet man unbekannte Unterarten; als man Fangzeiten halbiert, schickt man in der übrigen Zeit mehr Schiffe; und als man Schutzzonen einrichtet, nimmt man Gebiete, in denen es längst keine Wale mehr gibt. So geht das immer weiter, die ganze Zeit, man rechnet und bastelt sich die Welt zurecht und hofft, dass man damit durchkommt, es ist ein einziges Trauerspiel.

Da der Walfang mittlerweile auf hoher See stattfindet, ist man auf den guten Willen aller Beteiligten angewiesen, es sind internationale Gewässer, ein rechtsfreier Raum, da macht jeder, was er will. Da alle davon ausgehen, dass die anderen die Regeln ja ohnehin nicht einhalten, sieht man auch für sich selbst keinen Grund, das zu tun. Das ist das Problem am Gemeinschaftseigentum – der Schaden wird immer von allen getragen, der Gewinn kommt ausschließlich Einzelnen zugute. Es ist schwierig, da zu vernünftigen Ergebnissen zu kommen.

Mehr und mehr wird der Walfang zum Thema internationaler Verhandlungen, erst im Völkerbund, später in den Vereinten Nationen. Nach dem Zweiten Weltkrieg gründet man die Internationale Walfangkommission, die das offizielle Ziel verfolgt, die Walbestände zu bewahren, damit sie auch von künftigen Generationen noch gejagt werden können. Leben erhalten, um es zu zerstören – darauf muss man erst mal kommen. Von Beginn an hat die Kommission keinerlei Macht, sie kann ihren Mitgliedern keine bindenden Vorschriften machen, wer bei einer Abstimmung unterliegt, legt einfach Widerspruch ein und ist vom Beschluss dann ausgenommen. Das ist wirklich wahr.

Einmal pro Jahr trifft man sich, um sich die Meinungen der Walfänger und -forscher anzuhören, dann entscheidet man, wie viele Wale im kommenden Jahr getötet werden. Walfang zu wissenschaftlichen Zwecken ist ohnehin jederzeit erlaubt, und für die Kommission ist es bereits hinreichend wissenschaftlich, über den Mageninhalt der getöteten Wale nebenbei ein bisschen Buch zu führen. Wissenschaft ist ein weites Feld.

Als auch die Letzten einsehen, dass es der Branche doch erhebliche Schwierigkeiten bereitet, sich selbst zu regulieren, erhält sie den so dringend benötigten Anstoß von außen – 1972 fordern die Vereinten Nationen auf ihrer Konferenz in Stockholm ein sofortiges, weltweites Verbot des kommerziellen Walfangs, und immerhin zehn Jahre später beschließt auch die Kommission mit knapper Mehrheit ein Moratorium. Es kommt nur zustande, weil schnell noch ein paar Nationen beitreten, die zwar keinerlei Zugang zum Meer, aber dafür doch ein Herz für Wale haben. Das Verbot betrifft sämtliche Großwale, es tritt 1986 in Kraft, das ist nicht lange her, da bin ich längst in der Schule.

Es ist nicht so, dass damit nun alle Probleme gelöst sind – Norwegen und Island erkennen das Verbot bis heute nicht an, Japan entwickelt zunächst ein enormes Interesse am wissenschaftlichen Walfang und tritt später dann komplett aus der

Kommission aus. Ansonsten aber hält der Pakt, zum ersten Mal seit über tausend Jahren erhalten die Wale eine Verschnaufpause. Und sie kommt keine Sekunde zu früh.

Das Moratorium wird heute etwas verklärt, es wird als leuchtendes Beispiel dafür genommen, dass der Mensch sich eben doch ändern kann, wenn er nur endlich versteht, dass es jetzt wirklich sein muss. Solche Beispiele sind rar, und bekanntlich werden sie derzeit so dringend benötigt wie nie zuvor.

Allerdings endet der Walfang eben nicht, weil die Industrie plötzlich ihr Gewissen entdeckt. Und er endet auch nicht, weil der Fortschritt plötzlich alles besser macht. Der Walfang endet, weil es nicht mehr ausreichend Wale gibt, um die Jagd rentabel zu machen. Und weil niemand mehr bereit ist, das Schlachten zu subventionieren.

Vielleicht sind die Motive für diese Abkehr aber gar nicht so entscheidend – womöglich ist es weitaus wichtiger zu wissen, dass sie tatsächlich gelungen ist. Das macht Mut, zumal heute.

Über Generationen hinweg war der Wal eine zentrale und unverzichtbare Ressource der Weltwirtschaft, nichts ging ohne ihn, nirgendwo, in keinem Bereich des Alltags, auf dem Rücken des Wals wurden Industrien aufgebaut und Nationen begründet – und trotzdem ist es innerhalb weniger Jahrzehnte gelungen, sich vom Wal als Ressource komplett zu verabschieden und dabei die halbe Weltwirtschaft umzustrukturieren. Niemals zuvor in der Geschichte wurde eine so vollständige und radikale Umkehr in der Nutzung eines natürlichen Rohstoffs vollzogen.

Und es gibt noch eine zweite positive Erkenntnis, die heute ebenfalls gut zu gebrauchen ist: Obwohl die Menschheit nun wirklich alles, was sie hatte, gegen den Wal ins Feld geworfen hat – es ist ihr bislang nicht gelungen, auch nur eine einzige Art auszurotten. Ja, viele Bestände wachsen nur langsam, und vielerorts wurden die Wale bis heute nicht wieder gesehen – trotzdem: Insgesamt geht es bergauf. Die Wale sind zäh.

»Bei etwas mehr Überlegung
in der Wahl ihrer Beschäftigung
würden wohl alle Menschen
vor allem Studierende und Forscher.«
— HENRY DAVID THOREAU,
Walden

#11

Absolute Giganten

BLAUWALFORSCHUNG VOR DEN AZOREN – EINE WOCHE MIT RICHARD SEARS

RUND UMS BOOT WIRD ES HELL, das Wasser schimmert türkis – der Blauwal ist jetzt direkt unter uns. Unser kleines Schlauchboot kommt mir gleich noch mal etwas kleiner vor, auch die Küste schien mir vorhin noch viel näher. Eine ganze Weile schon waren wir neben dem Wal hergefahren, ruhig und friedlich, immer in respektvollem, sicherem Abstand – bis der Wal nun also der Meinung war, dass etwas passieren muss: Er kam zu uns rüber. Im Boot wurde es hektisch. Motoren aus, Kamera an.

Ruhe bewahren.

Der Wal schwimmt unter uns hindurch. Es dauert. Er ist gut dreimal so lang wie das Boot. Nach einer halben Ewigkeit taucht er rechts neben uns auf. Ich erschrecke ein bisschen, so laut ist sein Blas. Und so hoch. Man schaut nicht nach vorn, sondern nach oben, in die Sonne. Und dann dieser Rücken: ein endloser, graublauer Speckberg, der sich mit Ruhepuls vier durch das Wasser schiebt. Mein Puls ist jetzt höher.

Auftauchen, bei anderen Walen ist das eine kurze Sache: Blas, Rücken, Finne, Fluke – alles in drei bis vier Sekunden erledigt. Nicht so beim Blauwal: Blas, Rücken, Rücken, mehr Rücken, noch mehr Rücken, immer noch Rücken, dann, irgendwann, endlich, die lächerlich kleine Finne, noch mal Rücken, noch ein bisschen mehr Rücken, wirklich: noch mehr Rücken, keine Fluke – dann ist es geschafft. Da bleibt die Zeit stehen.

Ich weiß es ja eigentlich: Blauwale sind die größten und schwersten Tiere, die je auf unserem Planeten gelebt haben, inklusive aller bekannten Dinosaurier – bis zu diesem Moment habe ich mir allerdings noch nie überlegt, wie so ein Dinosaurier wohl neben einem Schlauchboot ausgesehen hätte. Oder darunter.

Vor dieser Reise hatte ich das genau durchgerechnet. Wie groß so ein Blauwal ist. Was das in der Praxis bedeutet. In der Maximalversion kommt er auf dreißig bis dreiunddreißig Meter – das ist so lang wie drei hintereinander geparkte Schulbusse. Die schönen gelben, aus Amerika. Auf diese Länge verteilen sich bei einem gut genährten Blauwal dann bis zu zweihundert Tonnen Gewicht. Das ist ungefähr so viel wie eine leere Boeing 757, zehn Mittelklassewagen, zwanzig ausgewachsene Elefanten und hundert normalgewichtige Menschen. Zusammen. Ja, zusammen. Ich habe zweimal nachgerechnet, mir kam es auch zu viel vor.

Der Wal schwimmt dicht neben uns her, das Boot auf Höhe seiner Finne. Sein Kopf: viel zu weit voraus, um zum selben Tier zu gehören. Grotesk. Er rollt auf die Seite, schaut uns an. Blauwale interessieren sich überhaupt nicht für Boote, das kann man überall nachlesen. Aber woher soll er das jetzt wissen?

Er beobachtet uns. Was eben noch ein turmhoher Blas war, ist jetzt ein geysirartiges Geblubber. Ich schaue nach rechts und sehe eine halbe Fluke aus dem Wasser ragen. Weit hinter uns. Sie rudert da einfach so herum. Es ist die größte halbe Fluke, die ich je gesehen habe. Ich hoffe, dieser Wal weiß, was er tut.

Nach einer Weile hat er genug gesehen. Er dreht sich langsam zurück auf den Bauch. Noch einmal dieser turmhohe Blas, der endlose Rücken, die lächerlich kleine Finne – dann ist er weg.

Ausatmen.

Richard Sears kramt seine Notizen hervor und beginnt zu schreiben. Sears ist Blauwalforscher, seit vierzig Jahren schon, er hat den Beruf selbst erfunden. Nach jeder Sichtung macht er sich Notizen, dann erklärt er, was wir gerade gesehen haben. Sears sagt, dass wir heute schon sechs verschiedenen Blauwalen begegnet sind, und es ist nicht mal Mittag – die Finn- und Pottwale zwischendurch zählt er gar nicht erst mit.

In all den Jahren zuvor habe ich erst ein einziges Mal einen Blauwal gesehen, und das auch nur kurz und aus großer Entfernung, hier schwimmen sie die ganze Zeit um das Boot herum, die Azoren sind im Frühjahr schon eine gute Adresse.

»Eben konntest du übrigens gut sehen, warum sie Blauwale heißen«, sagt Sears: »Weil das Wasser um sie herum so hellblau schimmert, kurz bevor sie auftauchen. Der war nah, ein ziemlich neugieriger Kerl. Den hatten wir noch nicht.«

Ich kann einen Blauwal problemlos von einem Finn-, Pott- oder Buckelwal unterscheiden – Sears jedoch kann einzelne Blauwale auseinanderhalten, er sieht da Unterschiede. Im Boot braucht er immer nur ein paar Augenblicke, dann ist er sicher, und er weiß auch sofort, ob er ein Tier schon mal gesehen hat. Manche kann er sogar direkt namentlich benennen.

Man muss dazu wissen, dass Blauwale eher pragmatische Namen haben, sie heißen zum Beispiel »EB 462«, »ENP 73« oder »WB 351«, man braucht da eine etwas andere Art von Namensgedächtnis. Anfangs dachte ich, Sears mache Witze, als er da mitten auf dem Ozean diese wirren Buchstaben- und

Zahlencodes vor sich hin gebrabbelt hat. Das wäre aber vermutlich nicht ganz sein Humor.

Seinen ersten Blauwalen ist der junge Meeresbiologe Richard Sears Mitte der Siebziger an der kanadischen Ostküste begegnet, ungefähr zur gleichen Zeit, in der Michael Bigg drüben an der Westküste Orcas fotografierte. Seitdem ist Sears Blauwalforscher. Ihm war direkt bei der ersten Begegnung aufgefallen, dass sich einzelne Tiere voneinander unterscheiden. Und zwar nicht anhand ihrer Größe, Form oder Farbe, sondern anhand ihrer Muster. Vor Richard Sears hatte das noch niemand bemerkt.

Es ist bei Blauwalen so, dass sie für beinahe alle Menschen komplett gleich ausschauen. Es gibt farbliche Unterschiede, die sich irgendwo zwischen Hellgrau, Dunkelgrau, Normalgrau sowie Hellgraublau, Dunkelgraublau und Normalgraublau bewegen. Je nach Lichtsituation ergibt das aber einfach ein bläuliches Grau.

Daher hatte Richard Sears damals die Idee, sich bei Blauwalen nicht auf Größe, Form oder Farbe zu konzentrieren, sondern auf die vage bis lustlos angedeuteten Punkte und Schlieren auf ihrer Haut – und er beschloss, diese fortan auch nicht »vage bis lustlos angedeutete Punkte und Schlieren« zu nennen, sondern einfach »Muster«. Diese Muster teilt Sears in Kategorien ein – grob geht es darum, ob sie eher gleichmäßig oder ungleichmäßig sind und ob sie eher seitlich verlaufen oder von oben nach unten. Oder irgendwas dazwischen.

Sears' Kategorien heißen *balanced*, *merge* und *tiered*, es gibt aber auch Kombinationen wie *merge-balanced*, *tiered-merge* und *multi-merge*, das System ist nicht unbedingt selbsterklärend, Sears hat aber alles im Kopf.

Bei den Walen, die wir bislang gesehen haben, fallen mir durchaus Unterschiede auf, das schon. Einprägen kann ich sie mir aber nicht. Während für mich heute also alle paar Minuten irgendwo ein anderer, neuer Blauwal aufgetaucht ist, hat Sears an diesem Morgen bereits eine Blauwalkuh gesehen, die von einem Blauwalbullen begleitet wurde, der wiederum immer wieder von zwei wechselnden anderen Blauwalbullen herausgefordert wurde. Außerdem hat Sears noch zwei nicht näher definierte Blauwale beobachtet, die gerade wahrscheinlich nur auf der Durchreise sind. Es ist also wirklich einiges los hier.

Man muss bei Blauwalen ein bisschen umdenken, selbst im Vergleich zu anderen Walen. Alles ist größer. Viel, viel größer. Wenn eine Blauwalkuh von einem Blauwalbullen begleitet wird, schwimmen sie nicht direkt nebeneinanderher, da können mehrere Hundert Meter dazwischenliegen, für Tiere, die gute fünfundzwanzig Meter lang sind, ist das keine Distanz. Für Forschende, die herausfinden wollen, ob und wie zwei Tiere miteinander agieren, ist das aber ein Problem – wo fängt das bei solchen Riesen eigentlich an: »miteinander agieren«?

Wenn Richard Sears der Meinung ist, dass hier heute eine Blauwalkuh und ein Blauwalbulle gemeinsam unterwegs sind, dann macht er das vor allem an Indizien fest: gelegentliche Annäherungen, synchrones Auf- und Abtauchen, gemeinsame Richtungswechsel, auch über – für unseren Geschmack – große Distanzen und längere zeitliche Abstände hinweg.

»Wahrscheinlich kommunizieren die Wale ja auch einfach miteinander, oder?«, frage ich. Richard Sears seufzt. »Ja, es ist gut möglich, dass sie miteinander in Kontakt stehen«, sagt er, »es ist nur leider kaum zu beweisen. Wir können bei ihren Lauten ja nicht einmal sagen, wer gerade Sender und Empfänger ist. Und ob es überhaupt sie sind, die diese Laute von sich geben. Sie könnten auch von ganz anderen Blauwalen stammen. Tieren, die viel, viel weiter weg sind.«

Theoretisch könnten die Rufe der Blauwale einmal vom

Nord- zum Südpol reisen, so laut sind sie. Für das menschliche Ohr sind sie aufgrund ihrer niedrigen Frequenz von fünfzehn bis zwanzig Hertz zwar nicht hörbar, es gibt aber Geräte, die das für uns übernehmen können. Man hat schon Lautstärken von hundertneunzig Dezibel gemessen, und wahrscheinlich können Blauwale über mehrere Hundert Kilometer hinweg miteinander kommunizieren – es hatte bislang aber noch niemand eine gute Idee, wie man das schlüssig belegen könnte. Man weiß ja nicht einmal genau, wie diese Wale ihre Laute überhaupt erzeugen.

Blauwale kommunizieren über ein dumpfes Grummeln, Grollen und Grunzen – Laute, so fremd und anders, als wären sie nicht von dieser Welt. Bis heute ist vollkommen unklar, wie diese Töne hergestellt werden, technisch gesehen, niemand weiß, wie das funktioniert. Und da die Wale während der Lauterzeugung nicht bereit sind, irgendeine Miene zu verziehen, kann auch niemand genau sagen, wer hier gerade wie mit wem kommuniziert. Und worüber.

Woher also weiß man, ob zwei Wale miteinander kommunizieren? »We just don't know«, sagt Richard Sears. Es ist einer der häufigsten Sätze, die ich von ihm auf den Azoren höre. Er sagt das jeden Tag, oft mehrere Male. Und kein einziges Mal klingt er dabei resigniert, immer total fasziniert.

Auf Richard Sears war ich im Internet gestoßen. Ganz zufällig, wie es immer so ist. Ich hatte irgendwo gelesen, dass Sears gelegentlich normale Menschen wie Theresa und mich auf seine Forschungsreisen mitnimmt, und auf der Webseite seiner Organisation *Mingan Island Cetacean Study* stand nun also, dass für das Frühjahr ein Aufenthalt auf den Azoren geplant sei, um dort eine Woche lang Blauwale zu erforschen, man würde den ganzen Tag mit Sears im Boot verbringen, und aktuell wären noch ein paar Plätze frei. Ich hatte innerlich sofort gebucht.

Als ich Theresa euphorisch von den Azoren, Richard Sears, den Blauwalen und der Forschung erzählte, sprang der Funke aber irgendwie nicht so recht über. Theresa war skeptisch.

An den Azoren lag es nicht, die sind ein phantastisches Reiseziel. Man kennt sie aus dem Wetterbericht, hier wird das weltberühmte Azorenhoch hergestellt. Hauptsächlich bestehen sie aus ein paar lose hingesprenkelten Vulkankrümeln, die mitten im Atlantik schroff und einsam aus dem Wasser ragen, und egal, wohin man auch will, von den Azoren aus ist es ein irre weiter Weg dorthin. Solche Orte sind ja oft die besten.

Man kann auf den Azoren wunderbar in uralten Nebelwäldern wandern, an exotischen Blumen riechen und auf halb erloschene Vulkane klettern, und noch wunderbarer kann man dort Boot fahren. Aufgrund ihrer Lage mitten im Ozean sind die Azoren nicht nur bei Seefahrern ein beliebter Zwischenstopp, auch die Wale schauen auf ihren Wanderungen immer gern vorbei. Die Gewässer rund um diese Inseln gehören zu den reichsten überhaupt, und das wissen auch die Wale, daher trifft man dort das ganze Jahr über viele verschiedene Arten.

Allerdings, und das war nun der Knackpunkt, sind die Azoren nicht gerade berühmt für ihre hohe Orcadichte. Auf den Azoren geht es um Großwale, vor allem um Pott-, Finn- und Blauwale. Zwar werden gelegentlich auch Orcas gesichtet, dieses »gelegentlich« ist allerdings so selten, dass wirklich niemand auf die Azoren fährt, um Orcas zu beobachten. Die Azoren und Theresa sind also nicht unbedingt füreinander gemacht.

Es ist nicht so, dass sich Theresa ausschließlich für Orcas interessiert, im Lauf der Zeit hat sie sich auch für viele andere Wale ausgiebig begeistern können. Und auch den anderen Tieren, die unterwegs immer so zu sehen waren, ist Theresa stets sehr aufgeschlossen begegnet. Allerdings hat es ihr meist gereicht, irgendwelche Pinguine, Wasserdrachen oder Albatrosse für ein oder zwei Stunden zu beobachten – danach konnte es von ihrer Seite aus aber ruhig auch mal weitergehen. Bei mir ist das anders, ich kann so was tagelang machen, und womöglich war genau das jetzt das Problem.

»Und dieser Sears ist Walforscher, ja?«

»Ja, einer der berühmtesten der Welt! Eine Legende!«

»Und es geht die ganze Zeit um Blauwale?«

»Ja! Die größten Tiere aller Zeiten! Wahnsinn, oder?«

»Und man ist den ganzen Tag im Boot?«

»Sechs bis acht Stunden! Manchmal auch länger!«

»Die ganze Zeit? Jeden Tag?«

»Ja, der Hammer! Die ganze Woche, jeden Tag!«

»Und es geht immer nur um Blauwale?«

»Ja! Und um Blauwalforschung! Irre aufregend, oder?«

Es ist möglich, dass die Azoren ein Wendepunkt unserer gemeinsamen Walfahrt waren – Theresa jedenfalls sagte: »Du, ich glaube, das ist mir zu speziell, den ganzen Tag im Boot und immer nur Blauwale. Ich weiß nicht.«

»Wie, du weißt nicht?«

»Na, ich weiß nicht. Willst du da nicht lieber allein hinfahren?«

»Allein hinfahren?«

»Ja, allein. Das wird bestimmt total spannend. Also für dich.«

»Und für dich nicht?«

»Ich glaub', mir geht das ein bisschen zu weit.«

»Zu weit? Hmm. Aber allein ...?«

»Das wird super! Du wirst sehen!«

»Hm. Bist du sicher?«

»Klar, unbedingt!«

Ich bin also mal allein auf die Azoren gefahren – ohne Theresa, dafür mit Richard Sears.

Walforscher!!

Eine ganze Woche lang!

Am Horizont eine Mischung aus Gischt, Wellen, Donner, Flippern und Fluken. Sears jubelt: »Das ist ein Rumba!! Das wird interessant!« Ein Rumba ist ein Duell zweier Bullen, die sich ein Rennen liefern, gegenseitig abdrängen und mit ihren Fluken und Flippern wild aufeinander einschlagen. Die Kuh schwimmt weiter vorneweg und wartet ab, wer das Rennen macht.

Während Sears hier die erste Anbahnung eines Blauwal-Flirts sieht, sehe ich vor allem ein ziemliches Chaos, bei dem ich doch ganz froh bin, dass wir ein paar Hundert Meter entfernt sind. Die aufeinander einschlagenden Fluken und Flipper sind so groß wie unser Boot, und die Blauwalbullen wirken sehr ernsthaft an der Kuh interessiert, sie verleihen ihrem Interesse einen sehr überzeugenden Nachdruck. Man möchte nicht hineingeraten in so einen Blauwal-Rumba, zumindest nicht mit einem Schlauchboot. Vielleicht mit einem Flugzeugträger.

Es ist insgesamt so, dass wir hier lediglich von Vermutungen sprechen: Sears hat keine Beweise für seine Rumba-Theorie. Zumindest hier und heute nicht. Der einzige Weg, zwei kämpfende Bullen und eine vorneweg schwimmende Kuh zu identifizieren, wäre eine DNA-Probe, mit Beobachtungen allein kommt man bei Blauwalen nicht weiter, auch nicht über

Punkte, Schlieren und Muster, Blauwalbullen und -kühe sind äußerlich nicht zu unterscheiden.

Der allgemein bewährte Weg – ich bin nicht sicher, ob man hier von einer *best practice* sprechen sollte –, an eine Blauwal-DNA-Probe zu kommen, ist, mit dem Schlauchboot möglichst nahe an den Wal heranzufahren und dann mit einer Armbrust oder einem Luftgewehr eine Biopsiekanüle in seinen Rücken zu schießen, die dann dort ein paar Hautfetzen herausreißt, die anschließend ins Labor geschickt werden, das dann ein paar Wochen später Bescheid gibt, ob man vor ein paar Wochen nun eine Kuh oder einen Bullen gesehen hat. Biopsiegewehre sind auf den Azoren allerdings nicht erlaubt, nicht einmal für Richard Sears.

Alternativ kann man versuchen, ein paar Tropfen Walblas einzufangen, dafür muss man noch etwas näher heranfahren und eine Art Trichter an einer langen Stange genau dort bereithalten, wo der Wal wahrscheinlich auftaucht. Mit den so eingefangenen Walblastropfen kann das Labor ebenfalls gut arbeiten. Ansonsten kann man auch Walkot einsammeln, er schwimmt lange Zeit an der Oberfläche, was sehr praktisch ist, hier ist es allerdings entscheidend, den Wal möglichst direkt »beim Geschäft« zu erwischen, da man sonst erst Wochen später durch den Laborbefund erfährt, um was für eine Art es sich gehandelt hat, die man hier leider knapp verpasst hat.

Es gibt Forschende, die Hunde darauf abgerichtet haben, Walkot anhand seines beißenden, stechenden Geruchs möglichst schnell auf dem Meer ausfindig zu machen. Es ist wirklich nicht so, dass man in der Walforschung keine Ideen hätte.

Da wir weder Armbrust noch Trichter haben und auch nirgendwo Walkot in Sicht ist, beruft sich Richard Sears also einfach auf seine jahrzehntelange Erfahrung: Wann immer er in der mexikanischen Baja California oder im kanadischen Saint Lawrence einen Blauwal gesehen hat, der von einem anderen verfolgt wurde – und er DNA-Proben nehmen konnte –, war das anführende Tier die Kuh, das verfolgende der Bulle. Zwei verfolgende Tiere, die ein ziemliches Chaos angerichtet – beziehungsweise einen Rumba veranstaltet – haben, waren stets Bullen. Sears ist sich sicher, dass es auf den Azoren genauso ist. Womöglich wird er aber nie den Beweis dafür erhalten. Es macht ihn wahnsinnig.

Ein turmhoher Blas, dreihundert Meter im Süden. Einer im Norden, gut sechshundert Meter. Irgendwo im Westen ist auch noch was. Ich habe den Überblick verloren. Allerdings nicht nur ich, sondern auch unser Kapitän Pedro. Er will jetzt nämlich nach Norden, seiner Meinung nach ist dort der Wal, den wir gerade beobachten. Sears ist anderer Meinung:

»Pedro, warte! Das ist nicht unser Wal!«

»Was? Doch! Das ist genau die Richtung, in die er eben abgetaucht ist.«

»Ja, aber das ist er nicht. Ich glaube, die sind gekreuzt.«

»Bist du sicher, Richard?«

»Ja. Das ist der von vorhin. Den haben wir schon. Lass uns hier warten.«

Pedro macht auf mich einen sehr kompetenten Eindruck, ich bin sicher, dass er heute nicht zum ersten Mal hier draußen ist. Ebenso Vanessa, die als Guide arbeitet und Sears gebeten hat, ihn ein paar Tage begleiten zu können. Das sind Profis, seit Jahren mit den Walen unterwegs. Aber Sears ist der Einzige, der hier zu jeder Zeit den Überblick zu haben scheint. Wie viele Blauwale sind hier gerade unterwegs? Was machen sie? In welcher Kombination? Und warum?

Wir warten. Sears schaut nach Osten. Kurze Zeit später –

ein Blas. »Da! Das ist er! Das ist unser Wal!« Pedro schaut ungläubig und startet den Motor. Sears greift zur Kamera und klopft in Pedros Richtung auf seine rechte Hüfte – er braucht noch die rechte Seite des Wals und die Sonne möglichst im Rücken, Pedro muss entsprechend an den Wal heranfahren.

Buckelwale lassen sich über ihre Fluke bestimmen, Orcas über ihre Finne, Blauwale über ihr Muster. Bei Buckelwalen und Orcas reicht ein Foto, bei Blauwalen braucht man vier, so groß sind sie – links vorne, rechts vorne, links hinten, rechts hinten, manche zeigen beim Tauchen außerdem die Fluke, die braucht man dann auch.

Während Pott- und Buckelwale beim Abtauchen fast immer ihre Fluke in die Luft heben, zeigen Blauwale sie fast nie. Ob ein Wal die Fluke hebt, ist reine Physik: Es hängt davon ab, wie schnell und in welchem Winkel er abtauchen will – je steiler und schneller, desto höher die Fluke. Blauwale machen so gut wie nichts steil und schnell, sie sind zu groß und zu schwer, alles an ihnen ist auf Energiesparen ausgelegt.

Wir haben immer nur ein paar Atemzüge Zeit, dann müssen wir wieder warten und hoffen, dass der Wal beim nächsten Mal irgendwo in der Nähe auftaucht. Blauwale bleiben meist für zwanzig Minuten unter Wasser, und in dieser Zeit können sie ziemlich Strecke machen. Normalerweise sind sie mit einer Durchschnittsgeschwindigkeit von zwanzig Kilometern pro Stunde unterwegs, in Eile können sie aber durchaus auf fünfunddreißig bis vierzig beschleunigen. Trotz ihrer wahnsinnigen Größe können Blauwale sehr schnell sehr verschwunden sein – man braucht schon auch Glück, wenn man einen Blauwal über längere Zeit beobachten möchte.

Sobald wir irgendwo einen Blas sehen, gibt Pedro Gas. Er will keine Zeit verlieren und schnell in Fotoreichweite sein. Sears erklärt ihm, dass er viel, viel langsamer heranfahren muss, weil der Wal dann entspannter ist und länger an der Oberfläche bleibt. Pedro ist skeptisch, probiert es aber aus – Sears behält recht. Trotzdem dauert es den halben Vormittag, bis wir einen Blauwal mal von allen Seiten fotografiert haben, und selbst Richard Sears gelingen nicht immer gleich im ersten Versuch brauchbare Bilder. Irgendwie beruhigend.

Nach manchen Sichtungen fragt Sears ab, was wir gerade gesehen haben. Nicht, weil er es nicht selbst gesehen hätte, sondern weil er will, dass wir hier etwas lernen.

»Also: Was habt ihr gerade gesehen? Schnell!«

»Ähm … na ja, der Wal ist zweimal aufgetaucht und …«

»Aber was ist euch aufgefallen? An was erinnert ihr euch?«

»Die Rückenflosse!«

»Was war mit der Rückenflosse?«

»Die war geschwungen! Stark geschwungen! So sichelförmig!«

»Gut. Richtig. Was noch?«

»Puh, das ging so schnell alles …«

»Was hatte er für eine Farbe?«

»Hmm, also eher so …«

»Eher hell oder dunkel?«

»Ähm, eher dunkel, oder?«

»Nein! Hell, der war ganz hell!«

»Oh.«

»Auf so was müsst ihr achten! Je schneller ihr das Tier beim Auftauchen erkennt, desto besser könnt ihr euch auf sein Verhalten konzentrieren.«

Ich nehme mir vor, beim nächsten Mal auf mehr Details zu achten, mir alles noch besser einzuprägen, die ganze Situation komplett abzuspeichern, es ist aber nicht so einfach – oft starre ich den Wal auch einfach nur an.

Der kleine Bereich vorne im Boot ist Sears' Büro. Dort sitzt, steht und kniet er den ganzen Tag, niemand sonst hält sich dort auf. Wenn wir auf einen Wal in weiter Ferne zufahren, rutscht er ungeduldig auf allen vieren über dem Bug herum, als käme er so noch schneller noch näher heran. Manchmal mache ich mir Sorgen, dass er gleich vornüber fällt, aber vermutlich muss man sich um Richard Sears keine Sorgen machen, zumindest nicht, solange er in einem Boot sitzt.

Sobald der Wal halbwegs in Reichweite ist, steht Sears auf, wahrscheinlich, um noch früher noch mehr zu sehen. Die Wellen balanciert er aus, mit seiner Kamera und dem riesigen Objektiv steht er da wie eine Statue, fest mit dem Boot verwachsen.

Das Boot ist Sears' natürlicher Lebensraum, ich glaube, erst hier wird er so richtig zu Richard Sears. Als ich ihn ein paar Tage zuvor an Land kennengelernt hatte, war er ein ganz normaler älterer Herr – Anfang sechzig, schütter wehendes Haar, grauer Bart, milder Blick, freundlich, ein bisschen müde. Als er reinkam, war er mir gar nicht gleich aufgefallen. Im Boot dagegen fällt es mir manchmal schwer, den Blick von ihm zu lassen, selbst wenn gerade irgendwo ein Blauwal auftaucht.

Sobald wir einen Wal fertig beobachtet und von allen Seiten fotografiert haben, stoppt Pedro den Motor. Sears zieht sich dann für eine Weile in sein Büro vorne im Bug zurück, alle anderen haben Pause. Nur Sears macht sich Notizen. Er hat ein kleines Buch, da schreibt er alles rein, was ihm gerade aufgefallen ist, seitenweise, nach jeder Sichtung. Ich habe ihn ein paarmal dabei fotografiert, wie er da sitzt und schreibt, ganz versunken und bei sich, mitten auf dem Atlantik. Irgendwann habe ich angefangen, nicht mehr ihn, sondern seine Notizen zu fotografieren, ich wollte ihn nicht stören, aber eben doch gern wissen, was er da die ganze Zeit schreibt. Und ich glaube, ich habe erst durch diese Notizen halbwegs verstanden, was Sears da für eine Arbeit macht. Wie irre kleinteilig das alles ist, wie mühsam, und mit welcher Geduld und Selbstverständlichkeit er sich da immer wieder dransetzt. Seit vierzig Jahren. Und ja, schon auch: was das für eine Lebensleistung ist.

Sears bastelt seit Ewigkeiten an einem gigantischen Puzzle herum, das sich aus Millionen kurzen Momenten zusammensetzt, in denen er die Tiere, die er erforscht, wenigstens überhaupt mal zu Gesicht bekommt. Denn 99 Prozent von allem, was er wissen will, finden komplett außerhalb seiner Reichweite statt, entweder tief unter der Oberfläche oder weit draußen auf dem Ozean oder beides zusammen, er kommt da jedenfalls nicht hin. Ich habe mir die Fotos seiner Notizen angeschaut, der heutige Morgen sah unter anderem so aus:

»10.26 dark bm1, white spots, dip in back, rough skin«
»11.20 bm2, balanced, and bm3 join up briefly, then split«
»12.44 bm3 much bigger than bm2, tiered-chevron«
»12.59 bm1 is confirmed as bm that approached bm2«

Die Abkürzung »bm« steht für *balaenoptera musculus*, den lateinischen Namen des Blauwals, der Rest sind die Beobachtungen eines ziemlich erfolgreichen Forschungsvormittags im Schlauchboot: ein kleinerer Blauwal, der sich für kurze Zeit einem größeren Blauwal angenähert und diesen erst kurz begleitet und dann wieder verlassen hat. Es ist die erste Rohversion dessen, was im Lauf des Tages zur ungesicherten Theorie wird, dass wir heute zwei Blauwalbullen (»bm1« und »bm2«) gesehen haben, die sich per Rumba um die vorneweg schwimmende Blauwalkuh (»bm3«) duellierten.

Sears sammelt geduldig jedes noch so kleine Teilchen und versucht daraus ein stimmiges Bild zu basteln. Wie wahnsinnig klein diese Teilchen sind und wie mühsam dieses ganze

Gepuzzle sein muss, das ist mir erst im Boot und beim Blick in seine Notizen klar geworden – und die Ausdauer, Hingabe, Neugier und Faszination, mit der Sears an diesem Puzzle sitzt, machen mich tatsächlich ein bisschen sprachlos.

Irgendwann geraten wir an einen Wal, der vor jedem Tauchgang, nun ja, scheißt. »Walscheiße! Da ist Walscheiße!! Los, zur Walscheiße!« Richard Sears legt Wert auf die Feststellung, dass er nicht von der Walscheiße an sich begeistert ist, sondern von der Tatsache, dass der Wal hier überhaupt scheißt. »Das bedeutet, dass er hier in der Gegend auch frisst. Ein sehr gutes Zeichen!« Außerdem bedeutet Walscheiße natürlich auch: Wal-DNA. Wir schauen uns die Walscheiße also genauer an – Walscheiße ist rot, und Sears will jetzt von uns wissen, warum.

»Wegen dem Krill ... Weil Blauwale Krill fressen!«

»Ja, aber warum ist die Scheiße dann rot?«

»Ähm, na ja ... Weil der Krill rot ist?«

»Ja, schon. Aber warum ist die Scheiße rot?«

Ich hatte mal gelesen, dass Krill viel Keratin enthält, das wahrscheinlich auch für die rote Farbe sorgt, ich traue mich aber nicht, diese wacklige Vermutung jetzt hier vor Richard Sears auszubreiten. Was, wenn Keratin falsch ist? Und was, wenn Keratin richtig ist und Sears eine Folgefrage hat?

»Hmm ... keine Ahnung, sorry!«

»Okay, es liegt am Keratin. Krill besteht aus Keratin und ...«

Und dann erklärt Sears die Sache mit dem Keratin und der Walscheiße: dass Keratin also eine rote Farbe hat, und dass daher auch die Walscheiße rot und wegen der vielen darin immer noch enthaltenen Nährstoffe auch ein wahnsinnig guter Dünger für die Ozeane und damit wichtig für das gesamte Ökosystem und unser Klima ist. Jawohl: Walscheiße!

Nach jeder Tour setzt sich Richard Sears an seinen Computer. Dort vergleicht er die Blauwalfotos des Tages mit denen in seinem Katalog. Der Katalog ist eine Onlinedatenbank mit zwei Bereichen, einem für den Westatlantik mit knapp fünfhundert und einem für den Ostatlantik mit gut siebenhundertfünfzig identifizierten Blauwalen. Wahrscheinlich sind es zwei separate Populationen, Sears ist sich allerdings nicht so sicher: Die DNA ist sehr ähnlich, Sears hätte wahnsinnig gern mehr Zeit, das genauer zu erforschen.

Die Tiere, denen wir tagsüber begegnen, gehören zur Ostatlantikgruppe, sie sind gerade auf dem Weg in die nahrungsreichen Gewässer im Norden: Grönlandsee, Nordmeer, Barentssee – vor den Azoren machen sie Halt für einen kurzen Snack. Diese Blauwale fressen vor allem im Norden, in den warmen Gewässern gibt es nicht genug Krill.

Sears' Katalog wurde vor vierzig Jahren begonnen, und genauso sieht ein Großteil der Fotos auch aus. Wir fangen an, Muster zu vergleichen. Ich schlage vor, mal bei Google oder Facebook anzufragen, ob die Sears nicht deren Software für Gesichtserkennung ausleihen können. »Haben wir schon probiert«, sagt Sears, »funktioniert nicht, keine Software hat das Matching bislang schneller oder besser hinbekommen als ich.« In diesem Satz steckt kein Stolz und keine Prahlerei – nur reine Enttäuschung. Sears wäre froh, wenn das Matching nicht mehr von Hand gemacht werden müsste, es würde ihm einige Zeit sparen: »Alles, was ich will, ist in einem Boot zu sitzen.«

Viele Forschende klagen über zu wenig Zeit im Feld und zu

viel Zeit am Schreibtisch, die meisten kommen auf sechs bis acht Wochen, die sie draußen verbringen können – das ist für Richard Sears keine Option, vier bis fünf Monate verbringt er auf dem Meer, jedes Jahr, drunter macht er es nicht.

Wir klicken uns durch den Ostatlantik. Am Anfang ist es irre spannend, nach einer Stunde habe ich kein einziges Match, nach zwei Stunden bin ich verwirrt, nach drei Stunden ist mir schwindelig, überall Muster, alle so ähnlich, alles verschwimmt zu einem graublauen Brei. Dann aber doch: Aufregung! Bei einem Wal kommt mir die markante Finne bekannt vor, die habe ich schon mal gesehen, und zwar gestern! Ich krame in meinen Fotos. Das ist er! Eindeutig dieselbe Finne! Ich zeige Sears das Bild.

Es gibt einen Kreis von Forschenden, die bei der Blauwalidentifikation nicht mehr nur auf die Muster setzen, sondern zuerst auf die Finne, man hat sich auf sieben Hauptformen geeinigt, die eine schnellere Kategorisierung ermöglichen: *triangular*, *falcate*, *hooked*, *straight*, *marked*, *mutilated* und *undefined*. Das spart Zeit, ist aber auch fehleranfälliger, Finnen können sich durch Unfälle und Kämpfe verändern – die Muster nicht.

Mein Wal hatte eine deutliche Kerbe in der Finne, daher würde ich ihn in die Kategorie *marked* einordnen, vielleicht auch *mutilated*, das Ding sah böse aus. Kerben wie diese stammen oft von einer Kollision mit einem Schiff, vielleicht ist der Wal auch in ein Treibnetz geraten, aus dem er sich nach großem Kampf wenigstens noch befreien konnte – wir Menschen haben die Meere zu einem gefährlichen Ort gemacht, selbst für solche Riesen.

Sears ist für die Identifikation per Finne nicht zu haben, er vergleicht nur die Muster. »Hmm, also ich kann das hier sehen«, er zeigt auf ein paar helle und dunkle Punkte unterhalb der Finne, »und das hier sieht auch gleich aus«, und so geht es eine ganze Weile. Ich warte ab. Dann endlich nickt er. »Ja! Ich glaube, wir haben ein Match. Gut gemacht!«

Mein erstes Match! Ich würde den Wal am liebsten taufen, er hat allerdings schon einen Namen: »EB 578«, ein Name wie Musik. »EB 578« hat ein Muster der Kategorie *tiered-merge* und wurde zuletzt im März 2011 gesehen, sogar genau hier vor den Azoren.

Sears erklärt, dass man mit solchen Langzeitbetrachtungen ziemlich gut herausfinden kann, wie viele Wale sich aktuell in einer bestimmten Gegend aufhalten – und auch, wie viele es innerhalb einer Population überhaupt gibt, wie sie sich bewegen und vermehren. Die gängigen Verfahren nennen sich *line-transect* (Wie viele gibt es hier?) und *mark-recapture* (Wie viele gibt es insgesamt?), am Ende ist es reine Statistik, Big Data ganz im Kleinen, aber irgendwo muss man anfangen.

Wenn man Aussagen über eine Population treffen und Hinweise erhalten will, wie man sie schützen kann, muss man zunächst einmal wissen, wie groß sie überhaupt ist und wo sie eigentlich anfängt und aufhört. Sears wird mit dieser Arbeit vermutlich niemals fertig werden – er macht sie einfach trotzdem.

Die Zeit fliegt auf den Azoren, mein kurzer Ausflug in die Walforschung ist viel zu schnell vorbei. Eigentlich bin ich doch gerade erst angekommen, da stehen wir schon wieder vor dem Hotel. Es ist der letzte Tag hier, zumindest für Richard Sears, er reist heute ab. Es geht zurück nach Québec, nirgendwo auf der Welt ist er mehr zu Hause als bei den Walen des Saint Lawrence – vor vierzig Jahren hat er dort die erste Blauwallangzeitstudie der Welt gestartet und seine *Mingan Island Cetacean Study* gegründet, heute besuchen ihn Forschende aus aller Welt, um zu lernen.

Ich frage Sears, wie er damals eigentlich zu den Blauwalen gekommen ist. Die meisten Menschen, die beruflich mit Walen zu tun haben, antworten auf die Frage, wie sie zu diesem Beruf gekommen sind, mit einer emotionalen Geschichte ihrer ersten Begegnung, die eben prägend und berührend war und etwas in ihnen verändert hat, sodass sie von diesem Moment an nichts anderes mehr tun wollten. Richard Sears jedoch sagt, dass die Blauwale damals halt einfach da waren und es sonst niemanden gab, der sie erforscht hat, also habe er damit angefangen, und weil er es gut gemacht habe, sei er dabei geblieben.

Ich habe zwischendurch im Boot immer wieder mal darüber nachgedacht, ob Sears nun eher eine Leidenschaft für Blauwale hat oder eine für die Forschung. Ich weiß es nicht, vielleicht weiß es Sears nicht mal selbst, womöglich ist es auch beides. Dieser Mann verfügt über ausreichend Energie, Neugier und Hingabe für zwei Forscherleben.

Wir blicken aufs Meer. Es ist ein phantastischer Tag, strahlende Sonne, spiegelglatte See. Das Taxi wartet, Sears muss jetzt wirklich los.

»Bleibst du noch hier?«, fragt er.

»Ja, noch ein paar Tage«, antworte ich.

»Fährst du noch mal raus?«

»Ja, in einer Stunde geht's los.«

Sears seufzt. Er schaut zum Hafen, aufs Meer hinaus, voller Wehmut, als hätte er es seit Jahren nicht gesehen. Dann sagt er: »In den nächsten Tagen kommt noch ein ganzer Schwung Wale hier durch, und in einem Monat sind schon die ersten Kühe mit ihren Jungen da – ich wünschte, ich könnte auch noch bleiben und da draußen noch mehr Wale finden. Es ist noch so viel zu tun.«

»Du kannst etwas bewirken. Der erste Schritt
ist immer der schwerste, aber gleich danach
hast du etwas in Bewegung gesetzt.«
 – GRETA THUNBERG, *Aktivistin*

#12

Alles wird gut

WIE WIR DEN WALEN
EINEN PLATZ ZUM LEBEN LASSEN –
UND DAMIT AUCH UNS

Es gibt noch einen weiteren Grund dafür, dass der Walfang irgendwann endlich endet – es ist der wichtigste von allen: Die Menschen beginnen, sich aktiv für die Wale einzusetzen.

Im Juni 1975 manövrieren die Aktivisten Bob Hunter und Paul Watson hundert Kilometer vor der Küste Kaliforniens ein Schlauchboot direkt ins Schussfeld eines sowjetischen Walfängers, um eine Herde Pottwale vor der Harpune zu schützen. »Wir tun es tatsächlich!«, schreit Watson, er nimmt Hunters Hand, das hier ist genau das, was er immer schon hatte tun wollen – und für den Rest seines Lebens auch wird: Tiere schützen, für die Natur einstehen, mit unendlicher Konsequenz, koste es, was es wolle.

Hunter und Watson haben Gandhi gelesen, sie glauben fest daran, dass die Sowjets nie und nimmer den Tod junger Menschen riskieren, nur um ein paar Wale zu fangen, schon gar nicht vor laufender Kamera. Doch sie irren sich.

Vorneweg die panischen Wale, knapp dahinter das winzige Boot, dicht bedrängt vom übermächtigen Schiff, gut zwanzig Knoten in aufgewühlter See. Watson schaut hoch, zur Harpune, sie ist direkt auf das Boot gerichtet, dahinter ein kräftiger Kerl in dreckigem Shirt, die Zigarette zwischen den Zähnen – er fährt sich mit dem Finger über die Kehle und grinst die Männer finster an. Das war es dann. Er schießt.

Hunter und Watson hören einen Knall, ein Zischen, die Harpune rauscht dicht über ihre Köpfe hinweg, drei, vier Meter nur, vielleicht ist es Glück, vielleicht Schicksal, im Moment des Schusses jedenfalls fährt das Schlauchboot in ein Wellental, das Meer schützt die Männer, nicht die Wale – die Harpune explodiert wenige Meter vor dem Boot, das Meer färbt sich rot.

Der getroffene Wal windet sich im Todeskampf, verzweifelt schlägt er mit der Fluke um sich, blinde Wut, die Hand Gottes, Hunter und Watson müssen da weg, es ist zu gefährlich – das allerdings macht den Weg frei für den Harpunier, er lädt nach, jetzt zielt er auf den großen Bullen, der dem verletzten Wal zu Hilfe kommt. Der Bulle tobt, er will das Schiff rammen, er ist ein leichtes Ziel. Es ist niederschmetternd.

Die übrigen Wale können entkommen, zumindest vorerst, Hunter und Watson sind trotzdem am Boden zerstört. Sie haben versagt. Erst als sie ein paar Tage später im Hafen von San Francisco ankommen, merken sie, dass das nicht stimmt. Da stehen Hunderte und Tausende Menschen, sie warten und jubeln, auch das Fernsehen ist da, die Zeitungen, das Radio, Hunter und Watson werden mit Glückwünschen und Fragen bombardiert, sie wissen kaum, wie ihnen geschieht. Dass Menschen ihr Leben riskieren, um Wale zu schützen, das ist neu, aufregend und inspirierend – vielleicht war diese Aktion ja doch ein Erfolg.

Beim Entwickeln der Filme die große Erleichterung: Die ganze Aktion ist im Kasten, es ist alles zu sehen, der Walfänger, die Wale, das Schlauchboot, die Harpune, der Todeskampf – diese Bilder gehen um die Welt.

Eigentlich war man vor ein paar Jahren in Vancouver ja zusammengekommen, um gegen die amerikanischen Atomtests vor Alaska zu protestieren. Vancouver ist zu dieser Zeit die Hauptstadt der Gegenkultur, auf den Straßen sammelt sich ein buntes Gemisch aller möglicher alternativer Strömungen und Bewegungen – Pazifismus, Nudismus, Vegetarismus –, die Stadt ist voller Hippies, sie kommen von überallher, aus ganz Nordamerika, alles scheint möglich, es ist eine aufregende Zeit.

Ein junger Neurologe namens Paul Spong schwört die ursprünglichen Atomtestgegner schließlich auf die Wale ein, er überzeugt sie, dass der Schutz der Natur das große Thema dieser Zeit wird. Die jungen Hippies, die sich wenig später *Greenpeace* nennen und dem Umweltschutz widmen – sie werden erst durch diesen Anstoß von Paul Spong überhaupt grün.

Spong erforscht im Auftrag des Vancouver Aquariums gefangene Orcas, dabei ist er sich irgendwann aber nicht mehr sicher, ob er hier eigentlich noch die Wale erforscht – oder die Wale bereits ihn. Er will ihre Reaktionen auf optische und akustische Reize testen, das wird den Walen aber schnell langweilig, sie drehen den Spieß um: Sobald sie verstehen, was Spong von ihnen will, tun sie mal dies, mal jenes, mal gar nichts – und Spong wird das Gefühl nicht los, dass die Wale jetzt also seine Reaktionen testen.

Er kommt ins Grübeln, untersucht ihre riesigen Gehirne und gelangt zu dem Schluss, dass er es hier mit einer hoch intelligenten und sozialen Spezies zu tun hat, die in Aquarien, Zoos und Themenparks nichts zu suchen hat – solche Tiere darf man nicht gefangen halten. Als er diese Meinung öffentlich vertritt, schmeißt ihn das Aquarium raus, Spong wird zum Orcaforscher und -aktivisten, heute sitzt er in seinem »Orca Lab« in der Johnstone Strait, um die Dialekte und Verhaltensweisen der *Northern Residents* zu erforschen. Studierende aus aller Welt kommen dorthin, um zu lernen.

Paul Spong ist es auch, der dafür sorgt, dass wir heute normalerweise nicht mehr von *killer whales* sprechen, »Mörderwalen«, sondern stattdessen von »Orcas«, abgeleitet von ihrem lateinischen Namen *orcinus orca* – laut Spong müssten wir uns sonst ja konsequenterweise auch *killer apes* nennen, »Mörderaffen«, und nicht »Menschen«.

Es ist einiges in Bewegung, eine Zeit der Veränderungen, Gewissheiten von gestern gelten nicht mehr. Dass die Menschen sich aktiv für die Wale einsetzen, es beginnt hier und jetzt, mit den Orcas und Hippies im Vancouver der frühen Siebziger.

Bis dahin ist es so, dass Orcas gefürchtet und gehasst sind, überall auf der Welt, niemand kann sie leiden. An der Westküste ist es üblich, sie zu erschießen – einfach nur, weil sie da sind. Den Fischern sind sie lästig, sie machen ihnen den Fang streitig, gelangweilten Soldaten dienen sie als Übungsziele. Im Atlantik ist es nicht besser, in Island ruft man das US-Militär zu Hilfe, um die Fischer und ihre Netze vor den Orcas zu schützen – das Militär hilft gern, man schickt Kampfjets, wirklich wahr, über hundert Orcas sterben.

Niemand sieht in dieser Behandlung der Tiere ein Problem, es gibt keinen Aufschrei, keinen Protest, es ist alles in Ordnung, Orcas gelten entweder als Monster oder als Ungeziefer. Das ist jetzt gerade mal zwei Generationen her.

Dass sich das ändert, ist reiner Zufall. Um eine neue Ausstellung zu veredeln, plant das Vancouver Aquarium im Sommer 1964 den Fang eines Orcas – er soll als Vorlage dienen für die weltweit erste naturgetreue Orcaskulptur. Man beauftragt den Bildhauer Samuel Burich, einen Orca zu töten, der nimmt den Auftrag an, hat so etwas allerdings noch nie gemacht, er ist Künstler, kein Jäger – als er die Harpune abschießt, trifft er nur halb, der Orca stirbt nicht, stattdessen zappelt er an der Leine. Burich weiß jetzt auch nicht weiter, er ruft im Aquarium an, bittet um Instruktionen, dort sagt man ihm, er solle den Wal zum Hafen bringen, lebend, dann schaue man weiter.

Burich schleppt das verwundete Tier nach Vancouver, siebzehn Stunden Fahrt, gegen Wind und Wellen, für den Wal muss es die Hölle sein, aber er überlebt. Unterwegs tauchen andere Orcas auf, um ihm zu helfen, sie ziehen an der Leine, versuchen ihn zu befreien, und als das nicht klappt, leisten sie ihm Gesellschaft, sie stützen ihn und halten ihn über Wasser, damit er nicht ertrinkt. Burich ist verwirrt, von so etwas hatte er noch nie gehört, von Orcas kannte man doch eigentlich ganz andere Geschichten.

Von den Piloten, die die Orcas vor Island getötet hatten, waren Berichte bekannt, nach denen die verwundeten Tiere in einem wahren Blutrausch übereinander hergefallen waren – sie hatten sich in wilder Raserei gegenseitig in Stücke gerissen, noch während sie aus der Luft beschossen wurden. Orcas waren gemeingefährliche und blutrünstige Biester, so viel war sicher.

Im Hafen von Vancouver wird Burich von Hunderten Menschen erwartet, das Pier platzt aus allen Nähten. Die Lokalpresse hatte berichtet, es wäre ein Monster gefangen worden, eine Bestie, unheimlich und furchterregend – doch was die Menschen da im Hafen sehen, ist ein verschüchtertes Geschöpf, keine fünf Meter lang, dieser Wal ist ein Jungtier, nur ein paar Jahre alt, und er ist verletzt und braucht Hilfe. Am nächsten Tag kommen zwanzigtausend Menschen, um den kleinen Wal zu sehen, es sind genauso viele wie einen Monat später beim Konzert der Beatles.

Der Wal wird zum Stadtgespräch, in den Zeitungen ist er plötzlich kein Monster mehr, er ist jetzt »unser« Wal, sogar einen Namen bekommt er, »Moby Doll«, das macht ihn für viele Menschen nur noch sympathischer und nahbarer. Der Wal ist krank, schwach und gebrochen, er überlebt nur drei

Monate, die allerdings reichen, um den Blick der Menschen zu verändern. Es ist wie schon bei Cousteau und den Pottwalen – vielleicht hat man diese Tiere ja all die Jahre nur falsch dargestellt.

Bereits der nächste Orca wird zum Weltstar, man nennt ihn »Namu«, es gibt Poster, Tassen, T-Shirts, bei seiner Ankunft spielt eine Band, sie nennt sich »The Dorsals«, das Aquarium verkauft in den ersten Tagen hunderttausend Tickets. An der Westküste fängt man jetzt reihenweise Orcas, das ist auch der Grund, warum Michael Bigg sie zählen soll, man ist sich nicht sicher, ob genügend da sind. Das Interesse an den Walen ist riesig, die Menschen sind überrascht von ihrer Friedfertigkeit, fasziniert von ihrer Intelligenz – Orcas begeistern jetzt die Massen.

Die Gefangenschaft dieser Tiere ist ein Problem, natürlich, und sie wird später noch zu einem ewigen, leidigen Thema werden – für den Moment jedoch ist die neue Begeisterung der Menschen genau die Basis, auf der Hunter, Watson, Spong und die anderen aufbauen können: Die Faszination für den Wal ist geweckt, da sind jetzt Nähe, Verständnis und Mitgefühl, und mit den wagemutigen Aktionen dieser durchgeknallten Hippies gibt es nun auch noch menschliche Helden und Geschichten.

Walschutz wird zu einem Teil der Popkultur, überall in der westlichen Welt, die Aufkleber mit dem Slogan »Save the Whales« sind allgegenwärtig, auch in Deutschland, wer »Atomkraft? Nein Danke!« sagt, ruft selbstverständlich auch »Rettet die Wale!«. Mit den beiden Voyager-Sonden der NASA schaffen es Walgesänge bis ins All, und sogar bei *Star Trek* geht es jetzt um die Tiere – Captain Kirk, Mr. Spock und Pille gehen auf Walfahrt, die Geschichte ist wild, passt aber wunderbar in die Zeit.

Innerhalb weniger Jahre werden die Wale zu überlebensgroßen Ikonen, und sie stehen nicht nur für den Schutz der Meere, der Umwelt und des Planeten – sie werden zu einem weltweiten Symbol für eine bessere und gerechtere Zukunft.

~

Als Theresa und ich auf unsere erste Orcatour gehen, sind Klimawandel und Artensterben noch etwas abseitige Themen, es gibt ein paar Dokus und Bücher, auch in den Nachrichten wird immer mal darüber berichtet, insgesamt scheint es aber doch unzählige Dinge zu geben, die medial wichtiger sind, so schlimm kann das also alles nicht sein. Heute ist das anders, heute wird man von diesen Themen regelrecht überrollt, ob man will oder nicht, und es ist auch hinreichend eindeutig, dass es ernst ist – schlechte Nachrichten, überall, die ganze Zeit, man kann nichts dagegen tun, manchmal ist es kaum zum Aushalten.

Seit es Umweltorganisationen gibt, werden auch die Umweltprobleme immer präsenter – gleichzeitig allerdings werden sie auch immer größer und komplexer, immer weitreichender und unübersichtlicher, immer bedrohlicher und bedrückender, und irgendwie hängt alles miteinander zusammen, und so langsam wächst es einem fast ein bisschen über den Kopf.

Es wird immer wärmer, das Eis schmilzt, der Meeresspiegel steigt, das Wetter ist kaputt, die Tiere und Pflanzen sterben, die Wildnis schwindet, die Ozeane versauern, überall stapelt sich der Müll, die Landwirtschaft ist aus dem Ruder gelaufen, die Fischerei sowieso, das Wasser wird knapp, die Ungleichheit wächst, alle sind wütend, einer ganzen Generation wird die Zukunft gestohlen – und während all das passiert, werden wir Menschen immer mehr, und ständig machen wir Selfies.

Angesichts der heutigen Probleme kann man beinahe neidisch werden auf die Zeiten, in denen es LEDIGLICH darum ging, den Walfang zu beenden, das war ein Problem, natürlich, es war aber eben nur EIN Problem, das war übersichtlich, das konnte man angehen, und unterm Strich hat man es hinbekommen – die meisten Länder haben den Walfang eingestellt, die Walbestände sind einigermaßen stabil, und in vielen Gebieten erholen sie sich sogar, wenn auch langsam, Wale sind keine Kaninchen, trotzdem, insgesamt: Es gab ein Problem, man hat etwas unternommen, und dann ging es aufwärts.

Heute dagegen stellt sich für die Wale die berechtigte Frage, ob wir nach ihrer geglückten Rettung jetzt eigentlich auch vorhaben, ihnen noch ein bisschen Platz zum Leben zu lassen. Zumindest momentan sieht es ja nicht so ganz danach aus. Die Menschheit war lange Zeit der Meinung, dass die Meere »too big to fail« sein würden, zu groß, zu weit, zu tief, um sie gefährden zu können, das allerdings war ein Irrtum, man hat das ausprobiert, die Meere KÖNNEN kippen, sie sind bereits dabei.

Im Bergbau hat man früher Kanarienvögel eingesetzt, sie dienten den Bergleuten als Frühwarnsystem, wenn sich in den Stollen giftige Gase sammelten, bemerkten die Vögel das als Erste. »Böse Wetter« nannte man das, und sobald die Vögel aufhörten zu singen, verließen die Bergleute die Stollen. Was im Berg damals die Vögel waren, sind im Meer heute die Wale – da können wir noch so sehr auf dem Land wohnen, wenn die Meere zu einem Ort werden, an dem die Wale kein gutes Leben mehr führen können, wird auch der Rest der Welt nur schwer bewohnbar sein.

Als ich auf den Azoren mit Richard Sears über diese Dinge spreche, ist er recht eindeutig, »we are f***ed!«, pflegt er da zu sagen, mehr nicht – vielleicht sind auch die vielen Probleme in der Welt ein Grund, warum er lieber im Boot bleibt.

Die heutigen Umstände haben bereits zu einem neuen

Krankheitsbild geführt, Menschen leiden jetzt unter »Klima-angst«, das ist zwar noch keine offiziell anerkannte Diagnose, die Leiden allerdings sind sehr real, es geht um Wut, Trauer, Scham und Hoffnungslosigkeit angesichts dessen, was wir da so alles angerichtet haben.

Bei mir ist es so, dass ich angesichts der Lage zumindest für eine Weile auch Fatalismus mal ganz hilfreich fand – es heißt ja heute oft, dass wir jetzt den Planeten retten müssen, aber wenigstens das ist Unsinn, immerhin, so schlimm ist es nicht, dem Planeten geht es gut, dem ist das alles egal.

Der Planet ist jetzt ungefähr viereinhalb Milliarden Jahre alt, und vermutlich hat er noch einmal ebenso viel Zeit vor sich, er befindet sich also in der Blüte seiner Jahre.

Nach allem, was man weiß, hat er bislang einiges erlebt, er hat experimentelle Phasen hinter sich, wilde Zeiten, es ist viel passiert, er ist wetterfest und abgehärtet. Mal war er ein glü-hender Felsbrocken, mal ein bitterkalter Eisklotz, mal ein feuchtwarmes Treibhaus; mal schlug ein Asteroid ein, mal flogen halbe Kontinente in die Luft, mal stand alles unter Was-ser; mal tobte das Leben, mal ging alles den Bach runter, mal war überhaupt gar nichts los – es ging hin und her, die ganze Zeit, und alle paar Millionen Jahre war alles ganz anders, der Planet jedoch hat das stets entspannt und gelassen hinge-nommen, er kam klar, immer schon, das wird so bleiben.

Oft ist auch von einer Klimakrise die Rede, die wir nun zu beheben haben. Auch das ist Unsinn, das Klima hat keine Krise, die haben nur wir und mit uns die allermeisten Lebe-wesen, die sich in diesen bislang so wunderbar stabilen und freundlichen Bedingungen eingerichtet haben – dem Klima selbst allerdings ist das alles total egal, es kann auch anders.

Wenn sich nun das Klima ändert und ein Großteil des Le-bens ausstirbt, ist das nichts, was diesen Planeten beeindru-cken könnte, er hat das schon erlebt, fünfmal bislang, und jedes Mal hat es anschließend zehn bis dreißig Millionen Jahre gedauert, bis sich das Leben wieder neu sortiert hatte. Für jemanden mit einer Lebenserwartung von acht bis zehn Milliarden Jahren ist das vermutlich ungefähr dasselbe wie für uns ein traurig verregneter Sommer – ärgerlich, aber es geht vorbei.

Es geht also nicht um den Planeten, es geht nur um uns, aus Sicht des Planeten sind wir und unsere ganzen Probleme überhaupt nicht wichtig, das geht vorüber, und danach geht es weiter, vielleicht halt nur ohne uns, und es gibt immer mal Momente, in denen ich das wenigstens halbwegs tröstlich finde.

Aber natürlich ist es auch so, dass man mit Zynismus und Fatalismus nicht so recht weiterkommt, und auch Lamentieren und Jammern werden vermutlich nicht zu einer Lösung beitragen. Und eine Lösung, die kann es ja geben, das darf man nicht vergessen.

Mitte der Neunziger laden der Walforscher Erich Hoyt und der Naturfotograf Mark Carwardine zu einem Workshop in Reykjavik ein, es soll um Wale gehen, drei Tage lang, geplant sind Vorträge, Diskussionen und ein kleiner Praxisteil, eingeladen sind isländische Fischer und Walfänger, ungefähr zwanzig von ihnen schauen sich die Sache mal an.

Die Jagd auf Wale hat in Island eine lange Tradition, daran ändert auch das Moratorium nichts – man nimmt es professionell zur Kenntnis und verschreibt sich dem wissenschaftlichen Walfang, der ist ja weiterhin erlaubt, und praktischerweise interessiert sich die isländische Wissenschaft ja genau für die Arten, die man vorher schon immer gern gejagt hatte, Zwerg- und Finnwale, das ist aber bestimmt nur ein Zufall.

Walfleisch wird in Island vor allem benötigt, um es in Restaurants Reisenden anzubieten, die mal irgendwo gehört haben, dass die Einheimischen ständig Walfleisch essen, sodass sie es jetzt eben auch mal probieren wollen, um ihr Reiseerlebnis abzurunden und Island mit allen Sinnen zu erleben. Das ist allerdings ein Missverständnis, in Island ist es so, dass hauptsächlich die Reisenden Walfleisch essen, bei den Einheimischen ist es eher unbeliebt, es schmeckt nicht besonders gut und ist ja obendrein auch noch voller Schadstoffe.

Es geht beim Walfang in Island also um Folklore und sehr viel mehr noch ums Prinzip, isländische Seeleute schätzen es nicht, wenn von außen irgendwer daherkommt, um ihnen mal zu erzählen, wie sie nun ihre Gewässer zu nutzen haben – das hatte Mitte der Achtziger auch schon Paul Watson einsehen müssen.

Watson war unzufrieden mit der isländischen Umsetzung des Moratoriums gewesen, und auch von der örtlichen Walforschung war er nicht überzeugt, daher hatte er ein paar seiner Leute gebeten, nach Island zu reisen und vor Ort Fakten zu schaffen. Zwei Männer nehmen sich daraufhin der Sache an, sie brechen in die Walstation am Hvalfjörður ein, wo sie Computer und Gerätschaften zerstören, danach gelangen sie im Hafen von Reykjavik an Bord der unbewachten Walfänger Hvalur 6 und Hvalur 7, wo sie eilig den Maschinenraum fluten. Es ist ein Kurztrip, als die Schiffe sicher am Grund des Hafens liegen, sind die Männer schon wieder zurück am Flughafen.

Die Aktion kommt nicht allzu gut an, nicht nur bei den Seeleuten, auch von der internationalen Öffentlichkeit gibt es Kritik, man spricht von »Sabotage« und einer neuen Form von »Terrorismus«, sogar *Greenpeace* distanziert sich – mit gewaltsamen Aktionen wolle man nichts zu tun haben, damit schade man allem, was die Umweltbewegung bislang erreicht habe.

Watson hatte *Greenpeace* kurz nach der Gründung verlassen, 1977 startet er seine eigene Organisation, er nennt sie *Sea Shepherd*, bei *Greenpeace* wird ihm zu viel geredet und taktiert, er ist eher praktisch veranlagt, er will handeln, entschlossen, konsequent und notfalls auch robust – Paul Watson ist ein zorniger junger Mann, als unerschrockener Kapitän wird er später zur Legende. Kritik kontert er mit der Feststellung, dass er nicht für die Menschen arbeite, sondern für die Tiere, und wenn jemand auch nur einen Wal fände, der mit seiner Aktion nicht einverstanden sei, verspräche er, so etwas nie wieder zu tun.

Die versenkten Schiffe stellen die Hälfte der isländischen Walfangflotte, der Erfolg ist trotzdem nur von kurzer Dauer – die Walfänger schicken Watson schon bald darauf ein Foto mit neuen Schiffen und besten Grüßen. Der Walfang lässt sich in Island weder durch ein Moratorium beenden noch durch versenkte Schiffe, und auch auf die breite Öffentlichkeit braucht man hier nicht zu hoffen – nach dieser Aktion gehört das Herz der Einheimischen doch eher den Walfängern als den Walen.

Erich Hoyt wählt einen anderen Ansatz, er hofft auf Veränderungen mit den Menschen, nicht gegen sie, sein Workshop soll den Seeleuten zeigen, wie sich mit lebenden Walen mehr Geld verdienen lässt als mit toten. Die Runde ist skeptisch, zumindest zunächst. Hoyts Ansatz heißt *Whale Watching*, er basiert auf der verrückten Annahme, dass es tatsächlich Menschen gibt, die allen Ernstes Geld dafür bezahlen, um in ihrer Freizeit Wale zu sehen. Die Runde lacht.

Hoyt erklärt, dass es nur wenige Orte gibt, die so gute Voraussetzungen für Waltourismus besitzen wie Island, er lobt die enorme Artenvielfalt der isländischen Gewässer, die geringen Entfernungen auf der Insel, die stabilen Bedingungen in den Fjorden und die verlässlichen Sichtungen nah an der Küste. Er zeigt Perspektiven auf, Wege, Möglichkeiten, den

Rest aber überlässt er den Leuten vor Ort, die haben selbst genug Phantasie – und nicht einmal eine Woche später ist bereits das erste Boot unterwegs, um zahlenden Gästen Wale zu zeigen.

Heute gilt Island als einer der besten Orte überhaupt auf der Welt, um Wale zu beobachten, die Infrastruktur ist umfassend, es gibt Walmuseen, Ausstellungen und zahlreiche Anbieter, die meisten von ihnen sind mit Herz und Verstand bei der Sache – sie bieten nicht nur Exponate und Ausflüge an, sondern auch einen neuen Blick auf die Welt, zumindest im Idealfall, das kommt ja immer auch darauf an, ob man das selbst überhaupt zulässt.

Komplett beendet ist der Walfang in Island auch heute nicht, seit vielen Jahren schon bleibt ein Mann stur, er ist der Letzte seiner Art, er fährt weiterhin raus, es geht ums Prinzip, wie gesagt, auch wenn es immer schwerer wird, Walfleisch zu verkaufen. Trotzdem, diese Geschichte ist ein Erfolg, innerhalb kurzer Zeit wird in Island kaum noch getötet, stattdessen ausgiebig beobachtet – und das nicht durch Zwang, Protest oder Gewalt, sondern durch das Aufzeigen von Perspektiven.

Erich Hoyt ist Walforscher, zumindest hat er vor ein paar Jahrzehnten mal so angefangen, auch bei ihm sind es die Siebziger, die Orcas, die kanadische Westküste, wie bei so vielen.

Im Lauf der Zeit jedoch entwickelt sich Hoyt immer mehr vom Forscher zum Erklärer und Bewahrer, er interessiert sich für die Welt und die Menschen – und dafür, wie Mensch und Welt wenigstens ein bisschen besser miteinander auskommen können. Hoyt setzt sich ein, politisch, gesellschaftlich, akademisch, medial, und immer versucht er, die Menschen an die Hand zu nehmen und gemeinsam mit ihnen an Lösungen zu arbeiten, das ist die große Aufgabe seines Lebens.

Das erste Mal mit Erich Hoyt in Berührung komme ich im Shop irgendeines Walmuseums, es gibt dort jede Menge Walbücher, ich stöbere herum, irgendwann stehe ich vor einem großen Tisch, und jedes einzelne Buch darauf ist von Erich Hoyt. Für mein eigenes Buch habe ich nun mehrfach mit ihm gesprochen, bestimmt hatte er jedes Mal etwas Wichtigeres zu tun, und trotzdem nimmt er sich immer wieder Zeit, sogar um Weihnachten herum, als ich gerade am letzten Kapitel sitze.

Eigentlich hatte ich mit ihm nur über Orcas sprechen wollen, ihre Erforschung, die kanadische Westküste – Erich Hoyt jedoch interessiert sich zwischendrin auch für unseren neugeborenen Sohn, er will wissen, wie es mit dem Schreiben des Buches vorangeht, er gibt Tipps, macht Mut, und immer wieder freut er sich herzlich über das, was Theresa und ich auf unseren Reisen erlebt und gelernt haben. Die Gespräche werden länger, es werden ein paar mehr, und irgendwann geht es auch um den Zustand der Welt und die Frage, ob wir noch die Kurve kriegen.

»Pessimismus«, sagt Hoyt, »bringt überhaupt nichts, das funktioniert nicht, so kann man nicht leben. Wir müssen uns auf die Dinge konzentrieren, die wir ändern können. Wir haben noch immer so viel zu lernen, von den Walen, von der Natur – und ja, ich bin optimistisch, weil ich sehe, wie viele Menschen sich heute überall auf der Welt der Probleme bewusst sind.«

Unter zu vielen schlechten Nachrichten gehen die guten ja manchmal unter, es gibt sie aber. Zum ersten Mal überhaupt in der Geschichte liegen sämtliche Probleme klar auf dem Tisch – nicht nur in geheimen Memos großer Ölkonzerne, sondern öffentlich und allgemein zugänglich, jederzeit, weltweit, umfassend dokumentiert, sorgfältig geprüft und anschaulich aufbereitet. Und nicht nur das, auch die Lösungen sind bekannt, es muss schneller gehen, alles, natürlich, so reicht es nicht – trotzdem, und das ist wichtig, zum ersten Mal überhaupt: Man arbeitet daran.

Die Menschheit hat jetzt eine ganze Weile verbissen versucht, die Natur zu erobern, zu zähmen, zu beherrschen und zu kultivieren, und das Ergebnis ist nicht besonders zufriedenstellend. Vielleicht ist es jetzt an der Zeit, es mal mit der Natur zu versuchen, statt immer nur gegen sie. Vielleicht ja ungefähr so, wie Erich Hoyt mit seinem Workshop und den Walfängern in Island.

Die gute Nachricht ist, dass die Natur auch weiterhin gesprächsbereit ist, für kaum eines unserer Probleme ist es zu spät, und bei fast jedem könnte sie zur Lösung beitragen, man muss sie nur lassen, das ist wie mit dem Regenwald in Kanada, das Wichtigste sind Zeit und Ruhe, das ist schon alles, mehr braucht es nicht, Zeit und Ruhe, dann wird das schon.

Bis auf uns Menschen geben sich so gut wie alle Lebewesen einige Mühe, etwas zum Gleichgewicht des Lebens beizutragen, rund um die Uhr, überall auf der Welt. Man weiß, dass selbst die ramponiertesten Ökosysteme regenerieren können, und das sogar wahnsinnig schnell, man muss sie nur machen lassen.

Aus der Fischerei ist seit einiger Zeit immer wieder mal zu hören, dass man doch so langsam wieder anfangen könnte, Wale zu jagen, schließlich erholen sie sich gut, außerdem fressen sie den Fischern den Fisch weg, und der macht sich ohnehin schon rar, es braucht immer mehr Schiffe, immer längere Fahrten, immer aufwendigere Methoden, und trotzdem fängt man immer weniger, die Fische werden immer kleiner, und das alles seit Jahren schon, da muss es doch wirklich nicht sein, dass man den immer weniger werdenden Fisch noch mit den immer mehr werdenden Walen teilt. Warum also nicht ENDLICH WIEDER Wale jagen!?

Das ist natürlich schamlos und zynisch – und blanker Unsinn obendrein. Man weiß mittlerweile, dass es umgekehrt ist: Wale erhalten die Meere und sichern die Artenvielfalt, daher werden sie auch »Gärtner der Meere« genannt, sie kümmern sich darum, dass immer alles schön blüht, wächst und gedeiht.

Üblicherweise jagen Wale in großer Tiefe, mit vollem Magen kommen sie anschließend an die Oberfläche, wo sie sich dann vor dem nächsten Tauchgang erleichtern. Richard Sears hat sich auf den Azoren immer brennend für Walkot interessiert, in erster Linie wegen der DNA – Walkot ist aber nicht nur für Richard Sears wichtig, auch für den gesamten Ozean, das Gleichgewicht und überhaupt den Lauf der Dinge.

Er enthält wichtige Nährstoffe, die an der Oberfläche nur schwer erhältlich sind, vor allem Eisen, auch Stickstoff und Phosphor, und die benötigt das Phytoplankton dringend, um zu wachsen. Wale düngen die Meere mit biologisch einwandfreiem Dünger, wie ein guter Gärtner, und das auch noch in gewaltigem Ausmaß, irgendwo habe ich mal von einem »Poonami« gelesen.

Die Erforschung von Walkot steckt derzeit noch in den Kinderschuhen, ich habe sämtliche Forschende, mit denen ich für dieses Buch gesprochen habe, immer danach gefragt, über wie viele Tonnen wir da weltweit eigentlich sprechen, sie alle mussten schmunzeln, niemand aber konnte es genau sagen. Immerhin, man kann sich annähern und rückwärts rechnen – ein Blauwal benötigt pro Tag gut vier Tonnen Nahrung, kleinere Wale entsprechend weniger, insgesamt gibt es aktuell vermutlich über eine Million Wale, da kommt schon was zusammen.

Es ist auch eher das Prinzip, das wichtig ist, weniger die genaue Zahl: Durch die Wale und ihren Kot kann sich das Phytoplankton entfalten, von dem sich das Zooplankton ernährt, auf das es der halbe Ozean abgesehen hat. Das ist eine trophische Kaskade, ein Prozess, der an der Spitze der Nahrungskette beginnt und sich Glied für Glied in der Kette hinunterhangelt – einfache Faustregel: je mehr Wale, desto mehr Kot, desto mehr Phytoplankton, desto mehr Zooplankton, desto mehr Fisch, desto mehr Vielfalt, desto mehr Leben.

Man weiß, dass durch den Kot eines Wals deutlich mehr Algen gedüngt werden, als es bräuchte, um so viel Krill zu ernähren, dass der Wal satt wird. Wale erzeugen also ihre eigene positive Nahrungsbilanz, damit haben sie einen entscheidenden Einfluss auf die marine Nahrungskette – Wale sind eine Schlüsselspezies für das gesamte Ökosystem.

Während sich Bartenwale lediglich für die unteren Stufen der Nahrungskette interessieren, gehören Zahnwale zu den Top-Prädatoren der Meere, ähnlich wie auch Haie sorgen sie dafür, dass das Gleichgewicht erhalten bleibt. Nahrungsketten sind pyramidenartig aufgebaut – unten viele friedliche Tiere, oben wenige gefährliche, gejagt wird in den jeweils darunter liegenden Stufen. Fehlen die Stärksten an der Spitze, vermehren sich die Halbstarken darunter so sehr, dass es kaum noch Mittelstarke unter ihnen gibt, was wiederum dazu führt, dass die Schwachen ganz unten überhandnehmen – das ist dann keine stabile Pyramide mehr, sondern ein wackliges und windschiefes Gebilde, das irgendwann einstürzt.

Obwohl man das Grundprinzip seit langer Zeit kennt, ist man immer wieder erstaunt, welche Auswirkungen selbst kleine Veränderungen in Ökosystemen haben können. Eines der bekanntesten Experimente hat man in den Neunzigern im Yellowstone Nationalpark der USA durchgeführt: Man hatte das Problem, dass die Flüsse in den Tälern immer wieder über die Ufer traten und dadurch alles versumpfte – und man löste dieses Problem, indem man EIN RUDEL WÖLFE ansiedelte.

Die bloße Anwesenheit der Wölfe sorgte dafür, dass sich die etwas zu zahlreichen Rehe nun nicht mehr trauten, in den weiten Auen und an lichten Ufern herumzustehen und dort ständig alle Knospen und Blätter abzuknabbern. Das führte dazu, dass sich die arg strapazierte Pflanzenwelt erholte, die Wurzeln waren bald wieder in der Lage, den Boden zu stützen, das Flussbett hielt, der Fluss wurde wieder tiefer und stabiler, das brachte Fische, Otter und Biber zurück, die Pflanzen und Beeren am Ufer zogen Insekten, Vögel und Bären an, und alle zusammen arbeiteten sie daran, das Ökosystem immer weiter zu verfeinern und attraktiver für alle möglichen Lebensformen zu machen – und das alles passierte nur, weil man ein paar Wölfe ansiedelte.

So ähnlich ist es auch in den Meeren, es ist nur schwerer nachzuvollziehen. Die Rolle der Wölfe übernehmen im Meer die Haie, auch deshalb ist es ein Problem, wenn Jahr für Jahr über hundert Millionen von ihnen getötet werden, einfach nur, weil sie Beifang sind oder weil man ihre Flossen braucht, um daraus eine fade Suppe zu machen, die irgendwo irgendwer als Statussymbol braucht.

Es geht aber nicht nur um das Gleichgewicht der Meere, Wale können uns auch dabei helfen, ein paar Dinge wieder geradezurücken, die aufgrund unseres Handelns aus dem Ruder gelaufen sind. Gerade in letzter Zeit wird immer wieder darauf hingewiesen, was für ein wichtiger Faktor Wale im Kampf gegen den Klimawandel sein könnten – man spricht von einer *whale pump*, durch das ständige Auf- und Abtauchen durchmischen Wale die gesamte Wassersäule, und das so stark, als würde man alle Winde, Wellen und Gezeiten bündeln.

Durch die Wale wird das eigentlich langsam absinkende Phytoplankton immer wieder zurück an die Oberfläche gewirbelt, also dorthin, wo es am besten Fotosynthese betreiben kann – Phytoplankton produziert ähnlich viel Sauerstoff und verbraucht ähnlich viel Kohlendioxid wie sämtliche Wälder

der Erde, und das eben durchaus auch, weil die Wale es immer wieder in die richtige Position bringen.

Wale beteiligen sich außerdem an der sicheren Verwahrung von Kohlenstoff, und zwar immer dann, wenn sie sterben und auf den Meeresgrund sinken, *whale falls* nennt man das, in einem toten Wal wird so viel Kohlenstoff gespeichert wie in Tausenden von Bäumen. Angekommen am Meeresgrund versorgt der tote Wal noch eine Vielzahl bizarrer und sehr bizarrer Lebewesen, und das gleich für Jahrzehnte – der tote Wal wird dort unten selbst noch zum einzigartigen Ökosystem.

Aufgrund des überaus positiven Einflusses auf Kohlenstoff, Fischerei und Tourismus ist der Internationale Währungsfonds in der Lage, den wirtschaftlichen Wert eines durchschnittlichen Wals exakt zu beziffern: Er liegt bei zwei Millionen Dollar.

Es ist natürlich unverschämt, Wale jetzt auch deshalb schützenswert zu finden, weil sie uns dabei helfen können, unsere Probleme zu lösen – aber es hilft ja nichts, die Situation ist kritisch, nicht nur für uns, für beinahe alle Lebewesen, vielleicht lässt sich da also ein Auge zudrücken.

Neben all diesen Dingen womöglich am wichtigsten: Wale können uns dabei helfen, unsere Sicht auf die Welt und unser Herangehen an das Leben noch mal zu überdenken, sodass es künftig vielleicht etwas besser läuft und nicht noch ständig neue Probleme und Katastrophen dazukommen.

Wale führen ein einfaches Leben, die Gemeinschaft ist ihr Zuhause, sie passen aufeinander auf, beschützen und unterstützen sich, ein Leben lang, sie arbeiten zusammen, können teilen, geben, sich zurücknehmen, sie sind selbstlos, feinfühlig, respektvoll und friedlich, leben im Hier und Jetzt, im Einklang mit ihrer Umwelt, sie gestalten und prägen den größten und wichtigsten Lebensraum des Planeten.

Seit rund fünfunddreißig Millionen Jahren kommen die Wale ziemlich gut zurecht, ihr umsichtiger und bescheidener Lebensstil hat ihnen das ermöglicht. Den Großteil dieser Zeit waren sie die dominante Spezies, zumindest im Meer, und man kann schon festhalten, dass sie mit dieser Verantwortung ganz gut umgegangen sind. Ob wir Menschen das ähnlich hinbekommen, müssen wir erst noch beweisen – nach den ersten dreihunderttausend Jahren unseres Wirkens sieht es zumindest noch nicht so ganz danach aus. Aber das kann ja alles noch werden.

Wale sind nicht nur ein Symbol, sie sind auch ein Vorbild, wir können von ihnen lernen, und vielleicht war es niemals wichtiger, sich daran zu erinnern. Es sind eher einfache Dinge, natürlich, aber gerade die fallen uns ja oft ein bisschen schwer.

Auf einer guten Walfahrt hält am Ende jemand einen kurzen Vortrag, mitten in diese leicht beseelte, glückselige, ausgelassene Stimmung hinein, die sich nach der Begegnung mit einem Wal ja immer ganz wie von selbst einstellt.

In diesem Vortrag geht es zuerst um die Tiere, die man gerade gesehen hat. Dann um die Gewässer vor Ort. Danach um das Meer allgemein. Anschließend um Überfischung, Müll und das Klima, verbunden mit ein paar konstruktiven Ideen, was man später zu Hause im täglichen Leben tun kann – besser einkaufen, anders ernähren, weniger verbrauchen, alles in kleinen Schritten, auch bei Theresa und mir, irgendwo muss man anfangen.

Es ist immer wieder mal zu hören, dass die vielen Probleme mittlerweile so groß sind, dass sie nur noch durch einen gigantischen Kraftakt der Weltgemeinschaft zu lösen sind, durch globale politische Lösungen, die in Kyoto, Paris oder

Glasgow ausgehandelt werden. Das ist unbedingt richtig, ohne wird es nicht gehen – trotzdem ist das alles sinnlos, wenn wir nicht auch gleichzeitig im eigenen Alltag überlegen, was wir zum Gelingen beitragen können. »Tue, was du kannst«, sagt Erich Hoyt, »erst mal in deinem Umfeld, und dann vergrößere dieses Umfeld.«

Sich ein bisschen zurücknehmen, mal ehrlich überlegen, wo das überall geht, dazu etwas Platz machen, für die Natur, die Welt, das Leben, und dann einfach mal warten und schauen, viel mehr ist es ja nicht. Es geht nicht darum, sich im Verzicht zu überbieten und immer gleich alles perfekt zu machen – es geht darum anzufangen, hier, jetzt, der Rest kommt unterwegs.

Auf unseren ersten Walfahrten fand ich die Vorträge zum Abschluss einer Tour immer etwas anstrengend – dieser rührselige Appell, darüber nachzudenken, was sich im eigenen Alltag denn ändern ließe. Heute glaube ich, dass es nichts Wichtigeres gibt, als sich genau darüber Gedanken zu machen.

Epilog

WINTER IN ISLAND –
EINGESCHNEIT AM FUSSE DES
SNÆFELLSJÖKULL

GOLDENES LICHT, eine sanft wogende See, dicke Schneeflocken, die leise knisternd ins Meer rieseln. Rund ums Boot: alles voller Orcas, stundenlang, sie schwimmen dicht an uns vorbei, wir können sie atmen hören. In einer der Familien ein Neugeborenes, ganz klein, die Haut ist noch so dünn, dass das Blut durch die weißen Stellen scheint. »Gift days« nennt Richard Sears solche Tage, magische Tage, wie ein Geschenk.

Die Orcas schwimmen die Küste entlang, tiefer hinein in den Fjord, wir begleiten sie eine Weile, unser kleines Boot tuckert friedlich vor sich hin. Um uns die Wellen, das Schreien der Möwen, das Knistern des Schnees und der gleichmäßige Blas der Wale.

»Phhhhuuuhhh!«

»Phhoohh!!«

»Phhhuuuuuuuuhh!«

Im Hintergrund die endlosen Lavafelder von Snæfellsnes, die mächtige Steilküste, der orangene Leuchtturm von Öndverðarnes – vor ein paar Jahren, im Sommer, waren Theresa und ich dort wandern, es ist eine endlose, surreale Mondlandschaft, man fühlt sich schwerelos, zumindest fast, dieses weiche, federnde Moos, ungefähr so muss es sich auf dem Mond anfühlen.

Gísli, unser Kapitän, entscheidet, dass wir weiterfahren, es gibt noch so viel mehr zu sehen hier. Es dauert nicht lang, da ruft auch schon jemand, »DA!! DA HINTEN! EIN WAL!!« – diese Sache mit den Uhrzeiten und den Richtungen, sie ist wirklich nicht so leicht, zumindest wenn man aufgeregt ist, weil man auf elf Uhr gerade den Blas eines Pottwals entdeckt hat. Gísli hat ihn längst gesehen, natürlich, wir sind schon auf dem Weg.

Die Gewässer vor der Küste von Snæfellsnes, einer langen Halbinsel im Nordwesten Islands, sind etwas ganz Besonderes. Man kann hier Orcas und Pottwale gleichzeitig beobachten, das gibt es nicht oft auf der Welt, und gerade für Theresa und mich ist das natürlich die optimale Kombination. Zehn Jahre Walfahrt, in Island sind wir endlich angekommen.

»PPPFFFUUUAAAHHH«

Der Wal treibt im Wasser wie ein riesiger Baumstamm, wir sehen den Kopf, groß wie ein Lastwagen, ein klobiger, unförmiger Kasten, dazu die schrumpelige Haut, das schräg liegende Blasloch, was für eine Konstruktion. Bei keinem anderen Wal hat man so viel Zeit zum Anschauen, Nachdenken und Staunen, er liegt regungslos da, minutenlang, trotzdem bekomme ich ihn noch immer kaum zu fassen, daran hat sich nichts geändert.

»FFFFHHHUUUUUMMMMMPPP«

In all den Jahren sind wir vielen Pottwalen begegnet, immer wieder, überall, in vielen Gegenden liegt die Wahrscheinlichkeit einer Sichtung ja bei weit über siebzehn Prozent. Theresa findet Pottwale noch immer etwas langweilig, ihr Herz gehört den Orcas, auch den Delfinen, sie freut sich über Buckelwale, staunt über Finnwale, und zumindest einmal, da hatte sie kurz Angst – ein Blauwal, nah am Boot, sie hat gezuckt, sich erschrocken, glaube ich, vielleicht habe ich mich da aber auch nur verguckt.

»PPPFFFUUUAAAHHH«

Der Wal rumpelt, ruckelt und schaukelt, das Wasser brodelt, jetzt passiert was, er nimmt Anschwung, gleich taucht er
ab, die schaufelförmige Fluke weit in der Luft, im Hintergrund
der Snæfellsjökull, ein eisbedeckter Vulkan, von dem aus man
direkt hinunter bis zum Mittelpunkt der Erde gelangt, zumindest, wenn man es mit Jules Verne hält.

»FFFFHHHOOOOOOOOOMMMMPPPHH«

Ein letzter Atemzug, langsam hebt sich die Fluke, das Wasser stürzt herab, lautes Tosen, die Kameras klicken, der Wal
schiebt sich mit Macht nach unten, ein paar Sekunden dauert
das, dann ist er weg, es bleibt der Abdruck der Fluke, im gol-
denen Licht, mit knisterndem Schnee – an Bord: Ehrfurcht,
Staunen, Glück, das ist bei allen gut zu sehen. Gísli startet den
Motor. Wir fahren weiter. Der halbe Tag liegt noch vor uns.

Nach der ersten Winterreise ins arktische Norwegen sind
wir ein paarmal dorthin zurückgekehrt. Es ging immer weiter
nach Norden, dem Hering hinterher, den Orcas, den Buckelwalen, von Senja nach Tromsø nach Skjervøy, und jedes Jahr
wurden die Fjorde voller. Aus einem Anbieter wurden fünf,
dann zehn, und irgendwann waren es dreißig Boote, die sich
um ein paar Wale drängelten.

Die Begeisterung für Orcas ist heute so groß wie nie, die
Menschen wollen immer näher an sie heran, sie gehen jetzt
sogar ins eiskalte Wasser, zum Schnorcheln, mitten zwischen
den jagenden Walen – in Norwegen lässt sich heute ganz gut
beobachten, wie schnell wir Menschen manchmal über das
Ziel hinausschießen: Ich habe Videos gesehen, in denen Taucher gerade noch einer schlagenden Fluke ausweichen konnten, auf anderen schrien sie herum, als wären sie beim Après-
Ski. Ich möchte niemandem zu nahe treten, aber ich bin nicht
sicher, ob es bei solchen Ausflügen wirklich noch um die
Wale geht.

Es ist nicht überall so in Norwegen, ganz bestimmt nicht, hoffentlich, Theresa und ich sind trotzdem lieber nach Island gefahren, dort kann man nicht schnorcheln, nur Boot fahren, wenn überhaupt. Die Fjorde sind breiter, tiefer, ungeschützter, das Wasser ist durch Strömungen aufgewühlt und düster, der Wind jagt ungebremst über die flache Küste.

Eine ganze Woche lang sind wir eingeschneit, draußen tobt der Sturm, so mächtig, dass sogar die Einheimischen ihn »hässlich« nennen, nichts geht mehr, der Winter hat die Kontrolle übernommen. Im Dorf liegt meterhoch der Schnee, außerhalb polieren die peitschenden Winde eine zentimeterdicke Eisschicht auf die Straßen. Auf See rollen wild tosend die Wellen heran, nicht mal die Fischer sind draußen, und das will für isländische Fischer wirklich etwas heißen.

Ob wir überhaupt noch mal rausfahren können, ist unklar. Früher hätte mich das verrückt gemacht, dort draußen die Wale, jeder neue Tag ein Geschenk, und wir hier drinnen, tagelang, der Natur ausgesetzt, ohne jeden Einfluss. Zu meiner Überraschung bin ich ganz ruhig, auch Theresa ist selig, ihr Orcablick, seit Tagen schon, vielleicht bleiben wir einfach hier.

Ich sitze im kleinen Dorfcafé und schreibe an den ersten Zeilen dieses Buches. Draußen dichtes Schneegestöber, keine zehn Meter Sicht, der Wind heult, die Wände wackeln, es ist wirklich ungemütlich. In ein paar Tagen soll der Sturm vorüber sein.

Dank

DIESES BUCH wäre nicht möglich gewesen, wenn die folgenden Menschen nicht im jeweils genau richtigen Moment das jeweils genau Richtige getan, gesagt, gefragt oder gesungen hätten.

Tausend Dank an ...

... Sascha Chaimowicz, mit dem ich früher mal bei NEON gearbeitet habe und der mir bei einem Kaffee in München erst stundenlang alle möglichen Fragen zu meinem neuen Walhobby stellte und mich dann bat, das doch bitte alles mal für das ZEIT Magazin aufzuschreiben, wo er mittlerweile arbeitete.

... Anna Kemper, die den Artikel im ZEIT Magazin umsichtig redigierte und sich mit Sascha die tolle Überschrift ausdachte, die nun tatsächlich auch ein Buchtitel geworden ist.

... Michaela Röll, die von Anfang an davon überzeugt war, dass in dieser Geschichte auch ein Buch steckt. Sie führte mich geduldig durch den nicht immer federleichten Prozess des Exposé-Schreibens, fand den für mich besten Verlag überhaupt und gab während des Schreibens wertvolle Tipps und motivierendes Feedback. Und für Wale interessiert sie sich auch noch!

... Daniel Oertel vom Ullstein Verlag, für die beste und angenehmste Betreuung, die ich mir hätte wünschen können. Ich habe gehört, dass das Buchschreiben oft ein Kampf mit dem Verlag ist. Mit Daniel und Ullstein war es eine Freude. Danke außerdem für das wirklich schöne Delfinfoto aus dem Urlaub!

... Antonia Falkenberg für das sehr aufmerksame und kundige Lektorat und viele gute Vorschläge, um umständliche, ungenaue, unlustige oder unkorrekte Formulierungen zu vermeiden.

... alle anderen bei Ullstein, die an Korrektorat, Lektorat, Satz, Gestaltung, Herstellung, Vertrieb und allem anderen beteiligt waren, das man so braucht, um ein Buch in einen Buchladen zu bringen. Besonderen Dank an die Grafik für das tolle Cover, über das ich sehr, sehr froh bin.

... Aki Röll für die phantastischen Illustrationen der Kapitel, die großteils auf meinen Fotos beruhen und das Buch damit für mich noch persönlicher gemacht haben. Es wäre schön, noch zehn weitere Bücher zu schreiben – allein schon, um sie hinterher mit Aki illustrieren zu können.

... Tobias Dirr, Marco Mader, Anika Landsteiner und Oliver Stolle, die das Manuskript gelesen haben, wichtige Hinweise gaben, großartige Vorschläge machten und mir außerdem sagten, dass es insgesamt also so ist, dass ich womöglich noch ein bisschen auf die Füllwörter achten muss, ansonsten sei das aber vermutlich schon alles ganz in Ordnung so.

... Marco Mader insbesondere auch dafür, dass er mir den Unterschied zwischen einem Zeppelin und einem Luftschiff erklärt hat. Hochinteressant!

... Marco Maders Sohn Fred, dem im Kapitel über die Dinosaurier aus dem Stand Ungenauigkeiten auffielen, die außer ihm sonst niemand bemerkt hatte.

... Oliver Stolle außerdem noch für Rat, Zuspruch, Kritik und tolle Ideen. Dass im Buch an einigen Stellen das Plusquamperfekt zusammen mit dem Präsens verwendet wird, hatte er rechtzeitig moniert. Ich habe es allerdings ignoriert. Es tut mir leid!

... die Walforschenden Erich Hoyt, Marie Mrusczok, Fabian Ritter, Richard Sears und Hal Whitehead, die sich viel Zeit genommen haben, um meine Fragen zu beantworten, einzelne Passagen zu lesen und ihre Faszination für den Wal zu teilen.

... Richard Sears außerdem für eine unvergessliche Woche im Boot. Das elfte Kapitel beschreibt allenfalls ansatzweise, wie sehr mich die Begegnung mit ihm beeindruckt hat.

... den routinierten Buchschreiber Erich Hoyt für tolle Gespräche, den positiven Blick auf die Welt und den beruhigenden Rat, dass mit ein, zwei Seiten pro Tag schon alles gut werde.

... Michaela Harfst, Ulla Ludewig, Vanessa Williams-Grey und alle Mitarbeitenden im deutschen und englischen Büro der Whale & Dolphin Conservation, die geholfen haben, wo immer es ging.

... Trude und Dag in Norwegen, die auf einer frühen Reise mit all ihrer Herzlichkeit, Faszination und Freude dafür gesorgt haben, dass aus Interesse Verbundenheit wird.

... all die Anbieter von Waltouren, die nicht einfach nur eine Bootstour veranstalten, sondern versuchen, ihre Begeisterung und Faszination für das Meer an die Menschen weiterzugeben.

... Tobias Lange, Heiko Bielinski und Maximilian Schmidt, die mir seit vielen Jahren dabei helfen, mit whaletrips.org eine

Webseite zu führen, auf der sich jedes Jahr Hunderttausende Menschen für ihre eigene Walfahrt informieren.

... meine zwei Stammtische, die es stets wohlwollend hinnehmen, wenn die Begeisterung mal wieder etwas mit mir durchgeht und ich stundenlang vom Wal erzähle. Oder von Krill.

... Iron Maiden, Wanda, Dope Lemon, Noel Gallagher und Billy Vaughn für die ideale Musik zum Schreiben eines Walbuches.

... Gitte und Walter, die immer da sind, wenn wir sie brauchen, und dem kleinen Jonah ganz wunderbare Großeltern sind.

... Jonah, der zum ersten Mal lachte, krabbelte, lief und sprach, während ich dieses Buch schrieb. Ich habe das alles mitbekommen, gesehen und gehört, aus nächster Nähe, die ganze Zeit, das war das Beste überhaupt an diesem Buch.

... Theresa, die vor ein paar Jahren mit den Walen anfing und immer viel Geduld mit mir hatte, wenn ich beim Beobachten irgendwelcher anderer Tiere mal wieder die Zeit vergessen habe. Außerdem und mehr noch: für alles, alles andere.

... Sie, die dieses Buch gelesen haben. Ich hoffe, es macht Ihre nächste Begegnung mit einem Wal noch faszinierender, interessanter und wertvoller. Falls das überhaupt möglich ist.

Oliver Dirr
München im Winter 2021

Tipps

ES GIBT EIN PAAR DINGE, auf die man bei einer Walfahrt achten sollte – die für mich wichtigsten sind diese:

... Man sollte eine Walfahrt nicht zu sehr mit eigenen Erwartungen überfrachten. »Relax! And don't be a species counter«, sagte mal ein berühmter Walforscher zu mir.

... Es geht darum, etwas zu lernen, und weniger um ein Abenteuer. Und es ist hilfreich, sich vorab über die Natur vor Ort zu informieren. Es gibt dann so viel mehr zu sehen.

... Die meisten Anbieter von Waltouren geben sich große Mühe. Manche aber auch nicht. Ein gutes Indiz sind geschulte Guides an Bord, die erklären können, was man da gerade sieht.

... Es gibt lokale Regeln, wie sich Boote Walen gegenüber zu verhalten haben. Auch als Gast an Bord darf man sie kennen und im Bedarfsfall durchaus auf ihre Einhaltung hinweisen.

... Es ist außerdem schön, wenn es dort draußen mehr Wale zu sehen gibt als Boote. In manchen Gegenden ist es andersherum. Ich fand es immer gut, dann einfach weiterzufahren.

... Walbeobachtungen von Land aus sind eine phantastische Alternative, man hat seine Ruhe und viel Zeit. Es gibt immer mehr tolle Wanderwege, *whale trails*, überall auf der Welt.

... Auf guten *whale trails* muss niemand auf Erklärungen verzichten, man findet sie auf großen Infotafeln und in zugehörigen Apps – an manchen Orten gibt es sogar Guides.

... Einige unserer schönsten Beobachtungen haben von Land aus stattgefunden. Es lohnt sich immer zu recherchieren, ob man vor Ort überhaupt noch ein Boot braucht.

... Es ist sicher sehr eindrücklich, mit Walen zu schwimmen. Wenn man nicht gerade für *National Geographic* unterwegs ist, kann man aber überlegen, ob es WIRKLICH notwendig ist.

... Es gibt Anbieter, die Wale anfüttern. Ich habe es noch nie erlebt, aber davon gehört. Das ist absurd. Falls man mal in diese Situation kommt, sollte man das ruhig auch sagen.

... Ich fand es außerdem immer bizarr, wenn Menschen im Anschluss an eine Waltour in ein Restaurant gingen, um ein Walsteak zu bestellen. Es werden aber immer weniger.

... Um die meisten Wale zu sehen, ist eine Reise ins Ausland erforderlich. Manchmal muss man dabei auch fliegen. Es ist möglich, die anfallenden Emissionen zu kompensieren.

... Auch in Deutschland kann man Wale beobachten, in der Nord- und Ostsee leben Schweinswale, es sind die kleinsten aller Wale, und mit etwas Glück kann man sie vom Strand aus entdecken.

... Wenn man nun überlegt, Dinge des Alltags zu ändern, aber noch nicht so genau weiß wie, gibt es viele Bücher, Webseiten, Influencer und Organisationen mit guten Tipps und Ideen.

Quellen

Addison, Nikki (Hrsg.), *Human Nature: Über den Zustand unserer Erde*, dt. von Claudia Arlinghaus, München 2020

Attenborough, David, *Ein Leben auf unserem Planeten*, dt. von Alexandra Hölscher, München 2020

Austin, Bryant, *Beautiful whale*, New York 2013

Bagusche, Frauke, *Das blaue Wunder: Warum das Meer leuchtet, Fische singen und unsere Beziehung zum Meer so besonders ist*, München 2019

Balcombe, Jonathan, *Was Fische wissen – Wie sie lieben, spielen planen: unsere Verwandten unter Wasser*, dt. von Tobias Rothenbücher, Hamburg 2018

Barrie, David, *Unglaubliche Reisen: Vom inneren Kompass der Tiere*, dt. von Harald Stadler, Hamburg 2020

Bielefeld, Marc, *Das Epos des Zollbeamten*, in: mare 82, Hamburg 2010

Black, Martha; Hammond, Lorne; Hanke, Gavin; Sanchez, Nikki (Hrsg.), *Spirits of the coast: orcas in science, art and history*, Victoria 2020

Blackwell, Geoff, *I know this to be true: Greta Thunberg on truth, courage and saving our planet*, San Francisco 2020

Blawat, Kathrin: *Die Verkannten der Meere*, in: mare 143, Hamburg 2021

Bomann-Larsen, Tor, *Amundsen: Bezwinger beider Pole*, dt. von Karl-Ludwig Wetzig, Hamburg 2015

Bortolotti, Dan, *Wild blue: a natural history of the world's largest animal*, Toronto 2009

Boyd, David, *Die Natur und ihr Recht: Sie ist klug, sensibel, erfinderisch und genügt sich selbst*, dt. von Karoline Zawistowska, München 2018

Burnett, Graham, *The sounding of the whale: science and cetaceans in the twentieth century*, Chicago und London 2012

Calambokidis, John; Steiger, Gretchen, *Blue whales*, Grantown-on-Spey 1997

Calvez, Leigh, *The breath of a whale: the science and spirit of pacific ocean giants*, Seattle 2019

Carson, Rachel, *The sense of wonder: a celebration of nature for parents and children*, London 1998

Carson, Rachel, *The sea around us*, New York 2011

Carwardine, Mark, *Wale und Delfine*, dt. von Lorenzo von Fersen, Bielefeld 2008

Cherry-Garrard, Apsley, *Die schlimmste Reise der Welt: Die Antarktis-Expedition 1910–1913*, dt. von Simon Michelet, München 2013

Clapham, Phil; Baxter, Colin, *Winged leviathan: the story of the humpback whale*, Grantown-on-Spey 2013

Conan Doyle, Arthur, *»Heute dreimal ins Polarmeer gefallen«: Tagebuch einer arktischen Reise*, dt. von Alexander Pechmann, Hamburg 2015

Cousteau, Jacques-Yves, *The whale: mighty monarch of the sea*, engl. von J. F. Bernard, New York 1987

Cousteau, Jacques-Yves; Schiefelbein, Susan, *Der Mensch, die Orchidee und der Oktopus: Mein Leben für die Erforschung und Bewahrung unserer Umwelt*, dt. von Katrin Harlaß, Frankfurt am Main 2008

Couzens, Dominic, *The secret lives of puffins*, London 2013

Daugey, Fleur; Kiehl, Stéphane, *30 Tage auf Grönland*, Düsseldorf 2021

Davis, Wade, *Rainforest: ancient realm of the Pacific Northwest*, Vancouver und Toronto 2000

De Swaaf, Kurt, *Der Geist des Ozeans*, Salzburg 2017

De Waal, Frans, *The age of empathy: nature's lessons for a kinder society*, London 2009

De Waal, Frans, *Der Mensch, der Bonobo und die Zehn Gebote: Moral ist älter als Religion*, dt. von Cathrine Hornung, Stuttgart 2015

De Waal, Frans, *Are we smart enough to know how smart animals are?* New York 2017

Del Buono, Zora, *Die Riesen am Meer*, in: mare 124, Hamburg 2017

Düker, Ronald, *Die Geschichte des amerikanisches Walkampfs*, in: mare 82, Hamburg 2010

Eisenstein, Charles, *Klima: Eine neue Perspektive*, dt. von Jürgen Hornschuh, Eike Richter und Nikola Winter, Berlin 2019

Elbroch, Mark, *The cougar conundrum: sharing the world with a successful predator*, Washington 2020

Ellis, Richard, *Mensch und Wal: Die Geschichte eines ungleichen Kampfes*, dt. von Siegfried Schmitz, Renate und Ernö Zeltner, München 1993

Ellis, Richard, *Der lebendige Ozean: Nachrichten aus der Wasserwelt*, dt. von Olaf Kanter, Hamburg 2006

Ellis, Richard, *The great sperm whale: a natural history of the ocean's most magnificent and mysterious creature*, Lawrence 2011

Emerson, Ralph Waldo, *Natur: Ein Essay*, dt. von Manfred Pütz und Gottfried Krieger, Ditzingen 2015

Falco, Albert, *Mein abenteuerliches Leben auf der Calypso*, dt. von Michael Martin, Frankfurt am Main 2016

Foer, Jonathan Safran, *Wir sind das Klima! Wie wir unseren Planeten schon beim Frühstück retten können*, dt. von Stefanie Jakobs und Jan Schönherr, Köln 2019

Fogliano, Julie; Stead, Erin E., *Wenn du einen Wal sehen willst*, dt. von Uwe-Michael Gutzschhahn, Frankfurt am Main 2016

Fredrich, Benjamin (Hrsg.), *102 grüne Karten zur Rettung der Welt*, Berlin 2021

Giggs, Rebecca, *Fathoms: the world in the whale*, Victoria und London 2020

Girling, Richard, *Der Mensch und das Biest: Eine Geschichte von Herrschaft und Unterdrückung*, dt. von Hainer Kober, Hamburg 2021

Gonstalla, Esther, *Das Ozeanbuch: Über die Bedrohung der Meere*, München 2018

Gonstalla, Esther, *Das Klimabuch: Alles, was man wissen muss in 50 Grafiken*, München 2019

Grebowicz, Margret, *Whale song*, New York 2017

Hammond, Philip; Heinrich, Sonja; Hooker, Sascha; Tyack, Peter, *Whales: their biology and behavior*, London 2017

Harari, Yuval Noah, *Homo Deus: Eine Geschichte von Morgen*, dt. von Andreas Wirthensohn, München 2017

Harvey, Paul; Nason, Rebecca, *Discover Shetland's birds*, Lerwick 2015

Hein, Till, *Zusammen ist man nicht allein*, in: mare 135, Hamburg 2019

Heller, Peter, *Wir schreiten ein: Der Kampf des Paul Watson gegen die Walfangflotten der Welt*, dt. von Harald Stadler, Hamburg 2008

Hempel, Gotthilf; Bischof, Kai; Hagen, Wilhelm (Hrsg.), *Faszination Meeresforschung*, Bremen 2006

Hird, Tom, *Ozeanopädie: 291 unglaubliche Geschichten vom Meer*, dt. von Nadine Lipp, München 2018

Hoare, Philip, *Leviathan oder Der Wal*, dt. von Hans-Ulrich Möhring, Hamburg 2013

Houston, Rob (Hrsg.), *The science of animals: Inside their secret world*, London 2019

Hoyt, Erich, *Whale rescue: changing the future for endangered wildlife*, Buffalo 2005

Hoyt, Erich, *Encyclopedia of whales, dolphins and porpoises*, Buffalo 2017

Hoyt, Erich, *Orca: the whale called killer*, Buffalo 2019

Huntford, Roland, *Nansen: the explorer as hero*, London 2001

Kelsey, Elin, *Watching giants: the secret lives of whales*, Berkeley und Los Angeles 2009

King, Richard J., *Ahab's rolling sea: a natural history of Moby-Dick*, Chicago und London 2019

Knauer, Roland; Viering, Kerstin, *Arktis und Antarktis: Von Pinguinen, Polarlichtern und stürzenden Stürmen*, Hamburg 2001

Kolbert, Elizabeth, *Das 6. Sterben: Wie der Mensch Naturgeschichte schreibt*, dt. von Ulrike Bischoff, Berlin 2015

Langner, Rainer, *Duell im ewigen Eis: Scott und Amundsen oder Die Eroberung des Südpols*, Frankfurt am Main 2013

Latif, Mojib, *Die Meere, der Mensch und das Leben*, Freiburg 2014

Leinemann, Susanne, *Der Fellini des Meeres*, in: mare 104, Hamburg 2014

Leiren-Young, Mark, *The killer whale who changed the world*, Vancouver 2016

Lenoir, Frédéric, *Offener Brief an die Tiere und alle, die sie lieben*, dt. von Ute Kruse-Ebeling, Ditzingen 2018

Lilly, John C., *Communication between man and dolphin*, New York 1978

Lopez, Barry, *Arktische Träume*, dt. von Ilse Strasmann, Frankfurt am Main 2007

Lorimer, Jamie, *Wildlife in the anthropocene: conservation after nature*, Minneapolis 2015

Mann, Janet, *Geniale Giganten: Die Weisheit der Wale und Delfine*, dt. von Grit Seidel, Darmstadt 2018

Mann, Janet; Connor, Richard; Tyack, Peter; Whitehead, Hal, *Cetacean societies: field studies of dolphins and whales*, Chicago und London 2000

Maran, Matthew, *Vancouver Island: Barkley to Clayoquot*, Victoria 2015

McIntyre, Joan (Hrsg.), *Der Geist in den Wassern: Ein Buch zu Ehren des Bewusstseins der Wale und Delphine*, dt. von Reinhard Kaiser, Frankfurt am Main 1982

McLeish, Todd, *Narwhals: arctic whales in a melting world*, Seattle und London 2013

Melville, Herman, *Moby-Dick oder Der Wal*, dt. von Matthias Jendis, München 2001

Mooallen, John, *Wild ones: a sometimes dismaying, weirdly reassuring story about looking at people looking at animals in America*, New York 2013

Nagel, Thomas, *Wie ist es, eine Fledermaus zu sein?*, dt. von Ulrich Diehl, Stuttgart 2016

Neiwert, David, *Of orcas and men: what killer whales can teach us*, London 2017

Nicklen, Paul, *Polarwelten*, dt. von Inga-Brita Thiele, Hamburg 2011

Nicklen, Paul, *Bear: spirit of the wild*, Washington 2013

Nicolson, Adam, *The seabird's cry: The lives and loves of puffins, gannets and other ocean voyagers*, London 2017

Phillips, Charlie, *On a rising tide*, Elgin 2017

Pyenson, Nick, *Spying on whales: the past, present and future of the world's largest animals*, London 2018

Ritter, Fabian, *Die Insel der Delfine: Begegnungen auf dem Meer vor La Gomera*, Sylt 2018

Roberts, Callum, *Ocean of life: how our seas are changing*, London 2012

Röhrlich, Dagmar, *Urmeer: Die Entstehung des Lebens*, Hamburg 2012

Röhrlich, Dagmar, *Tiefsee: Von Schwarzen Rauchern und blinkenden Fischen*, Hamburg 2016

Rothenberg, David, *Thousand mile song: whale music in a sea of sound*, New York und London 2008

Rothwell, Jerry, *How to change the world*, Dokumentation 2015

Sandmeyer, Peter, *Sterben für Waschpulver*, in: mare 124, Hamburg 2017

Scheffer, Viktor B., *Der Wal, das fröhliche Ungeheuer*, dt. von Henry Jelinek, Wien und Hamburg 1970

Scholtz, Gunter, *Philosophie des Meeres*, Hamburg 2017

Schüle, Christian, *Moby-Dick, decoded*, in: mare 82, Hamburg 2010

Skerry, Brian: *Das geheime Leben der Wale: Was wir von den sanften Riesen lernen können*, München 2021

Soury, Gérard, *Wale: Sanfte Riesen der Meere*, dt. von Ulrike Kirsch, Bielefeld 2008

Stenersen, John; Similä, Tiu, *Norwegian killer whales*, Henningsvær 2004

Thompson, Terry; Egesdal, Steven, *Salish myths and legends: one people's stories*, Lincoln 2008

Thoreau, Henry David, *Walden oder Leben in den Wäldern*, dt. von Emma Emmerich und Tatjana Fischer, Zürich 2014

Tjernshaugen, Andreas, *Von Walen und Menschen: Eine Reise durch die Jahrhunderte*, dt. von Martin Bayer, Salzburg und Wien 2019

Trinick, Loveday; White, Teagan, *Das Museum der Meere*, dt. von Uwe Löwenberg, München 2021

Van Tighem, Kevin, *Bears without fear*, Victoria 2016

Vesper, Heike, *Wenn wir die Meere retten, retten wir die Welt*, Hamburg 2021

Wallace-Wells, David, *Die unbewohnbare Erde: Leben nach der Erderwärmung*, dt. von Elisabeth Schmalen, München 2019

Watson, Paul, *Wenn der Ozean stirbt, sterben auch wir*, dt. von René Stein, Bielefeld 2021

Weber, Andreas, *Das Vermächtnis des Commandant*, in: mare 104, Hamburg 2014

Whitehead, Hal, *Sperm whales: social evolution in the ocean*, Chicago und London 2003

Whitehead, Hal; Rendell, Luke, *The cultural lives of whales and dolphins*, Chicago und London 2015

Wilson, Edward O., *Letters to a young scientist*, New York 2013

Wilson, Edward O., *Die Hälfte der Erde: Ein Planet kämpft um sein Leben*, dt. von Elsbeth Ranke, München 2016

Im Text verwendete Zitate aus Publikationen, die nicht auf Deutsch erschienen sind, wurden vom Autor übersetzt.